大豆花荚
建成与产量品质形成的
化学调控

冯乃杰　郑殿峰　著

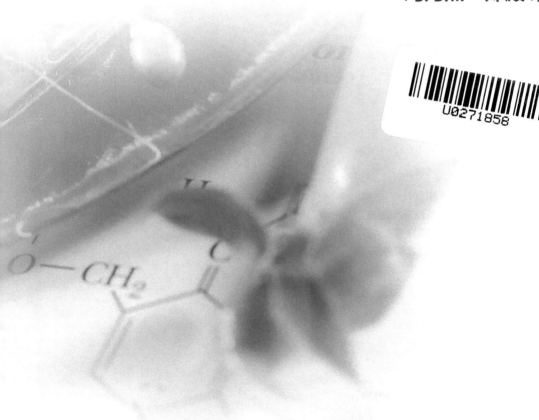

中国农业科学技术出版社

图书在版编目（CIP）数据

大豆花荚建成与产量品质形成的化学调控 / 冯乃杰，
郑殿峰著. --北京：中国农业科学技术出版社，2022.12
　　ISBN 978-7-5116-6138-8

　　Ⅰ.①大…　Ⅱ.①冯…②郑…　Ⅲ.①大豆—荚果—
产量—化学调控②大豆—荚果—粮食品质—化学调控
Ⅳ.①S565.1

中国版本图书馆CIP数据核字（2022）第246701号

责任编辑	任玉晶　费运巧	
责任校对	马广洋	
责任印制	姜义伟　王思文	

出 版 者	中国农业科学技术出版社	
	北京市中关村南大街12号　邮编：100081	
电　　话	（010）82106641（编辑室）　　（010）82109702（发行部）	
	（010）82109709（读者服务部）	
传　　真	（010）82109194	
网　　址	https://castp.caas.cn	
经 销 者	各地新华书店	
印 刷 者	北京建宏印刷有限公司	
开　　本	185 mm×260 mm　1/16	
印　　张	17.25	
字　　数	358千字	
版　　次	2022年12月第1版　2022年12月第1次印刷	
定　　价	68.00元	

　　本书较为全面地介绍了大豆花荚建成和产量品质形成的规律，综述了调控大豆花荚发育和产量品质形成的研究进展，研究了不同生育时期叶面喷施植物生长调节剂对大豆花荚建成及产量品质形成的化学调控；无限结荚和亚有限结荚习性品种大豆花荚建成及产量品质形成的化学调控；大豆不同冠层同化物积累代谢及产量品质形成的化学调控。本书较为系统地揭示了化控技术对大豆花荚建成及产量品质形成的调控效应与作用机制，拓宽了化控技术作用机理的研究空间，可以为农业生产上化控技术的应用提供理论依据和技术支撑。

　　本书可供从事豆类作物生产的科研工作者、农业院校师生以及农业技术人员参考。

大豆生产中，花荚脱落是普遍存在的现象，因栽培品种和栽培条件而异，花荚脱落率可达 30%~80%。相对于其他影响产量的因素而言，大豆产量主要受荚数的影响。大豆能分化出大量花芽，田间条件下大部分花芽在发育期间脱落或败育，在正常情况下，荚形成率仅为 20%~40%。大豆花荚的脱落被认为是限制产量提高的一个主要限制因子，降低花荚败育或促进花荚形成均可以通过增加荚数提升产量。化控技术作为栽培学上的一门新技术，通过施用外源生长物质，有目的地调控植物内源激素系统，进而调控植物生长发育及产量品质的形成。大豆生殖生长阶段，高水平的同化物供应对花荚发育非常重要，而同化物供应分配又受到内源激素的调节。植物激素作为信号可以通过促进韧皮部同化物运输或者通过促进植株生长来提高包括花荚在内的库器官的强度，最终影响产量和品质。鉴于化控技术在调节作物生长发育及提高作物产量潜力方面的重要作用，近年来本书作者带领团队一直致力于开展大豆化控技术的研究与应用，通过比较大豆不同生育时期、不同品种应用化控技术的技术效果及化控技术对大豆不同冠层的调控作用，系统揭示了化控技术调控大豆花荚建成及产量品质形成的效应和机理，汇总前期研究成果，撰写形成本书。

本书内容针对大豆生产中的产量限制因子，总结了化控技术提高大豆花荚建成和产量品质形成的作用效应及调控机制，拓宽了化控技术作用机理的研究空间，为大豆生产中化控技术的应用及调节剂复配提供了理论依据和技术指导。

本书共分 6 章，冯乃杰负责撰写第 2、第 3、第 4、第 5 章；郑殿峰负责撰写第 1、第 6 章，最后由冯乃杰统稿。本书涉及的部分研究内容、研究过程得到了博士研究生宋丽萍、崔洪秋，硕士研究生刘春娟、孙福东等的大力支持，撰写过程得到了硕士研究生冯胜杰和牟保民的大力支持，在此一并表示感谢。

本书由国家自然科学基金（项目编号31171503）资助。

由于作者水平有限，研究和撰写工作中难免存在疏漏和不足之处，敬请同行专家和广大读者不吝指正。

冯乃杰　郑殿峰

2022 年 11 月

1 大豆花荚建成和产量品质形成

1.1 大豆花荚的发育过程

1.1.1 大豆花的发育过程

大豆的花序着生在叶腋或茎的顶端，为总状花序。一个花序上的花朵常是簇生的，故称花簇。每朵花由苞叶、花萼、花冠、雄蕊和雌蕊 5 部分构成（图 1-1）。

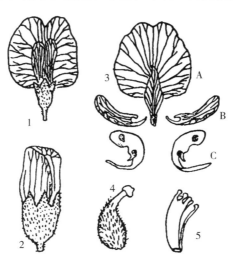

1—大豆花正面；2—大豆花侧面；3—花冠
（A旗瓣、B翼瓣、C龙骨瓣）；4—雌蕊；5雄蕊。

图 1-1　大豆花的构造

（谢甫绨等，2003）

苞叶有两片，很小，呈管形。苞叶上有茸毛，起保护花芽的作用。花萼位于苞叶的上部，由 5 片萼组成，绿色并着生茸毛，下部联合成管状，上部开裂。花冠为蝴蝶形，位于花萼内部，由 5 个花瓣组成。5 个花瓣中上面一个大的叫旗瓣，在花未开时旗瓣包围其余 4 个花瓣。旗瓣两侧有 2 个形状和大小相同的翼瓣；最下面的两瓣基部相连，弯曲，形似小舟，称龙骨瓣。花冠的颜色分白色和紫色 2 种。雄蕊在花冠内部，共 10 枚，其中 9 枚的花丝连在一起成管状，1 枚分离，花药着生在花丝的顶端。开花时，花丝伸长向前弯曲，花药裂开，花粉散出。花粉多为圆形，也有三角形、椭圆形和不规则形的。一朵花约有 5 000 粒花粉。雌蕊被雄蕊包围，位于花的中心，包括柱头、花柱和子房 3 部分。柱头为球形，在花柱顶端，花柱下方为子房，内含胚珠 1 ～ 4 个，个别的有 5 个，以 2 ～ 3 个居多，胚珠受精后发育成籽粒。子房膨大后着生茸毛，形成豆荚。

大豆是自花授粉作物，花朵开放前即已完成授粉，天然杂交率不到 1%。一株大豆从始花到终花，一般需要 14 ～ 40 d，最晚熟的品种可达 60 ～ 70 d。大豆结荚习性、品种生育期和肥水条件等都会影响大豆花期的长短。

花序的主轴称花轴。大豆花轴的长短、花轴上花朵的多少因品种、气候和栽培条件而异。按花轴的长短分为：①长花序，花轴在 10 cm 以上，现有品种中花序有的长达 30 cm；②中长花序，花轴长 3 ～ 10 cm；③短花序，花轴长度不超过 3 cm。一般而言，花序越长，花数越多。

1.1.2　大豆荚的发育过程

大豆花朵授粉受精后，子房逐渐膨大长成豆荚，胚珠发育成种子。豆荚形成初期发育缓慢，从第五天起迅速伸长，豆荚伸长时俗称"拉板"。经过 20 ～ 30 d 长度可达最大值。幼荚发育时生长慢的时期日增长度为 4 mm，快速生长时可达 8 mm。豆荚宽度在开花后 25 ～ 35 d 达到最大值。一般幼荚长度达 1 cm 时，即进入结荚期。

大豆荚的表皮有茸毛，个别抗食心虫的品种无茸毛或荚皮坚硬。豆荚的颜色有棕色、灰褐色、褐色、深褐色以及黑色等。豆荚形状有直形、弯镰形和弯曲程度不同的中间形。有的品种在成熟时容易炸荚，这类品种不适于机械化收获。

各品种大豆的每荚粒数有一定的稳定性。栽培品种一般每荚粒数为 2 ～ 3 粒。荚粒数与叶形有一定的相关性，披针形叶大豆 4 粒荚的比例较大，也有少数 5 粒荚；圆形叶或卵圆形叶品种以两三粒荚为多。实践证明，水分、养分充足，气候条件适宜，平均每荚粒数可增加 0.2 ～ 0.3 个。

1.1.3　大豆花荚建成的影响因素

1.1.3.1　环境对花荚建成的影响

环境胁迫可影响大豆的花荚、发育的子房和营养器官等，导致花荚败育的途径主要有以下两个方面：一方面胁迫直接作用于花荚本身而未影响光合作用或其它营养生长过程；另一方面环境胁迫会降低光合作用，间接地通过影响同化物代谢和供应以及激素的合成等机制来提高花的败育率。不同的环境胁迫均可增加花荚脱落，提高败育率。

（1）温度对花荚建成的影响

在大豆开花期间，不适宜的温度条件对花粉生活力的影响是很大的，相应影响到荚的发育。温度胁迫可能通过阻碍植株的光合作用，引起体内有机营养的亏缺，改变光合产物在不同器官中的分配，使植株源、库之间的关系不协调，而对花荚脱落发挥作用。

（2）光照对花荚建成的影响

开花后增加日照长度可能会增加大豆荚的脱落数。黑龙江省农业科学院的研究结果表明，随着大豆植株间光照强度减弱，花荚脱落率呈增加趋势。山东省临沂农业科学研究所调查证实，大豆生育中期每天日照时数少，花荚脱落率高，反之亦然。Antos 等（1984）利用遮光处理提高花荚的脱落数，研究发现，遮光植株的叶及叶柄中的淀粉和可溶性糖含量均低于不遮光的对照，说明花荚的败育与碳水化合物的生产水平有关。

对光照提高败育原因的解释是不同的。Brun 等（1984）认为，光照或遮光直接作用于花、荚，引起结实或败育的后果是对形态建成的控制。张子金（1987）认为，在开花和坐荚期遮光降低了叶的光合作用，这是引起花荚败育的主要原因。正常情况下，大豆冠层的光照充足，花荚脱落率是比较低的。每天日照时数影响大豆冠层光照量。

（3）水分对花荚建成的影响

土壤、大豆植株缺水或水分供应失调也是大豆花荚脱落的重要原因之一。土壤缺水使大豆植株生长矮小、叶面积少、光合作用减弱，有机物质积累量少；植株缺水表现为其细胞液浓度增大，向花荚输送养分受阻，不仅影响开花的数目，也会影响结荚的数目和产量形成。在大豆开花时期如遇到连日阴雨，植株田间密度过大，就会出现开花数减少，花荚脱落数增加，尤其是下层花荚的脱落就更为严重。

1.1.3.2　营养状况对花荚建成的影响

有机营养是大豆花荚赖以生存的物质基础。花荚生长时有机营养的主要障碍为：营养物质不足；同化产物含量低；植株运输系统在生育某一个时期，尤其在盛花期至结荚期间受阻；花荚生长发育所必需的养分种类和数量分配比例失调；开花结荚期间营养生长和生殖生长所需的营养供应比例失调。大豆在开花期缺少氮、钙及锌元素时，蕾铃及幼荚脱落提高。

开花结荚期间氮素营养在营养器官和生殖器官中的分配比例对花荚脱落也有重要影响。初花期植株中含磷量多，开花数也多。盛花期花荚中含磷量多或从盛花期到鼓粒期含磷量逐渐均衡上升的，花荚脱落数少。大豆生殖器官与营养器官中的氮、磷比值越大的，花荚脱落数越多。

氮、锌是吲哚乙酸合成所必需的元素，钙是细胞中胶层果胶酸钙的重要组成成分，缺乏这 3 种元素，易增加脱落；缺硼的一种典型症状是落蕾、落花和落荚，缺硼还常引起花粉败育，而导致不育、果实退化及脱落等。1999 年黑龙江省北部大豆大面积"花而不实"的直接原因就是缺硼。

1.1.3.3 花荚建成的生理因素

植物器官（叶、花和果实等）的脱落除了受外界环境因素影响外，还会受到植物体内在因素如相关基因的表达、内源激素的水平、同化物代谢和养分及能量供应等综合因素影响。杨义杰等（1991）、苗以农（1999）认为在大豆开花结荚期间，光合产物供应不足、养分分配比例失调是导致花荚脱落的主要生理原因。

（1）细胞壁水解酶与大豆花荚建成的关系

植物器官脱落的生理生化等一系列活动主要集中在该器官基部的离区内。Abeles等（1971）用 ^{14}C 标记氨基酸所进行的示踪实验结果表明：脱落发生时离层细胞氨基酸和蛋白质含量增加，与此同时细胞内 mRNA 和 rRNA 含量也增加，在 ABA 诱导的脱落中，RNA 和蛋白质在几小时内迅速增加，综合分析发现，这些蛋白质大部分是与脱落有关的酶。在多数植物器官脱落过程中都可以观测到一些细胞壁降解酶的大量合成及活性提高，这些酶活性增大时，能加速降解中胶层并使离层的初生壁松动。

纤维素酶（Cellulase）和多聚半乳糖醛酸酶（PG）是脱落过程中 2 种重要的细胞壁水解酶，它们可以降解细胞壁的主要组成成分果胶、纤维素和半纤维素。此外，参与降解的酶类还有几丁质酶及苯丙氨酸解氨酶等。纤维素酶和 PG 等细胞壁降解酶活性与离区脱落进程有着密切的关系，许多研究表明生理落果与纤维素酶、果胶酶活性及激素调控作用也有密切关系，脱落是一个由多种酶参加的复杂过程，在脱落过程中具体是哪种酶起主要作用，要看脱落发生时具体的生理条件。

纤维素酶是降解纤维素的一组酶系的总称，而纤维素是地球上数量最大但又未得到充分利用的一类多糖，微生物对它的降解、转化是自然界碳素循环的主要环节。纤维素酶最早在蜗牛消化液中发现，随后在细菌和真菌中克隆到了多个纤维素酶基因，后经研究发现，它也存在于植物的花和叶离区、成熟果实、维管束组织分化区以及细胞生长区。

纤维素酶不仅在叶离区表达，在叶柄和茎也有表达，起到影响脱落的作用。Tucker等（1988，1991）在番茄中至少分离到 6 种与花柄脱落相关的纤维素酶基因。自Horton 等（1967）报道衰老、脱落和离区纤维素酶密切相关以来，激素的作用通过离区纤维素酶的合成和分泌来调节脱落。Sexton 等（1980）通过纤维素酶抗体实验进一步表明，离区纤维素酶活力与叶片脱落有关。纤维素酶已被认为是影响菜豆、棉花等叶柄外植体脱落的主要酶，并受植物激素的调节。

PG 属果胶酶的一种，能够水解植物细胞壁及胞间层的果胶物质，按其作用方式可分为内切 PG（endo-PG，EC 3.2.1.15）和外切 PG（exo-PG，EC 3.2.1.67）。外切 PG 水解果胶分子的非还原端产生半乳糖醛酸，但是它们不能作用于果胶分子中的鼠李糖残基和被酯化的糖醛酸；内切 PG 随机地在不同部位水解切开 α-1,4- 糖苷键，断裂多聚半乳糖醛酸链。PG 与果实成熟、细胞分离过程（如叶和花的脱落、豆荚开裂、花粉成熟、病原物防御和植物寄主互作）有关，还与细胞伸展、发育和木质化有关，因此，

PG 一直是人们研究植物发育和果实成熟衰老的热点。一些研究已经证实，PG 是植物离区发生脱落的重要酶之一，其活性与离区脱落进程的关系尤为密切。

（2）同化物代谢与大豆花荚建成的关系

关于大豆花荚脱落的生理机制，目前有以下观点：一种认为花荚的脱落受激素调节；另一种则认为脱落与光合产物的有效性有关；有些研究者认为大豆花荚的脱落与同化物的供应或同化物的积累能力有关；有些研究者则认为内源激素（主要是 ABA）启动了花荚的脱落；有报道认为脱落是离层对于 IAA 的相对浓度梯度而不是绝对含量敏感，IAA 会出现促进脱落的效果，老化过程已经开始后，如果施用生长素的时间推迟了，植物器官已经开始老化，即使在远轴端施用 IAA 也会加速脱落，此外施用高浓度的 IAA 也可导致脱落加速。

近年来研究表明，同化产物的积累与激素含量及相关酶活性呈平行关系。张石城等（1999）研究发现，对大豆叶片分别喷施 10^{-6} mol·L^{-1} GA_3 和 10^{-5} mol·L^{-1} $GA_{4/7}$，结果提高了蔗糖磷酸合成酶（SPS）的活性，其细胞中的果糖 1,6- 二磷酸酯酶（FBPase）也受到激素调节，另有试验用较低的蔗糖浓度含量处理大豆子叶，结果显示外源 ABA 可提高分离的大豆子叶的蔗糖吸收，这说明大豆子叶中内源 ABA 含量与蔗糖吸收呈正相关。可见，ABA 提高了蔗糖转化酶活性，从而促进了大豆豆荚中光合产物的积累。另外 Brun 等（1984）研究表明，源库间的关系影响着大豆花的脱落与败育，因为花荚的正常发育需要协调的源库关系，而造成源库关系失调的原因大多都是间接的因素，如光照、温度、水分等。在生殖器官授粉、受精后，遮光后去除叶片，会造成空瘪粒数明显增多，粒重下降，因为遮光后植株光合作用下降，去除叶片使叶面积指数（Leaf area index，LAI）降低，碳水化合物合成受阻，同化物供应不足，造成源的缺乏，从而导致源库比例失调。在花荚发育过程中，败育花荚内贮藏与合成物质的能力明显不同于正常花荚。李秀菊等（1999）的研究表明正常花荚中的干物质量为败育的 2 倍，后期干物质积累能力越弱，败育的可能性就越大。败育花荚中主要贮藏物质的合成能力明显衰降。不同时期叶喷植物生长调节剂叶面积指数增加，碳水化合物合成加快，同化物供应增加，源的能量充足，从而改善了源库关系，降低了花荚的败育和脱落。

同化物是决定花荚脱落的重要因素之一，有研究发现如果同化物的供应不能满足当时花荚的需求，就会导致花荚脱落，这主要是由于花荚期植株生殖生长和营养生长对同化物的竞争所致。例如在大豆初花期摘除上部幼嫩的叶片，可以在短时间内使总花荚数显著增加；在开花期进行摘花处理可促进其主茎的增长，特别是植株上部节间的伸长。Board 等（1998）研究表明，在生殖生长前期即始花期至始荚期（R1 ～ R3 期）中发生花荚脱落的主要原因是源限制。在 R1 期至 R3 期增加冠层的光合速率能够增加坐荚率，说明如果增加 R1 期至 R3 期同化物的供应，能够显著降低此时期的花荚脱落。由于花荚脱落的发生主要集中在 R1 期至 R3 期，所以减小植株生长速率的处理对产量的影响在生殖生长前期往往比后期影响更大，在 R1 期至 R3 期遮光通常会增加花荚脱落，降低总花荚数从而减少坐荚率。例如在生殖生长前期减弱源强促进了花荚的脱落，说明在生殖生长初期，源强对于调节花荚脱落并最终影响大豆产量有着重要的意义。大豆进入生殖生长阶段以后，不同层次叶片制造的光合产物具有较明显的局部分配特点，叶片所制造的光合产物主要向本节叶腋的花荚供应，这样处在植株中、下部的荚由于本节叶片光照不良，光合能力严重降低，光合产物供应不足，从而导致大量脱落。

Schou 等（1978）发现，大豆花和荚的形成均受到同化物的调控。在群体水平上，通过对改变大豆同化物供应进行研究，例如从开花到结荚阶段增加光照强度和提升大气 CO_2 浓度以提高大豆源器官的光合速率，一是通过外部注射增加茎流中蔗糖浓度，二是通过遮阴、摘叶等以降低光合速率等，发现同化物供应速率与单位面积上的种子数量存在线性关系，蔗糖的输出速率也与光合速率存在线性关系。实际上，大豆荚的形成与光合速率也呈线性相关。

一般来看，增加源和流中的同化物供应能提高大豆的荚数和粒数，但是 Bruening 等（2000）和 Egli 等（2002）发现在没有淀粉积累的大豆叶片中（即在低水平同化物供应时），大豆荚形成与同化物流量之间才存在线性关系，而在有淀粉积累的叶片中（即在高水平的同化物供应时），大豆荚数只有少量增加。这表明总光合速率超过临界水平后，增加的光合速率并不能显著增加大豆荚数和粒数，这也说明除了同化物的有效供给以外可能还有其他因素共同调控大豆荚数和粒数的增加。

大豆叶片中蔗糖的浓度代表了同化物对生殖生长发育的有效供应程度。在生殖生长发育早期阶段，大豆子房通过花梗区域维管系统的韧皮部接受蔗糖，蔗糖水解后作为生长的底物。己糖与蔗糖的比率可能在调控子房和种子的发育过程中扮演重要角色。

酸转移酶在调控蔗糖的运输和利用方面起重要作用，Roitsch 等（2000）研究发现，大豆籽粒胚发育的早期阶段酸转移酶活性很高。细胞壁结合的酸转移酶因其独特的定位使其成为同化物从生殖器官到发育中的胚或者胚乳中运输的重要酶，但现在仍然不清楚其在调控蔗糖运输和利用方面的具体作用。

蔗糖对于生殖器官的重要性不仅仅是作为提供能量的物质，而且还作为信号物质直接影响基因的表达、细胞的分裂和器官的发育。蔗糖的流量比蔗糖的浓度在信号调控基因表达的过程中发挥着更为重要的作用。

综上可见，纤维素酶、PG 以及同化物分配与运输对影响大豆的成花和控制花荚脱落都有着显著的作用，大豆花荚发育既受内源激素调节，也与纤维素酶与 PG 的活性、同化物供应的代谢有关，并且它们对成花和花荚脱落的调节作用不是孤立的，是相互关联、共同协调的。

1.1.4　大豆花荚脱落情况

大豆花荚脱落是一种自然现象，大豆花荚脱落的比例是很大的。孙醒东（1956）

在保定观察了 5 个无限性和 5 个有限性大豆品种的单株开花数、花朵脱落数和结荚数。结果表明，无限性品种平均落花率为 52.5%，有限性品种平均落花率为 38.4%。江苏省农业科学院 1957 年跟踪统计了无限性品种扬州沙豆和有限性品种岔路口 1 号的花荚脱落顺序。结果表明，早开的花脱落较少，晚开的花脱落较多。据吉林省农业科学院 1961—1962 年对亚有限性品种小金黄 1 号的调查结果，落蕾占 1.0% ~ 2.8%，落花占 25.2% ~ 37.1%，落荚占 23.7% ~ 34.2%。辽宁省农业科学院在有限性品种丰地黄的一般田（2 502 kg · hm^{-2}）、丰产田（2 568 kg · hm^{-2}）和徒长田（2 210 kg · hm^{-2}）中所进行的单株调查结果表明，这 3 种类型大豆田的花荚脱落率分别为 82.94%、77.94% 和 85.81%。

徐豹等（1988）的观察结果表明，大豆品种四粒黄典型植株的落花率为 47.5%、落荚率为 28.8%、花荚脱落率为 76.3%。苏黎等（1997）在比较研究不同结荚习性品种产量形成时得到如下观测结果：有限性品种铁丰 24 平均单株花荚脱落率为 66.5%，亚有限性品种辽豆 10 号为 64.3%，无限性品系沈豆 H5064 为 76.0%。王晓光等（2000）定株跟踪调查不同品种（系）开花顺序和结荚状况的结果如下：有限性品种沈农 91–44 平均单株开花 354 朵，成荚 154 个，花荚脱落率为 56.4%；相应地，亚有限性品种沈豆 4 号为 364 朵、101 个和 72.3%；无限性品系沈农 92–16 为 331 朵、77 个和 76.7%。大豆花荚脱落是普遍存在的自然现象，要想"开多少朵花，结多少荚"，那是不可能的。正如同果树一样，春天满树银花，而坐果的并不多，秋天收获果实的比例更小。这是自然"疏花疏果"的必然结果，也可以说是一种适应性表现。

1.1.5　大豆花荚建成与不同冠层之间的关系

大豆是全冠层结荚作物，不同冠层对产量的贡献不一，大豆源库之间同化物的积累、运转和分配对最终产量的获得起着重要的作用（Board，2004）。大豆的源是指向其他生长器官或组织输送光合同化产物的器官和组织，叶片是最主要的源（董钻等，1993）。大豆的库是指利用、储存同化物或其他物质的器官和组织，大豆的库系统由新生的组织和籽粒组成，籽粒是最主要的库。大豆的流是指源与库之间同化物的运输渠道，其主要的载体是源与库之间的维管系统。源的供应能力、库的接纳能力和流（输导组织）的畅通三者之间的协同作用，为大豆不同冠层同化物积累和生理代谢奠定了基础。

植物光合作用是其获取营养物质的主要渠道，叶片通过光合作用制造有机物质，供给植物自身生长发育的需要，并最终获得产量。产量潜力的高低又受制于群体的物质生产能力，而构建良好的群体冠层结构，对提高作物的光合效率，为作物获得高产奠定了基础（姜元华等，2015）。大豆是全冠层结荚作物，各个节位的叶片和豆荚构成一个相对独立的"源 – 库"单位，源叶中光合物质的产出为获得大豆高产奠定了基础。孙卓韬等（1986）研究发现，改良株型、提高叶片质量是改善大豆群体内部光合条件，充分发挥大豆整个冠层生产力的重要手段。金剑等（2004a）将高产大豆冠层分为上、中、下三层，进行群体光合生理和产量测量，上、下冠层叶片的光合速率差异小，全冠层的光合速率相对较高，结果增加了植株荚数、粒数及粒重，尤其是增加了中上层荚、粒数。因此，改善不同冠层叶片的光合效率，增强叶片光合能力，对提高大豆的生产能力和产量具有重要作用。

良好的环境条件有利于塑造合理的冠层结构，为植株冠层形态特征奠定基础，进一步为冠层干物质积累提供充分保障。刘晓冰等（2006）研究表明，高产型大豆品种，其较高的产量与大豆植株生殖生长期较高的叶面积指数、叶面积持续期和干物质积累具有密切关系。植物生长调节剂的应用有效调控了作物株型，对防止植株倒伏和同化物积累起到了良好的效果。张海峰等（2006）、Umezaki 等（1991）和 Leite 等（2003）研究认为调节剂可以调节植株节间长度、密度、单株叶面积、干物质积累和分配，为大豆塑造良好的株型，提高大豆植株的抗性。

1.1.6　大豆花荚建成与分子生物学之间的关系

花荚脱落是大豆生殖生长过程中的一种自我调节现象，同时也是限制大豆产量提高的主要因素之一（王艳等，2015）。徐琰等（2015）利用多 QTL 模型对大豆群体花荚脱落率进行 QTL 定位，共鉴定出 2 个位于 GM16 染色体上的花荚脱落率 QTL，遗传贡献率分别为 10.9% 和 9.7%。Zhang 等（2010）在大豆花数和荚数相关 QTL 定位方面的研究中取得了较大进展。目前共发现 33 个 QTL 与大豆花荚脱落有关，而且不同年份和不同种植密度间与花荚脱落性状关联的 QTL 不同，其中 4 个 QTL（*Satt534*、*Satt452*、*Satt244* 和 *Satt478*）在两年试验中都与大豆花荚脱落率相关，是比较准确可靠的 QTL。脱落是植物生长过程中花、果等生殖器官的败育，这个过程主要是在离区由诱导细胞产生脱落信号所调控的。王欢等（2014）研究认为，植物器官脱落的生理生化活动主要发生在器官基部的离区内。柴国华等（2006）对大豆不同组织 *GmAC* 基因表达的研究表明，大豆不同组织对 *GmAC* 基因表达的敏感性不同，离层区 *GmAC* 基因表达量最高，而茎中表达量最低。路子显等 (1998) 研究发现，大豆花荚脱落与 *HSP70* 表达量和 ABA 含量有相关性。李辉亮等（2005）认为 IAA 和热激复合处理对大豆花荚离层细胞 *HSP70* 基因表达的协同效应可能有利于增强大豆植株的抗逆性并且降低花荚脱落率。因此，设法调控 *HSP70* 基因在大豆细胞中的表达能力可能有助于选育高产和抗逆大豆新品种。此外，李小平等（2005）指出，*rlpk2* 基因在大豆胚根、子叶、根、茎和花器官中都有很高水平的表达，说明 *rlpk2* 基因既参与叶片衰老脱落调控，还具有其他生物学功能，例如该基因如敲除可导致花器官发育异常及不育或败育，说明 *rlpk2* 调控参与了大豆从营养生长转向生殖生长的转变。大豆开花是大豆一生最关键时期，是结束营养生长转向生殖生长的标志，Watanabe 等（2011）研究表明，*GIGANTEA* 基因调控可使大豆开花期提前，从而延长大豆生殖生长期，为大豆花荚的形成奠定了基础。

1.2 大豆产量和品质形成过程

1.2.1 大豆产量的形成过程

1.2.1.1 大豆群体产量的形成

（1）群体与个体

大豆生产是群体生产，大豆产量也是指群体产量。群体产量与个体产量是不同的。有报道说，原中国农业科学院大豆研究所种植了一株"大豆王"，茎粗 1.9 cm，分枝 21 个，结荚达 1 000 个，足见大豆单株的生产潜力是巨大的（刘丽君，2007）。众所周知，生长在生产田或试验田田边地头的大豆植株，由于地上光、气充足，地下肥、水有余，可能生长健壮，结荚密集。然而，这只是"边际效应"所致，不能代表群体的长势。

群体是由个体组成的，但它并不是个体的简单相加。随着个体的生长发育，引起群体内部环境（包括光、气、肥、水等）的改变，改变的环境反过来又影响个体的生长发育，即产生反馈作用。换句话说，在群体的动态发展过程中，个体对变化着的环境条件也会作出反应，植株通过对地上地下条件刺激的感受、传递和反应而进行自动调节。由于受空间和生育条件的限制，群体中的个体生长发育一般比较收敛。

在大豆生产实践中，通过人为干预，确定正确的种植密度、调节植株的田间配置以及采取各种促控措施，可以协调和控制群体中个体间的矛盾，使每个个体生长发育良好，使群体得到充分的发展，最终获得高额的产量。

（2）形成产量的两个生理过程

大豆的产量是通过两个生理过程形成的，一是吸收作用，二是光合作用。

大豆要维持地上茎、叶、花、果等器官所需要的水分和养分，必须具有强大的根系和庞大的吸收表面积。据董钻等（1982）在盆栽条件下，对大豆品种开育 8 号和品系辽农 79–4017 结荚盛期（R4 期）测定的结果，单株根系的总吸收表面积分别达 133.1 m^2 和 129.5 m^2，活跃吸收表面积分别为 65.1 m^2 和 67.3 m^2。单株的根系吸收表面积如此之大，群体根群的吸收表面积就更可想而知了。

大豆单株长至最繁茂时，其叶面积一般为 0.2 ～ 0.4 m^2。大豆群体的叶面积指数达到最大时（3 ～ 6，因种植密度和土壤肥力而异），大豆田的光合面积可达到 30 000 ～ 60 000 $m^2 \cdot hm^{-2}$。大豆光合作用需要的 CO_2、呼吸作用需要的 O_2 以及蒸腾的水分主要靠叶面的气孔出入。姜彦秋等（1991）对 4 个大豆品种叶片气孔密度的观察表明，大豆每平方毫米叶表面拥有气孔 103.8 ～ 153.8 个（因叶片节位而异），其中上表皮约占 1/3，下表皮约占 2/3。谢甫绨等（1993）对 16 个大豆品种的观察结果是，每平方毫米叶表面的上表皮平均有气孔 23.1 个，下表皮平均有气孔 46.9 个。当叶表面的所有气孔张开时，其总面积约占叶片面积的 1%。正因为有这样大的 CO_2、O_2 和水分的通道，才保证了大豆群体旺盛的光合作用、呼吸作用和蒸腾作用。

在大豆的总干物质中，根系吸收量和叶片光合量各占多大的比例呢？董钻（1981）在大豆开育 8 号籽粒产量 3 318 kg·hm⁻²（折合干物重 2 976 kg·hm⁻²）、生物产量 10 464 kg·hm⁻²（折合干物重为 9 837 kg·hm⁻²）的产量水平下测得，大豆根系从土壤中吸收的矿物质总量为 853.8 kg·hm⁻²，占总干物重的 8.68%，而光合产物占总干物重的 91.32%。

对于大豆产量形成来说，叶片的光合产物积累量虽然远远地超过根系的矿物质积累量，但是这两个生理过程却是同等重要且不可代替的。实际上在大豆栽培上所采用的许多措施，诸如整地、施肥、灌水、铲趟和除草等，首先是作用于根系，促进根系的吸收作用，进而才是促进光合作用的。

（3）群体生物产量的积累

大豆群体生物产量的积累过程，大体上可以用 Logistic 方程加以描述。从出苗至分枝为生物产量的指数增长期，从分枝至鼓粒是直线增长期，随后进入稳定期。在稳定期内，生物产量不再增长，这是同化物由营养器官（茎秆、叶片、叶柄）向籽粒转移的阶段。董钻等（1979）从大豆出苗之日起直至籽粒成熟，每隔 15 d 在田间取样（前期 6 株，后期 3 株），测定了 4 个早熟品种和 4 个晚熟品种各个器官的质量增长以及生物产量积累的进程。大豆晚熟品种铁丰 18 号和早熟品种彰豆 1 号的产量积累状况见图 1–2。

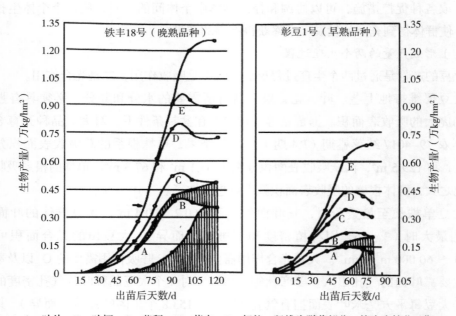

A—叶片；B—叶柄；C—茎秆；D—荚皮；E—籽粒；竖线为脱落部分；箭头为始花日期。

图 1–2　大豆晚熟品种铁丰 18 号和早熟品种彰豆 1 号的产量积累动态
（董钻等，1979）

陈仁忠等（1988）在黑龙江省绥化地区以绥农 4 号为试材，自出苗时起分期测定了干物质的积累动态。结果证明，幼苗期积累量为 42.6 g·m^{-2}，分枝期为 104 g·m^{-2}，初花期为 149 g·m^{-2}，盛花期为 351 g·m^{-2}，结荚期为 709 g·m^{-2}，鼓粒期为 916 g·m^{-2}，到黄熟期达到 1 197.6 g·m^{-2}。干物质积累最快的时间大致在结荚期前后。

据董钻等（1979）推算，要获得 3 750 kg·hm^{-2} 大豆籽粒产量，其生物产量应为 12 499.5 kg·hm^{-2}。若采用一个生育期为 130 d 的大豆品种，每天平均应积累的生物产量为 96.15 kg·hm^{-2}，而每天的生物产量最大积累量为 192.3 kg·hm^{-2}，时间一般在出苗后的 70 ～ 80 d。

1.2.1.2　大豆群体的生物产量和经济产量

（1）生物产量是经济产量的基础

对于大豆来说，生物产量是指单位土地面积上，地上部分各个器官风干重之和，包括茎秆、叶柄、荚皮和籽粒的总质量。大豆生物产量是经济产量的基础，没有高额的生物产量便不可能有高额的经济产量。由于大豆收获时，叶片、叶柄全部脱落，如不捡拾这些脱落器官，无法准确地计算生物产量。常耀中等（1978）在一项大豆籽粒重为 3 412.5 kg·hm^{-2} 的试验中，收获的茎荚（不包括叶片、叶柄）总重为 7 680 kg·hm^{-2}；若按叶片重和叶柄重在生物产量中一般占 25% 和 10% 推算，则在这一试验中，收获的生物产量应为 17 065.38 kg·hm^{-2}。

（2）生物产量与生育期的关系

大豆生育期的长短与大豆生物产量有着密切的关系。一般来说，生育期长，生物产量积累多；生育期短，生物产量积累少。张国栋（1981）研究了高纬度地区大豆生育期与生物产量的关系。结果表明，二者呈极显著正相关，r=0.9403**；大豆生育期长短与经济产量高低之间的相关也达到了极显著水平，r=0.8851**。董钻（1981）在沈阳地区高肥条件下比较研究了晚熟品种和早熟品种的生物产量积累。铁丰 18 号等 4 个晚熟品种积累的生物产量为 10 650 ～ 12 576 kg·hm^{-2}，经济产量为 2 835 ～ 3 636 kg·hm^{-2}；而丰收 10 号等 4 个早熟品种积累的生物产量只有 5 206.5 ～ 6 814.5 kg·hm^{-2}，经济产量为 2 349 ～ 2 823 kg·hm^{-2}。

（3）生物产量与土壤肥力和气象因子的关系

生物产量的积累与土壤肥力有很大的关系。同一个品种，在高肥条件下积累的生物产量远远高于在中肥条件下的积累量。据董钻（1981）测定的结果，晚熟品种开育 3 号，在高肥条件下生物产量为 10 692 kg·hm^{-2}，而在中肥条件下生物产量仅为 5 550 kg·hm^{-2}，后者是前者的 51.9%。大豆播种期的早晚对生物产量的高低有明显的影响。大豆是喜温作物，也是短日照作物，在东北地区，从春到夏，播种越晚，气温越高，日照越短，越能促进并加快大豆的发育。同一品种早播种，其生物产量积累量高；反之，则积累量低。如铁丰 16 号在辽宁省属于中熟品种，同样在中肥条件下种植，春播生物产量为 5 935.5 kg·hm^{-2}；夏播的则只有 3 628.5 kg·hm^{-2}。如果对同一个品种，既改变肥力，又改变播期，那么生物产量的差距更大。以早熟品种 Wilkin 为例，该品种在高肥条件下春播，其生物产量达到 6 232.5 kg·hm^{-2}；而改在中肥条件下夏播，一生中所积累的生物产量却只有 3 457.5 kg·hm^{-2}，即只相当于高肥、春播条件下的 55.5%，可见差距之大。

（4）大豆的器官平衡和经济系数

①大豆的器官平衡

从大豆干物质同化积累的源和库的角度来看，根系吸收水分和矿物质，叶片通过光合作用合成有机物质，这 2 个器官可看作是同化产物的 2 个源。籽粒是同化物的库。叶柄、茎秆和荚皮在保持绿色的时候，也能合成极少量的有机物质；当籽粒灌浆的时候，它们所储备的部分同化产物又被"征调"出来，输送到籽粒之中。因此，这 3 个器官既是次要源，又是过渡源。这里需要指出的是，在计算大豆的生物产量时，根是不包括在内的。

大豆一生中所积累的同化产物最终分配在各个器官中的比例是不同的。这种比例关系叫做器官平衡。准确的器官平衡应当以干物重的分配加以计算。由于干物重测定比较困难，故通常以收获时的器官风干物重计算。

从表 1-1 可以看出，在高肥条件下春播，大豆晚熟品种与早熟品种相比，茎秆、叶柄、叶片所占比例较大，而荚皮、籽粒所占比例较小。晚熟品种在春播条件下，与高肥相比，中肥条件下种植的大豆，在自身营养体（叶片、叶柄和茎秆）建成上所消耗的同化产物相对较少，而荚皮、籽粒所占比例较大。下列器官平衡指标可供当前大豆高产栽培参考：晚熟春播高肥条件下大豆品种的营养器官约占 60%；繁殖器官约占 40%。早熟夏播大豆品种的营养器官约占 40%；繁殖器官约占 60%。

表 1-1　大豆不同熟期类型在不同条件下的器官平衡比例（董钻，1981）

处理类别	器官				
	叶片/%	叶柄/%	茎秆/%	荚皮/%	籽粒/%
早熟、春播、高肥 （4 个品种平均）	19.1 （17.7～20.3）	9.1 （7.5～10.3）	15.8 （13.0～18.3）	13.9 （13.2～15.2）	42.1 （38.5～45.1）
晚熟、春播、高肥 （4 个品种平均）	30.5 （28.8～32.6）	10.6 （10.2～11.2）	19.4 （16.6～21.8）	11.5 （9.5～13.3）	28.0 （26.2～30.2）
早熟，夏播、中肥 （3 个品种平均）	22.9 （21.8～24.8）	7.7 （6.6～8.7）	10.3 （9.8～10.6）	17.1 （13.9～19.2）	42.0 （41.8～42.2）
晚熟、春播、中肥 （4 个品种平均）	22.1 （18.6～25.2）	8.4 （6.3～10.2）	16.0 （14.1～17.0）	15.5 （14.1～17.0）	38.0 （35.9～41.1）

注：表中括弧内数字系变幅。

大豆的器官平衡是同化物转移分配的最终反映，也是源与库关系的标志。器官的建成既取决于品种的遗传特性，也因栽培条件和促控措施而自动调节。在品种选用上，秆强、节短、荚密、小叶、少分枝的品种越来越受到重视。在栽培措施上，既要促使群体有足够的生长量，又要控制茎、叶不可过旺。只有这样，器官平衡才能趋于合理。

②大豆的经济系数

如前所述，由于大豆收获时叶片、叶柄相继脱落，给计算经济系数（也称收获指数）带来较大的困难。有研究曾采用"粒茎比"代替经济系数，即：不计叶片和叶柄的质量，只以籽粒重占成熟时地上茎荚总重的比例，或以"籽粒重/（茎秆重＋荚皮重＋籽粒重）"，或以"籽粒重/（茎秆重＋荚皮重）"来表示"粒茎比"。前一种"粒茎比"表示法，能够衡量经济有效器官占收获物的比例，在考种时经常采用。

如果在大豆成熟收获时，将已脱落的器官（包括叶片、叶柄以及未发育完全的落地的豆荚等）收集起来，作为生物产量的一部分参与经济系数计算的话，那么所得到的结果将更加准确。即经济系数（%）＝（经济产量/生物产量）×100%。

据张国栋（1979）对国内外 204 个大豆品种的经济系数［此处经济系数＝籽粒重/（茎秆重＋荚皮重＋籽粒重）］与生育日数关系的统计，二者呈极显著的负相关，r=−0.958**。胡明祥等（1980）研究了大豆品种生育期与经济系数的关系。结果表明，在吉林省公主岭地区，大豆各种熟期类型的经济系数各不相同：中早熟品种为 32.2%～42.6%，中熟品种为 28.6%，中晚熟品种为 27.6%～32.0%，即熟期越早，经济系数越大。据王彦丰（1981）的研究结果，在吉林省条件下，大豆品种的生育期与"粒茎比"呈负相关关系，r=−0.9499。早熟品种的"粒茎比"一般为 46%～54%，而中晚熟品种则为 37%～46%。赵铠（1984）对 15 个不同类型的大豆品种测定表明，"粒茎比"与生育期和株高均呈极显著负相关，相关系数分别为 −0.8099** 和 −0.9188**。8 个尖叶品种的平均"粒茎比"为 1.97（1.55～2.85）；而 7 个圆叶品种的平均"粒茎比"为 1.47（0.97～1.90）。

张子金（1987）在肥力中等的非灌溉黑土上，研究分枝多少不等的 31 个大豆品种的经济系数的稳定性，结果表明，不同品种的经济系数是相对稳定的。不论在适宜的密度下种植，还是在稀植（60 cm×60 cm）情况下种植，其经济系数的相对值是相当接近的。刘金印等（1987）的大豆种植密度试验结果表明，经济系数与种植密度是呈负相关的，相关系数为：−0.5665**（黑河 3 号），−0.7889**（九农 9 号），−0.8619**（九农 13 号）。

董钻等（1982）对产量为 3 375 kg·hm^{-2} 左右大豆籽粒的 10 次试验数据进行了分析，结果表明，生物产量在 10 228.5～14 547 kg·hm^{-2} 的范围内，均有可能获得 3 375 kg·hm^{-2} 的籽粒产量，但其经济系数相差很大。以 10 228.5 kg·hm^{-2} 生物产量获得 3 375 kg·hm^{-2} 籽粒产量，其经济系数为 33%；而以 14 547 kg·hm^{-2} 生物产量也获得 3 375 kg·hm^{-2} 籽粒产量，其经济系数仅为 23.2%，这显然是不经济的，从理论上推算，想要以 30% 的经济系数，去争取 3 375 kg·hm^{-2} 的大豆产量，生物产量需为 11 250 kg·hm^{-2}。

我国北魏农学家贾思勰曾在《齐民要术》中指出，"地过熟者，苗茂而实少""早熟者，苗短而收多；晚熟者，苗长而收少"。生产实践完全证实了这些论述。土壤肥沃，往往茎叶繁茂，结实不多。早熟品种，植株矮小，但结荚却相对较多；晚熟品种，植株多高大，而结荚可能相对比较稀少。

随着大豆生物产量的提高，经济系数有下降的趋势。张国栋（1979）的测定表明，经济系数高的品种，生物产量一般偏低；反之亦然。据他的统计结果，经济系数与生物产量呈负相关关系，r=−0.852。这是因为在高肥大水条件下大豆茎、叶的生长容易得到促进，而荚粒的形成数量却赶不上茎、叶的增长，若茎、叶过分郁闭则荚粒反而减少。要获得高额的大豆籽粒产量，必须采取适宜的种植密度和适当的促控措施，使高额的生物产量与较高的经济系数相协调。假如没有很高的生物产量做基础，那么再高的经济系数也是无济于事的。喜肥秆强高产的品种，一般表现在较高的生物产量的基础上，有较高的经济系数。

1.2.2 大豆品质的形成过程

1.2.2.1 大豆籽粒蛋白质的积累

大豆籽粒的蛋白质含量十分丰富，一般含量为 40%，比大米高 4 倍，比面粉高 2～3 倍。从人体对各种氨基酸的需要来看，大豆蛋白的氨基酸组成最接近"全价蛋白"，而食用谷类作物蛋白中则往往缺乏赖氨酸、苏氨酸、甲硫氨酸或色氨酸。大豆蛋白质中谷氨酸占 19%，精氨酸、亮氨酸和天门冬氨酸各占 8% 左右。人体必需氨基酸赖氨酸占 6%；色氨酸及含硫氨基酸（半胱氨酸、甲硫氨酸）含量偏低，均在 2% 以下。

在大豆开花后 10～30 d，氨基酸增加最快，此后，氨基酸迅速下降。这标志着后期氨基酸向蛋白质转化过程大为加快。大豆种子中蛋白质的合成和积累，通常在整个种子形成过程中都可以进行，开始是脂肪和蛋白质同时积累，后来转入以蛋白质合成为主。后期蛋白质的增长量占成熟种子蛋白质含量的一半以上。

1.2.2.2 大豆籽粒油分的积累

大豆籽粒的油分含量在 20% 左右，比小麦高 12 倍，比玉米和大米高 4～5 倍。大豆油中含有肉豆蔻酸、棕榈酸（软脂酸）、硬脂酸等 3 种饱和脂肪酸和油酸、亚油酸、亚麻酸等 3 种不饱和脂肪酸。大豆油中的饱和脂肪酸约占 15%，不饱和脂肪酸约占 85%。

对于大豆油分的积累规律，大多数研究结果均表明，在开花后至成熟前，无论油分的相对含量还是绝对含量一直是逐渐增加的，开花后 30 d 左右有一快速积累期，到成熟后又稍有下降。Sale 等（1980）以大豆品种"Lee"为试验材料，自开花后第 4 周起，每周取样一次，测定了油分含量的变化动态，结果表明籽粒形成初期，油分含量只有5%，之后迅速增长到最高限25%，而在叶片衰老的最后一周，油分的含量又由25%下降到21%。籽粒中油分绝对含量的变化动态与相对含量是一致的。

1.2.3 大豆产量品质形成的影响因素

1.2.3.1 生态环境对大豆品质的影响

大豆籽粒的品质与气候条件密切相关。对不同生态区域大豆籽粒品质的测定结果表明，大豆蛋白质含量与生育期间的气温、降水量呈正相关，与日照和昼夜温差呈负相关（胡明祥等，1990）。而大豆籽粒含油量与生育期间的气温高低和降水多少呈负相关，与日照长短和昼夜温差呈正相关（祖世亨，1983）。杨庆凯等（2003）的研究表明，在黑龙江省由西至东不同生态区，大豆蛋白含量逐渐升高，脂肪含量逐渐降低。西部光照充足、干旱，利于脂肪的形成，不利于蛋白的形成。东部相对来说湿润、多雨、日照不充足，利于蛋白形成，不利于脂肪积累。总的来说，气候凉爽、雨水较少、光照充足、昼夜温差大的气候条件有利于大豆含油量的提高。

我国大豆籽粒的蛋白质和油分含量与地理纬度有明显的相关性。总的趋势是：原产于低纬度的大豆品种，其蛋白质含量较高，而油分含量较低；相反，原产于高纬度的大豆品种，其油分含量较高，而蛋白质含量较低。因而，东北大豆以油用为主，籽粒的蛋白质含量相对较低而含油量较高；南方一些地区的大豆以加工豆腐等食用为主，籽粒的含油量相对较低而蛋白质含量较高。丁振麟（1965）采用3个杭州大豆品种进行的地理播种试验，结果证明，大豆北种南引，有利于蛋白质的提高；反之，南种北引，有利于油分的提高。然而，地理纬度与蛋白质、油分的相关性并不是绝对的，常常与主栽品种的品质密切相关。

1.2.3.2 农艺措施对大豆品质的影响

大豆播种期不同，植株生长发育所遇到的环境条件各异，这些环境条件会对大豆籽粒品质造成一定影响。一般认为，春播大豆蛋白质含量较高，夏播或秋播稍低；春播大豆油分含量普遍高于夏播或秋播。播种期不仅影响大豆籽粒油分的含量，而且影响脂肪酸的组成。春播大豆籽粒的棕榈酸（软脂酸）、硬脂酸、亚油酸和亚麻酸含量低，而夏播或秋播的则较高。油酸含量则与此相反，春播高于夏播或秋播。

施肥能明显改善大豆籽粒品质。据报道，给大豆单施氮肥、磷肥或者氮磷肥混施均可增加籽粒的蛋白质含量。给大豆单施农家肥会使籽粒的含油量下降；在施用农家肥基础上再增施磷肥、氮磷肥、磷钾肥，或者不施农家肥而施氮磷钾肥，都可以提高大豆籽粒的含油量。施硫肥可增加高蛋白大豆品种和高油品种的蛋白质含量，施锌可增加高蛋白大豆品种蛋白质含量，硼、钼、锌同时施用也可增加高油品种大豆的蛋白质含量。氮、磷、钾对大豆脂肪含量具有显著影响，在高油品种中，钾单独处理能显著增加脂肪含量，磷、钾配合施用，氮、钾配合施用，氮、磷配合施用都能不同程度地增加籽粒脂肪含量。适量地施用钙、钼也具有增加大豆籽粒脂肪含量的作用（王继安等，2003）。国内外的研究结果还表明，硫、硼、锌、锰、钼和铁等元素均会对大豆籽粒的品质形成产生影响。施钼或硼能促使大豆籽粒的蛋白质含量提高，降低大豆籽粒中钙和脂肪的含量，使大豆籽粒中总氨基酸含量和必需氨基酸含量较对照明显增加（刘鹏等，2003）。另外，灌水、茬口、病虫害为害等也会对大豆籽粒的品质产生影响。

1.2.4　大豆产量品质形成与不同冠层之间的关系

植株良好的冠层结构，对作物的生长及同化物合理分配具有重要意义，大豆生殖生长期叶面积持续期相对较长，叶倾角相对较小和冠层群体结构相对均匀，这样的群体条件能够充分截获光能，也是大豆获得高产的重要特征。金剑等（2004a）将高产大豆冠层分为上中下三层，对进行群体光合生理和产量测量可知，上下冠层叶片的光合速率差异小，全冠层的光合速率相对较高，结果增加了植株荚数、粒数及粒重，尤其是增加了中上层荚数、粒数。陈渊等（2006）研究发现，大豆单株源营养面积大，冠层能够供给一个宽松的环境，有利于产量因素的形成。孙卓韬等（1986）研究发现，改良株型、提高叶片质量是改善大豆群体内部光合条件、充分发挥大豆整个冠层生产力的重要手段。金剑等（2004b）相关研究证明存在产量差异的3个大豆品种，高产品种的群体叶面积指数和叶面积持续期相对较大，在各个方向的叶片分布均匀，平均叶倾角小，相应辐射透过系数较低，光截获比例相对较高，从而有利于干物质的同化积累。

植物生长调节剂可促进大豆不同冠层叶片夜间光合同化物的输出，显著增加植株中上层产量。Yan等（2010）研究发现使用适宜浓度的烯效唑 S3307 粉末处理大豆种子，在玉米和大豆间作条件下促进了大豆幼苗的生长，控制了倒伏，提高了大豆产量。边大红等（2011）对夏玉米进行了局部化控处理，使玉米群体形成了"波式"冠层结构。同时，增大了群体叶面积且持续时间较长，改善了中下层的透光条件，使冠层内叶片叶绿素含量较高，最终增加了单位面积穗数和粒重，表现出明显的增产效果。田小海等（2010）在超级杂交稻上应用调节剂，改变了植株剑叶和倒2叶的叶长和叶宽，使水稻下部节间变短、增粗，提高了水稻的抗倒性。张海峰等（2006）研究发现，调节剂修饰了大豆株型，显著降低了植株结荚高度，有效延缓了处理后3~4个节间的伸长，促进了上部节间伸长，为同步提高产量和改善品质奠定了基础。

1.2.5　大豆产量品质形成与分子生物学之间的关系

产量因子包括百粒重、单株产量、单株荚数等，产量因子是大豆产量的重要组成部分，属于复杂数量性状。目前国内外已经报道了许多大豆产量因子相关的QTL，在SoyBase上公布了294个百粒重QTL（2018年3月29日），24个单株产量QTL，48个单株荚数相关的QTL，3个单株粒数QTL。294个与百粒重相关的QTL，其中有21

个未比对到染色体上，其余273个QTL分布在20条染色体上，表明百粒重是多基因控制的复杂数量性状。

利用全基因组分析的方法，Zhang等（2016）以309份大豆种质资源为材料，利用31 045个高质量的*SNP*，对百粒重性状进行关联分析，共检测到48个显著的位点分布于12条染色体上，对表型变异总解释率为83.4%，单个*SNP*表型解释率为1.8%～3.8%，表明关联到的位点均是百粒重的微效位点，在5个显著*SNP*位点附近预测了16个百粒重相关候选基因。Yan等（2015）在美国农业部种质库筛选出166份粒重差异较大的资源材料，利用基因芯片提供的35 009个*SNP*，对百粒重性状进行了关联分析，两年共稳定关联到17个显著的*SNP*位点分布在6条染色体上，将同一*SNP*含有不同等位基因的材料划分为两个亚群，比较其粒重，发现有8个*SNP*两个群之间粒重差异显著，不同等位基因间百粒重相差8.1～11.7 g，8个*SNP*位点对表型变异解释率为7.9%～13.2%，是控制百粒重的大效应位点。对大豆产量因子遗传变异的解析，帮助我们找到控制产量性状的候选基因，为大豆产量改良提供有用的信息。

在大豆品种Jack和猴子毛中过表达*GmDof4*基因，得到多个阳性植株。对*GmDof4*表达量高的转基因植株进行表型分析发现，在两个受体品种中过表达都可以显著增加分枝数、分枝长度，并因此提高了结荚数、种子数和单株产量，具有一定的增产潜力。对转基因种子的油脂和蛋白含量进行分析发现，转基因大豆种子中的油脂含量显著提高，储藏蛋白含量下降。在大豆中过表达*GmDof4*引提高大豆产量和种子油脂含量，在生产上具有重要意义。

Wang等（2007）等鉴定得到了28个*Dof*转录因子基因，并对其中7个花荚特异表达和1个持续表达的基因进行了深入研究，结果发现*GmDof4*和*GmDof11*在拟南芥中过表达增加种子总脂肪酸和油脂含量，增加千粒重，并降低储藏蛋白的含量。芯片和蛋白结合分析发现*GmDof4*和*GmDof11*蛋白通过直接结合在顺式DNA元件启动子区域，分别活化乙酰辅酶A羧化酶基因和长链酰基辅酶A合成酶基因，并通过直接结合来下调储藏蛋白相关基因。这些结果显示，这两个大豆*Dof*基因可通过上调脂肪酸生物合成途径相关基因来增加种子中的油脂含量。

参考文献

边大红，张瑞栋，段留生，等，2011. 局部化控夏玉米冠层结构、荧光特性及产量研究［J］. 华北农学报，26（3）：139–145.

柴国华，王成社，黄晓刚，等，2006. 逆境对大豆脱落纤维素酶基因时间表达模式的影响［J］. 西北植物学报，26（3）：442–446.

常耀中，张荣贵，李兰甫，等，1978. 大豆高产规律及栽培技术［J］. 中国农业科学（3）：18–22.

陈仁忠，魏景山，崔德珠，1988. 大豆公顷产3 750公斤的土壤环境及植株生长的分析［J］. 大豆科学

（4）：301–308.

陈渊，韩秉进，2006. 不同土壤营养面积对大豆冠层结构的影响 [J]. 农业系统科学与综合研究，22（1）：17–20.

丁振麟，1965. 气候条件对于大豆化学品质的影响 [J]. 作物学报，1965（4）：313–320.

董钻，1981. 大豆的器官平衡与产量 [J]. 辽宁农业科学（3）：14–21.

董钻，宾郁泉，孙连庆，1979. 大豆品种生产力的比较研究 [J]. 沈阳农学院学报（1）：37–47.

董钻，那桂秋，1993. 大豆叶—粒关系的研究 [J]. 大豆科学，12（1）：1–7.

董钻，祁明楣，罗文春，等，1982. 大豆亩产450斤的生理参数及栽培措施初探 [J]. 大豆科学，（2）：131–140.

胡明祥，李开明，田佩占，等，1980. 大豆高产株型育种研究 [J]. 吉林农业科学（3）：1–14.

胡明祥，于德洋，孟祥勋，等，1990. 不同生态区域环境对中国大豆品质的影响 [J]. 大豆科学，（1）：39–49.

姜彦秋，黄峻，苗以农，1991. 大豆叶片表面结构与蒸腾的关系 [J]. 作物学报（1）：42–46，81–84.

姜元华，许轲，赵可，等，2015. 甬优系列籼粳杂交稻的冠层结构与光合特性. 作物学报，41（2）：286–296.

金剑，刘晓冰，王光华，2004a. 不同熟期大豆R4–R5期冠层某些生理生态性状与产量的关系 [J]. 中国农业科学，37（9）：1293–1300.

金剑，刘晓冰，王光华，等，2004b. 大豆生殖生长期冠层结构及其与冠层辐射的关系研究 [J]. 东北农业大学学报，35（4）：412–417.

李辉亮，陈建南，朱保葛，等，2005. 热激和外源激素处理影响大豆花荚离层组织HSP70基因表达 [J]. 分子植物育种（1）：21–25.

李小平，马媛媛，李鹏丽，等，2005. 利用RNA干扰技术敲减rlpk2基因的表达可以延缓大豆叶片衰老 [J]. 科学通报，50（11）：1090–1096.

李秀菊，孟繁静，1999. 大豆花荚败育期间的植物激素变化 [J]. 植物学通报，16（14）：464–467.

刘金印，张恒善，王大秋，1987. 豆种植密度和群体结构指标的研究 [J]. 大豆科学（1）：1–10.

刘丽君，2007. 中国东北优质大豆 [M]. 哈尔滨：黑龙江科学技术出版社.

刘鹏，杨玉爱，2003. 钼、硼对大豆品质的影响 [J]. 中国农业科学（2）：184–189.

刘晓冰，Stephen J.Herbert，金剑，等，2006. 增加光照及其与改变源库互作对大豆产量构成因素的影响 [J]. 大豆科学（1）：6–10.

路子显，曲建波，傅鸿仪，等，1998. 大豆热激蛋白与内源激素变化的研究 [J]. 大豆科学（4）：33–40.

苗以农，朱长甫，石连旋，等，1999. 从大豆产量形成生理特点探索特异高产株型的创新 [J]. 大豆科学，18（4）：342–346.

苏黎，张仁双，宋书宏，等，1997. 不同结荚习性大豆开花结荚鼓粒进程的比较研究 [J]. 大豆科学（3）：52–59.

孙醒东，1956. 大豆［M］. 北京：科学出版社．

孙卓韬，董钻，1986. 大豆株型、群体结构与产量关系的研究 第二报 大豆群体冠层的荚粒分布［J］. 大豆科学，5（2）：91-102.

田小海，王晓玲，许凤英，等，2010. 植物生长调节剂立丰灵对超级杂交稻抗倒性和冠层结构的影响［J］. 杂交水稻，25（3）：64-67，73.

王欢，孙霞，岳岩磊，等，2014. 东北春大豆花荚脱落性状与SSR标记的关联分析［J］. 土壤与作物，3（1）：32-40.

王继安，徐杰，宁海龙，等，2003. 施用大、中、微量元素对大豆品质及其它性状的影响［J］. 大豆科学（4）：273-277.

王晓光，董钻，2000. 沈农91-44大豆的生殖生长进程及其与无限性亚有限性大豆的比较 Ⅱ. 开花坐荚状况的比较［J］. 辽宁农业科学（2）：7-10.

王彦丰，1981. 大豆早熟高产品种的生理基础［J］. 中国油料（1）：54-58，27.

王艳，李文滨，2015. 2014年大豆分子标记的研究进展［J］. 大豆科学，34（6）：1066-1074.

谢甫绨，董钻，王晓光，等，1993. 大豆倒伏对植株性状和产量的影响［J］. 大豆科学（1）：81-85.

谢甫绨，王海英，张慧君，等，2003. 高油大豆优质生产技术［M］. 北京：中国农业出版社．

徐豹，路琴华，1988. 不同进化类型大豆花荚形成和脱落的比较研究［J］. 大豆科学（2）：103-112.

徐琰，孙晓环，孙霞，等，2015. 大豆花荚脱落及单株荚数的QTL定位［J］. 土壤与作物，4（2）：71-76.

杨庆凯，张晓艺，孟祥文，等，2003. 不同蛋白质、脂肪含量大豆品种在黑龙江不同地点的品质生态反应［J］. 大豆科学，（1）：1-5.

杨义杰，苗以农，周晓丽，等，1991. 大豆不同生育时期叶片、叶柄、荚皮和籽粒氨基酸含量的变化［J］. 东北师大学报（自然科学版）.（1）：133-136.

张国栋，1979. Co^{60}—γ 射线对大豆主要农艺性状辐射效应的研究［J］. 中国油料（1）：43-47.

张国栋，1981. 高寒地区大豆不同生育期的生态类型与主要农艺性状的关系［J］. 中国油料（4）：54-56，30.

张海峰，张明才，翟志席，等，2006. SHK-6对大豆株型、产量及其生理基础的调控［J］. 中国油料作物学报，28（3）：287-292.

张石城，刘祖棋，1999. 植物化学调控原理与技术［M］. 北京：中国农业科技出版社．

张子金，1987. 中国大豆育种与栽培［M］. 北京：农业出版社．

赵凯，1984. 大豆不同类型品种粒茎比与产量等性状关系的研究［J］. 大豆科学（4）：281-287.

祖世亨，1983. 大豆含油率的农业气候分析及黑龙江省大豆含油率的地理分布区划［J］. 大豆科学（4）：266-276.

ABELES F B, LEATHER G R, FORRENCE L E, et al., 1971. Abscission: regulation of senescence, protein synthesis, and enzyme secretion by ethylene[J]. HortScience, 6（4）：371-376.

ANTOS M, WIEBOLD W J, 1984. Abscission, total soluble sugars, and starch profiles within a soybean canopy [J].Agronomy journal, 76 (5): 715-719.

BOARD J E, 2004. Soybean cultivar differences on light interception and leaves area index during seed filling [J]. Agronomy Journal, 96 (1): 305-310.

BOARD J E, HARVILLE B G, 1998. Late-planted soybean yield response to reproductive source/sinlt stress [J].Science, 38 (3): 763-771.

BRUENING W P, EGLID B, 2000. Leafstarch accumulation and seed setatphloem-isolated nodes in soybean [J]. Field Crops Reseach, 68: 113-120.

BRUN W A, BETTS K J, 1984. Source/sink relation of abscising and nonabscising soybean flowers [J]. Plant physicology, 75 (1): 187-191.

EGLI D B, BRUENING W P, 2002. Flowering and fruit set dynamics atphloem-isolated nodes in soybean [J]. Field Crops Reseach, 79 (1): 9-19.

HORTON R F, OSBORN D J, 1967. Senescence, abscission and cellulase activity in Phaseolus vulgaris[J]. Nature, 214(5093): 1086-1088.

LEITE V M, ROSOLEM C A, RODRIGUES J D, 2003. Gibberellin and cytokinin effects on soybean growth [J]. Scientia Agricola, 60 (3): 537-541.

ROITSCH T, EHNESSR, GOETZ M, et al., 2000. Regulation and function of extracellular invertase from high plants in relation to assimilated partitioning, stress responses and sugar signalling [J].Australian Journal of Plant Phyiology, 27 (9): 815-825.

SALE P W G , CAMPBELL L C, 1980. Changes in physical characteristics and composition of soybean seed during crop development [J]. Field Crops Research, 3: 147-155.

SCHOU J B, JEFFERSD L, STREETER J G, 1978. Effects of reflectors, blackboards, or shades applied at different stages of plant development on yield of soybeans[J]. Crop Science, 18: 29-34.

SEXTON R,DURBIN ML,LEWOS LN et al, 1980. Use of cellulase antibodies to study leaf abscission[J]. Nature, 283 (5750): 873-874.

TUCKER M L, MILLIGAN S B, 1991. Sequence analysis and comparison of avocado fruit and bean abscission cellulose[J].Plant Physiology, 95 (3): 928-933.

TUCKER M L, SEXTON R, DELCAMP E, et al., 1988. Bean abscission cellulase: Characterization of a cDNA clone and regulation of gene expression by ethylene and auxin [J]. Plant Physiology, 88 (4): 1257-1262.

UMEZAKI T, SHIMANO I, MATSUMOTO S, 1991. Studies on internode elongation in soybean plants : Ⅳ. effects of gibberellin biosynthesis inhibitors on internode elongation [J]. Japanese Journal of Crop Science, 60 (1): 20-24.

WANG H W, ZHANG B, HAO Y J, et al., 2007. The soybean Dof-type transcription factor genes, GmDof4 and GmDof11, enhance lipid content in the seeds of transgenic Arabidopsis plants [J]. The Plant Journal: For Cell and Moleclar Biolgy, 52 (2): 716-729.

WATANABE S, XIA Z, HIDESHIMA R, et al., 2011. A map-based cloning strategy employing a residual heterozygous line reveals that the *GIGANTEA* gene is involved in soybean maturity and flowering [J]. Genetics, 188 (2): 395-407.

YAN L, LI Y, YANG C, et al., 2015. Identification ang validation of an over-dominant QTL controlling soybean seed weight using populations derived from *Glycine max × Glycine soja* [J]. Plant Breeding, 133 (5): 632-637.

YAN Y H, GONG W Z, YANG W Y, et al., 2010. Seed treatment with uniconazole powder improves soybean seedling growth under shading by corn in relay strip intercropping system [J]. Plant Production Science, 13 (4): 367-374.

ZHANG D, CHENG H, WANG H, et al., 2010. Identification of genomic regions determining flower and pod numbers development in soybean (*Glycine max* L.) [J]. Journal of Genetics and Genomics, 37 (8): 545-556.

ZHANG J, SONG Q, CREGAN P B, et al., 2016. Genome-wide association study, genomic prediction and marker-assisted selection for seed weight in soybean (*Glycine max*) [J]. Theoretical & Applied Genetics, 129 (1): 117-130.

2 大豆花荚发育和产量品质形成的调控研究进展

2.1 大豆花荚发育与产量品质形成的一般调控研究

2.1.1 大豆生育期及其调控

2.1.1.1 大豆的一生

大豆的生育期通常是指从出苗到成熟所经历的天数。实际上,大豆的一生指的是从种子萌发开始,经历出苗、幼苗生长、花芽分化、开花结荚、鼓粒,直至新种子成熟的全过程。

（1）种子的萌发和出苗

在土壤水分和通风条件适宜,播种层温度稳定在 10 ℃时,大豆种子即可发芽。大豆种子发芽需要吸收相当于本身质量 120% ～ 140% 的水分。种子发芽时,胚根先伸入土中,子叶出土之前,幼茎顶端生长锥已形成 3 ～ 4 个复叶、节和节间的原始体。随着下胚轴的伸长,子叶带着幼芽拱出地面,子叶出土即为出苗。

（2）幼苗生长

子叶出土展开后,幼茎继续伸长,经过 4 ～ 5 d 一对原始真叶展开,这时幼苗已具有 2 个节,并形成了第一个节间。从原始真叶展开到第一复叶展平大约需 10 d。此后,每隔 3 ～ 4 d 出现 1 片复叶,腋芽也跟着分化。主茎下部节位的腋芽多为枝芽,条件适合即形成分枝。中上部腋芽一般都是花芽,长成花簇。

从出苗到分枝出现,叫做幼苗期。幼苗期根系比地上部分生长快。

（3）花芽分化

大豆花芽分化的迟早因品种而异。早熟品种较早，晚熟品种较迟；无限性品种较早，有限性品种较迟。据哈尔滨师范大学在当地对无限性品种黑农 11 号的观察，5 月 8 日播种，26 日出苗，出苗后 18 d，当第一复叶展开、第二复叶未完全展开、第三片复叶尚小时，在第二、第三复叶的腋部已见到花芽原始体。另据原山西农学院对有限性品种太谷黄豆的观察，5 月 4 日播种，12 日出苗，出苗后 45 d，当第七复叶出现时，花芽开始分化。大豆花芽分化可分为花芽原基形成期、花萼分化期、花瓣分化期、雄花分化期、雌蕊分化期以及胚珠、花药、柱头形成期。最初，出现半球状花芽原始体，接着在原始体的前面发生萼片，继而在两旁和后面也出现萼片，形成萼筒。花萼原基出现是大豆植株由营养生长进入生殖生长的形态学标志。然后相继分化出极小的龙骨瓣、翼瓣、旗瓣原始体。跟着雄蕊原始体成环状顺次分化，同时心皮也开始分化，在 10 枚雄蕊中央雌蕊分化，胚珠原始体出现，花药原始体也同时分化。花器官逐渐长大，形成花蕾。随后，雄、雌蕊的生殖细胞连续分裂，花粉及胚囊形成，最后花开放（王树安，1995）。

从花芽开始分化到花开放，称为花芽分化期，一般为 25～30 d。因此，在开花前一个月内环境条件的好坏与花芽分化的多少及正常与否有密切的关系。从这时起生殖生长和营养生长并进，根系发育旺盛，茎叶生长加快，花芽相继分化，花朵陆续开放。

（4）开花结荚

从大豆花蕾膨大到花朵开放需 34 d。每天开花时刻一般从上午 6 时开始，8 时至 10 时最盛，下午开花甚少。在同一地点，开花时刻又因气候情况而错前或错后。

花朵开放前，雄蕊的花药已裂开，花粉粒在柱头上发芽。花粉管在向花柱组织内部伸长的过程中，雄核一分为二，变成 2 个精核，从授粉到双受精只需 8～10 h。授粉后 1 d 左右，受精卵开始分裂，最初二次分裂形成的上位细胞将发育成胚，下位细胞发育成胚根原和胚柄。受精后 7 d 左右胚乳细胞开始分化，接着子叶分化。14 d 左右，子叶继续生长，胚轴、胚根开始发育，胚乳开始被吸收，2 片初生叶原基分化形成。21 d 左右，种子内部为子叶所充满，胚乳只剩下 1 层糊粉层和 2～3 层胚乳细胞层，子叶的细胞内出现线粒体、脂质颗粒和蛋白质颗粒。28 d 左右，子叶长到最大，此后复叶叶原基分化形成。

花冠在花粉粒发芽后开放，约 2 d 后凋萎。随后子房逐渐膨大，幼荚形成（拉板，即形容豆荚伸长、加宽的过程）开始。头几天荚发育缓慢，从第 5 d 起迅速伸长，大约经过 10 d 长度达到最大值。

荚达到最大宽度和厚度的时间较迟，嫩荚长度的日增长约 4 mm，最多达 8 mm。

从始花到终花为开花期。有限性品种单株自始花到终花约 20 d，无限性品种花期长达 30～40 d 或更长。

从幼荚出现到拉板完成为结荚期。由于大豆开花和结荚是交错的，所以又将这 2

个时期统称开花结荚期。在这个时期，营养器官和生殖器官之间对光合产物竞争比较强烈，无限性品种尤其如此。开花结荚期是大豆一生中需要养分、水分最多的时期。

（5）鼓粒成熟

大豆从开花结荚到鼓粒阶段，没有明显的界限。在田间调查记载时，把豆荚中籽粒显著突起的植株达一半以上的日期称为鼓粒期。在荚皮发育的同时，种皮已形成，荚皮近长成后豆粒才鼓起。

种子的干物质积累，大约在开花后 7 d 内增加缓慢，之后的 7 d 增加很快，大部分物质是在这之后的大约 21 d 内积累的。每粒种子平均每天可增重 6 ~ 7 mg，多者达 8 mg 以上。荚的质量大约在开花后的 35 d 达到最大值。当种子变圆、完全变硬，最终呈现本品种的固有形状和色泽时即为成熟。

2.1.1.2 大豆生育时期的记载

大豆一生中各个生育时期经常是重叠的，很难确切地加以记载。

Fehr 等（1980）提出了根据大豆植株形态表现记载生育时期的方法。这种方法已为越来越多的研究者所采用。这种记载方法的主要特点是：以主茎节龄作为营养生长阶段的标准，以从真叶节算起的主茎节数目作为植株节龄的标准。

在营养生长阶段，VE 期表示出苗期，即子叶露出土面；VC 期为子叶期，即真叶叶片未展开，但叶缘已分离；V1 期为真叶展开期；V2 期为第一复叶展开期；……；Vn 期为自真叶节计算第 n 节复叶展开期。

在生殖生长阶段，R1 期为开花始期，主茎任何一个节上开第一朵花；R2 期为开花盛期；R3 期为结荚始期，主茎上出现一个 5 mm 长的荚；R4 期为结荚盛期；R5 期为鼓粒始期，荚中籽粒长达 3 mm；R6 期为鼓粒盛期；R7 期为成熟始期，主茎上有一个荚达到成熟期的颜色；R8 期为成熟期，此期全株 95% 的荚达到成熟颜色，在干燥天气下，在 R8 期后 5 ~ 10 d，籽粒含水量可降至 15% 以下。

2.1.2 不同基因型品种及其调控

大豆的结荚习性一般可分为无限、有限和亚有限 3 种类型。

2.1.2.1 无限结荚习性

具有这种结荚习性的大豆茎秆尖削，始花期早，开花期长。主茎中部、下部的腋芽首先分化开花，然后向上依次陆续分化开花。始花后，茎继续产生。如环境条件适宜，茎可生长很高。主茎与分枝顶部叶小，着荚分散，基部荚不多，顶端只有 1 ~ 2 个小荚，多数荚在植株的中部、中下部，每节一般着生 2 ~ 5 个荚，这种类型的大豆，营养生长和生殖生长并进的时间较长。

2.1.2.2 有限结荚习性

具有这种结荚习性的大豆一般始花期较晚，当主茎生长高度接近成株高度前不久，才在茎的中上部开始开花，然后向上、向下逐节开花，花期集中。当主茎顶端出现一簇花后，茎的生长终结。茎秆不那么尖削。顶部叶大，不利于透光。由于茎生长停止，顶端花簇能够得到较多的营养物质，常常形成数个荚聚集的荚簇或成串簇。这种类型的大豆，营养生长和生殖生长并进的时间较短。

2.1.2.3 亚有限结荚习性

这种结荚习性介于以上2种习性之间而偏于无限习性。主茎较发达。开花顺序由下而上，主茎结荚较多，顶端有几个荚。

大豆结荚习性不同的主要原因在于大豆茎秆花芽分化时个体发育的株龄不同。顶芽分化时若处于植株旺盛生长时期，即形成有限结荚习性，顶端叶大，花多，荚多。否则，当顶芽分化时植株已处于老龄阶段，则形成无限结荚习性，顶端叶小，花稀，荚也少（祝其昌，1984）。

大豆的结荚习性是重要的生态性状，在地理分布上有着明显的规律性和区域性。从全国范围看，南方雨水多，生长季节长，有限品种多。北方雨水少，生长季节短，无限性品种多。从一个地区看，雨量充沛、土壤肥沃的地区，宜种有限性品种；干旱少雨、土质瘠薄的地区，宜种无限性品种。雨量较多、肥力中等的地区，可选用亚有限品种。当然，这也并不是绝对的。

2.1.3　种植模式及其调控

2.1.3.1　连片种植和轮作倒茬

（1）连片种植

分散种植是当前大豆品种生产潜力不能发挥、高产栽培技术难以推广和许多行之有效的普通措施无法落实的主要原因。大面积连片种植可以实行统种分管，做到"五统一"，即统一供种、统一施肥、统一密度、统一管理、统一防虫，进而获得高额产量。从长远来看，也便于耕地的轮作倒茬。

（2）轮作倒茬

① 大豆茬的特点及其对后作的影响

大豆茬有较好的肥沃性。我国农民很早就知道大豆是肥茬。大豆茬的肥沃性，首先表现在比别的茬口有较高的氮素含量。因为大豆所需全部氮素从土壤中只吸取1/2或略多些，其余部分由根瘤供给。大豆收获后落叶和根残物又归还到土壤中，也含有一部分氮素。其次还表现在大豆茬表土较松、保水力强。大豆根系和禾本科作物不同，禾本科作物须根分布较浅，密集成网状，收割后的根残物易为土壤固定成团（玉米、高粱）或成条状（谷子），所以表土比较板结，必须经过耕翻整地或灭茬才能播种下季作物，农民称之为硬茬。而大豆则被称为软茬，一般不必耕翻或灭茬即可播种，特别对小粒作物（如谷子）更为适宜。

大豆的病虫很少为害其他作物。大豆的主要害虫如食心虫、豆荚螟、豆秆蝇等，主要病害如病毒病、炭疽病及菌核病等，一般不为害禾谷类作物。所以豆类轮作是减少病虫害的有效方法。

大豆茬的杂草较少。大豆植株封行之后对地面的覆盖十分严密，因而能在一定程度上抑制宽叶杂草生长。只要在生育前期进行 2 ～ 3 次中耕除草，成熟前再适时拔除残留大草，就可以使豆茬比较干净，减少杂草对下季作物的威胁。

从上述 3 个特点来看，显然大豆是禾本科作物的优良前作。原湖北省孝感县新铺公社联盟大队曾在早稻田里做试验，早稻收后一半种大豆，另一半种晚稻，后季都种小麦，经过单打验收，豆茬小麦单产 3 195 kg·hm^{-2}，稻茬小麦单产 2 212.5 kg·hm^{-2}，豆茬比稻茬增产 982.5 kg·hm^{-2}。根据他们的经验，稻 – 豆 – 麦这种轮作制度的单位面积总产量比稻 – 稻 – 麦高。

② 大豆的适宜前作

喜欢有机质丰富的土壤。大豆在新开垦的有机质丰富的土壤上生育良好，产量也高，同时还可以短期重茬。这个事实说明，大豆喜欢有机质丰富的土壤。黑龙江省克山农业科学研究所总结出 3 000 kg·hm^{-2} 以上的高产地块，多出现在连年大量施入有机肥料的前茬上，或是在近期开垦的有机质丰富的土地上。各地的大豆丰产经验证明，在前作小麦、玉米、水稻等作物施有机肥料，这些有机肥料的残余部分对后作大豆有很好的作用，增产效果明显。原黑龙江省绥化县新化公社五一大队把原来用谷茬种大豆改为用玉米茬种大豆，利用玉米多施肥的后效比谷茬大豆增产 9% 左右，现在已普遍应用于生产。

熟地大豆忌重茬。大豆最忌重茬和迎茬。减产的主要原因：一是以大豆为寄主的病害，如胞囊线虫病、细菌性斑点病、黑斑病、立枯病等容易蔓延；二是为害大豆的害虫，如食心虫、蛴螬等容易繁殖（王树安，1995）。土壤化验结果表明，豆茬土壤的 P$_2$O$_5$ 含量比谷茬、玉米茬分别少 2.0 mg·mL^{-1}、0.8 mg·mL^{-1}。这样的土壤再用来种大豆，势必影响其产量的形成。迄今人们只知道大豆根系的分泌物（如 ABA）能够抑制大豆的生长发育，降低根瘤菌的固氮能力，但是对分泌物本身及其作用机制却知之甚少。

大豆的适宜前作因不同地区而异。东北地区春小麦、玉米、谷子、高粱以及水稻均为大豆适宜前作，经济作物中的亚麻也是大豆的适宜前作。黄淮流域夏播大豆的适宜前作有冬小麦、大麦、燕麦或冬油菜。至于南方水稻区夏播大豆多种在春稻之后，秋播大豆多种在中稻或早稻之后，这类地区由于复种指数高，大豆的前茬一般都是比较固定的。

目前，我国北方作物的主要轮作方式如下。

东北地区：大豆 – 春小麦 – 春小麦；玉米 – 大豆 – 春小麦；玉米 – 玉米 – 大豆。

华北地区：春小麦 – 谷子 – 大豆；玉米 – 高粱 – 大豆；冬小麦 – 夏大豆 – 棉茬。

西北地区：冬小麦 – 夏大豆 – 玉米；冬小麦 – 夏大豆 – 高粱或玉米。

正确的作物轮作不但有利于各种作物全面增产，而且也可起到防治病虫害的作用。

2.1.3.2　土壤耕作

（1）整地的内容和方法

整地的内容主要包括耕地、耙地、耢地及镇压等。

①耕地

大豆是需要深耕的作物，20～30 cm 厚度的上松下实的耕作层，是比较适于大豆根系生长和根瘤菌繁殖活动的。耕作层加深之后，大豆主要根群分布范围扩大，根量增加。同时，下层根量的比例也相对增多。这些变化都表示根系越发达，吸水吸肥能力越强。但是，深耕必须根据不同的条件，采用不同的方法才能取得预期效果。否则，就会失败。

在确定大豆地的适宜耕翻深度时，要分析以下几方面的具体情况。首先是耕地的时间，耕地和播种的时间相距较长，耕地后的耕层土壤有较长时间自然沉降，也有较好的条件进行整地作业，造成上松下实的良好耕层结构，就可以进行深耕；反之，如耕地和播种时间相距很短，耕后过松的耕作层来不及恢复良好的构造，就不宜耕得过深。其次是土壤的特点和耕地的方法问题。土壤特点一要看表土肥沃土层的厚度，二要看下面的土壤中是否含有盐分或其他有害物质。耕地方法一种是全层翻转，另一种是上层浅翻下层深松土。如果土壤表面肥沃土层较厚，下面又不含盐分或其他有害物质，采取任何一种耕地方法都是可以的。如果表面肥沃土层较薄，或是下面肥沃土层中含有盐分或其他有害物质，那么，只有采取上翻下松的方法深耕。

耕地要注意质量。耕地的质量要求：耕深要一致，不要有深有浅，无重耕和漏耕，没有立垡和回垡，地表松碎，地表平整严密，不露残茬和杂草，尽量减少开闭垄。

②耙地

耙地的主要作用在于粉碎土块，此外也有平地的作用。土地耕翻之后，整个耕层土壤中产生很多空隙，呈现表面有垡构成的微起伏状态。同时，底土翻到表面之后，虽经破碎，但仍有部分土块。耙地可以切碎或撞碎土块，减少耕层中的空隙，并使土壤表面平整一些。

耕翻后土壤中产生了大量的非毛管孔隙，这对于减少耕层下土壤水分蒸发量是有利的。但是，由于耕层土壤过松，土壤和大气之间的气体交换作用增强，耕层土壤中的水分极易蒸发散失，耙地将土块粉碎，大量减少耕层中的非毛管孔隙，并使土壤表面平整，有较细的土壤覆盖。这样就可以显著地减少蒸发，大量储蓄耕层水分。这是保墒防旱的一个重要环节。耙地的工具主要有圆盘耙和钉齿耙。圆盘耙切碎土块和消灭耕层土壤中大孔隙的作用较强，平整表土的作用较小，所以在田间作业中，常常在圆盘耙后边连接木制或铁制的耢子来平整表土。钉齿耙碎土作用较小，平整表土的作用大，适于在较松湿润的土壤上使用。耙地的方向包括顺耙（即顺行耕方向）、横耙、斜耙或对角耙。斜耙的质量较好，如果耙一次不够，就可以采取对角斜耙。

耙地的时间是否适合，主要看当时土壤水分的多少。水分过多时土壤发黏，不但耕不碎，而且干后更硬。水分过少时，土块干硬，也不易耙碎。对耙地质量不好的地块，可以在适当时间重耙一次。

③耢地

耢地的主要作用是平整田地，也有碎土的作用。经过耕、耙的地一般来说已经基本上达到了耕层严密和表土细碎的要求。但土壤表面有时还有一些小土块、犁缝，欠沟处可能还有微小的不平整，在这种情况下，可用铁、木或树枝耢子进行耢地。耢地之后即可使耕层土壤达到播种状态，耕层表面保持 1 ~ 2 cm 的疏松细碎土层，下面含有足够的水分为种子萌发创造适宜的土壤湿度条件。

④镇压

镇压的主要作用在于使耕翻后的土壤耕作层重新恢复到可使用的紧密程度，达到上松下实。镇压能增加耕层土壤中的毛细管孔隙，增强耕层以下的水分的向上运动，不仅能为种子萌发和幼苗生育提供充足的水分，而且有利于根系发育，使须根和根毛密接土粒，增强根系的吸水吸肥能力。但镇压并非在任何情况下都是必要的。如果耕层土壤中水分比较充足，或低洼地、水田地土壤比较黏重，那就没必要进行镇压，以免造成表土板结。只有在耕层土壤过于疏松、水分又感到不足的情况下才需要进行镇压。镇压的工具有环形镇压器、网形镇压器及木、石磙子。环形和网形镇压器的特点是能压实心土，而在土表保持一层较松土层。木、石磙子的主要作用是压实表土。

（2）大豆整地技术

大豆要求的土壤状况是活土层较深，既要通气良好，又要蓄水保肥，地面应平整细碎。平播大豆无深耕基础的地块，要进行伏翻或秋翻，翻地深度 18 ~ 22 cm，翻地应随即耙地。要求在每平方米耕层内，直径大于 5 cm 的土块不应多于 5 个。

春大豆地区翻地的时间因前作而不同，有时也因气候条件的限制而改变。麦茬实行伏翻，玉米茬、谷子茬和高粱茬则实行秋翻。但秋翻时间短促，一旦多雨，秋翻就不能完成，只能翌年春翻。一般来说，翻地的效果是伏翻好于秋翻，秋翻好于春翻。但若秋翻不适时，或因水分过大而质量不良，效果就不如春翻。春翻应掌握适时，东北地区一般应在土壤返浆前进行，并要做到随翻随耙压。翻地的标准是田面平整，无漏翻、重翻；犁垡覆盖严密，无立垡、回垡；全田翻得深度一致；枕地耕翻整齐。

有深翻基础的麦茬，要进行伏耙茬，玉米茬要进行秋耙茬，耙深 12 ~ 15 cm，要耙平、耙细。肥土层薄或下层土壤中含有害物质（如盐分或白浆层），翻地深度不宜超过肥土层，否则有害物质会翻到上层来。

春整地时，因春风大易失墒，应尽量做到耙、耕、播种、镇压连续作业。

垄播大豆的土壤耕作方法是麦茬伏翻后起垄，或搅麦茬起垄，垄向要直。搅麦茬起垄前灭茬，破土深度 12 ~ 15 cm，然后扶垄、培土。

玉米茬春整地时，实行顶浆扣垄并镇压。有深翻基础的原垄玉米茬，早春打茬，耕平达到播种状态。

2.1.4　施肥模式及其调控

大豆是需肥较多的作物。它的需氮量是谷类作物的 4 倍，它对氮、磷、钾三要素的吸收一直持续到成熟期。长期以来，对于大豆是否需要施用氮肥存在着某些误解，似乎大豆依靠根瘤菌固氮即可满足其对氮素的需要，这种理解是不对的。从大豆总需氮量来说，根瘤菌所提供的氮只占 1/3 左右。以大豆需氮动态上说，苗期固氮晚且数量少，结荚期特别是鼓粒期固氮数量也减少，不能满足大豆植株的需要。因此，种植大豆必须施用氮肥。

大豆单位面积产量低，主要是土壤肥力不高所致；产量不稳，则主要是受干旱的影响；土壤肥力低是关键所在。

2.1.4.1　基肥

大豆对土壤有机质含量反应敏感。种植大豆前土壤施用有机肥料，可促进植株生长发育和产量提高。当每公顷施用农肥（有机质含量 6% 以上）30 ～ 37.5 t 时，可基本上保证土壤有机质含量不下降。

大豆播种前，施用有机肥料结合施用一定数量的化肥尤其是氮肥，可起到促进土壤微生物繁殖的作用。适宜的施肥比例是 1 t 有机肥掺和 3.5 kg 氮肥。

2.1.4.2　种肥

种植大豆，最好以磷酸二铵颗粒肥作种肥，每公顷用量 8 ～ 10 kg。

在高寒地区、山区、春季气温低的地区，为促使大豆苗期早发，可适当施用氮肥为"启动肥"，即每公顷施用尿素 3.5 ～ 4 kg，随种下地，但要注意种肥隔离；拌根瘤菌后种子应当阴干，不要受阳光直接照射，以免失效。经过测土证明，缺少微量元素的土壤，在大豆播种前可以挑选适宜的微量元素拌种。几种常用的微量元素用量：钼酸铵每千克大豆种子用 1 ～ 4 g；硼砂，每千克大豆种子用 1 ～ 3 g；硫酸锌，每千克大豆种子用 1.5 ～ 2 g；硫酸锰，每千克大豆种子用 3 ～ 6 g；硫酸镁，每千克大豆种子用 2 ～ 4 g。各种微量元素溶于水后进行拌种，拌种用液量为种子量的 1%，待阴干后播种。拌种时应注意用量不能过多，以免种皮出现皱褶，拌种后不要晒种，以免种皮破裂。使用钼酸铵和硼砂拌种时，先用少量热水将其溶解，后加适量凉水稀释。钼酸铵拌种过程中忌用铁器。拌种液宜随配随拌，不宜配后久置。各种微量元素要根据土壤亏缺情况正确使用，切不可使用过量，微量元素过量会对大豆产生毒害作用。

2.1.4.3　追肥

（1）大豆的缺肥诊断

大豆在生育期中由于某一营养元素的缺乏，会出现不正常的形态和颜色。可以根据大豆的缺肥症状判断某一营养元素的缺乏而积极加以补救。

缺氮症状。从下部叶片开始叶色变浅，呈淡绿色，以后逐渐变黄而干枯。有时叶面出现青铜斑纹。严重缺氮时，植株生长停止，叶片逐渐脱落。

缺磷症状。大豆缺磷时叶色变深，呈浓绿或墨绿色。叶形小，尖而狭窄，且向上直立。植株瘦小，生长缓慢，严重缺磷时，茎秆可能出现红色。开花后缺磷，叶片上出现棕色斑点。

缺钾症状。大豆缺钾时，老叶尖部边缘变黄，逐渐皱缩而向下卷曲，但叶片中部仍可保持绿色，因而叶片变得残缺。生育后期缺钾时，上部小叶叶柄变棕褐色，叶片常下垂而死亡。

缺钙症状。大豆缺钙时，单叶茎部产生黑斑，边缘显现黑色。开花期缺钙，基部复叶边缘出现蓝色或黄色斑点，茎秆软弱。

缺微量元素症状。大豆缺镁时，较老叶片上出现灰绿色，叶脉间发生黄色斑点。严重缺镁时甚至组织坏死，可用硫酸镁溶液进行叶面喷洒。大豆缺锰症状主要表现在新叶上，新叶除叶脉外，其余部分均显黄色，可用硫酸锰溶液进行叶面喷洒。

（2）大豆追肥技术

大豆开花初期施氮肥，是国内外公认的增产措施。详细做法为在大豆开花初期或在趟最后一遍地的同时，将化肥撒在大豆植株的一侧，随即中耕培土。氮肥的施用量是尿素 25 kg·hm^{-2} 或硫铵 4 ～ 10 kg·hm^{-2}，因土壤肥力和植株长势而异。

为防止大豆鼓粒期脱肥，可在鼓粒初期进行根外（即叶面）追肥。详细做法为首先将化肥溶于 30 kg 水中，过滤之后喷施在大豆叶面上。可供叶面喷施的化肥有尿素、磷酸二氢钾、钼酸铵、硼砂、硫酸锰、硫酸锌等。需要指出的是，以上几种化肥可以单独施用，也可以混合在一起施用，究竟施用哪一种或哪几种，可根据实际需要而定。

2.1.5　水分管理及其调控

大豆需水较多。当大豆叶水势为 –1.6 ～ –1.2 MPa 时，气孔关闭；当土壤水势小于 –15 MPa 时，就应进行灌溉。土壤水势下降到 –0.5 MPa 时，大豆的根就会萎缩。

黑龙江省八五二农场在 1987 年于大豆盛花期至鼓粒期进行喷灌，并分别追尿素 37.5 kg·hm^{-2}、75 kg·hm^{-2} 和 150 kg·hm^{-2}，分别增产 10.1%、14.3% 和 17.5%。东北春大豆区，7 月中旬至 8 月下旬，为大豆开花结荚期，也是多雨的季节，但仍有不同程度的干旱现象，如能及时灌溉，一般可增产 10% ～ 20%。鼓粒前期缺水，影响籽粒正常发育，减少荚数和粒数。鼓粒中、后期缺水，粒重明显降低。

灌溉方法因各地气候条件、栽培方式、水利设施等情况而定。喷灌效果好于沟灌，能节约用水 40% ～ 50%；沟灌又优于畦灌。

苗期至分枝期，土壤水分指标以 20% ～ 23% 为宜，如低于 18%，需小水灌溉；开花期至鼓粒期，0 ～ 40 cm 的土壤湿度以 24% ～ 27%（占田间持水量的 85% 以上）为宜，低于 21%（占田间持水量 75%），应及时灌溉。播种前、后灌溉仍以沟灌为宜，以加大水量，减少蒸发量，满足大豆出苗对水分的要求。

2.1.6 环境因素及其调控

2.1.6.1 光照

（1）光照度

大豆是喜光作物。大豆的光饱和点一般在 30 000～40 000 lx，有的测定结果达到 60 000 lx（杨文杰等，1983）。大豆的光饱和点是随着通风状况而变化的。当通气量为 1.0～1.5 L·cm⁻²·h⁻¹ 时，光饱和点为 25 000～34 000 lx，而通气量为 1.9～2.8 L·cm⁻²·h⁻¹ 时，则光饱和点上升为 31 000～44 700 lx。大豆的光补偿点为 2 540～3 690 lx。光补偿点也受通气量的影响，即在低通气量下，光补偿点测定值偏高；而在高通气量下，则测定值偏低。需要指出的是，上述这些测定数据都是在单株单叶上测得的。如果据此而得出"大豆植株是耐阴的"的结论，那就不恰当了。

在田间条件下，大豆群体冠层所接受的光照度是极不均匀的。晴天的中午，大豆群体冠层顶部的光照度为 105 000 lx，株高 2/3 处为 417 lx，株高 1/3 处为 388 lx（图 2-1）。由此可见，大豆群体中下层的光照度是不足的，这里的叶片主要依靠散射光进行光合作用。

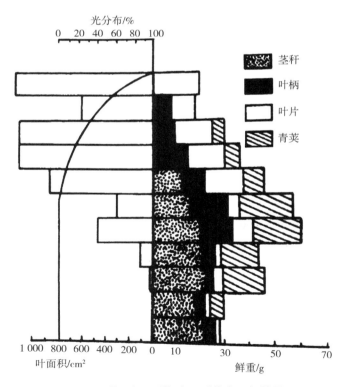

图 2-1 "开育 8 号"大豆群体大田切片图

（董钻等，1984）

（2）日照长度

大豆属于对日照长度反应极度敏感的作物。据报道，即使极微弱的月光（约相当于日光的 1/465 000），对大豆开花也有些影响。不接受月光照射的植株比经照射的植株早开花 2～3 d。大豆开花结实要求较长的黑夜和较短的白天。严格说来，每个大豆品种都有其对生长发育适宜的日照长度。只要日照长度比适宜的日照长度长，大豆植株即延迟开花；反之，则提早开花。

应当指出，大豆对短日照的要求是有限度的，绝非越短越好。一般品种每日 12 h 的光照即可促进开花抑制生长；9 h 光照对部分品种仍有促进开花的作用；当每日光照缩短为 6 h，则营养生长和生殖生长均受到抑制。大豆结实器官的发生和形成，要求短日照条件。不过早熟品种的短日照性弱，晚熟品种的短日照性强。在大豆生长发育过程中，对短日照的要求有转折时期，一个是花萼原基出现期，另一个是雌雄性配子细胞分化期。前者决定能不能从营养生长转向生殖生长，后者决定结实器官能不能正常形成。

短日照只是从营养生长向生殖生长转化的条件，并非大豆一生生长发育所必需。认识大豆的光周期特性，对于种植大豆是有意义的。同纬度地区之间引种大豆品种容易成功。低纬度地区大豆品种向高纬度地区引种，生育期延迟，秋霜前一般不能成熟；反之，高纬度地区大豆品种向低纬度地区引种，生育期缩短，只适于作为夏播品种利用。例如黑龙江省的春大豆，在辽宁省可夏播。

2.1.6.2 温度

大豆是喜温作物。不同品种在全生育期内所需要的 ≥ 10 ℃的活动积温相差很大。晚熟品种要求 3 200 ℃以上，而夏播早熟品种则要求 1 600 ℃左右。同一品种，随着播种期的延迟，所要求的活动积温也随之减少。

春季，当播种层的地温稳定在 10 ℃以上时，大豆种子开始萌动发芽。夏季，气温平均在 24～26 ℃，对大豆植株的生长发育最为适宜。当温度低于 14 ℃时，生长停滞。秋季，白天温暖，晚间凉爽但不寒冷，有利于同化产物的积累和鼓粒。

大豆不耐高温，温度超过 40 ℃，坐荚率减少 57%～71%。北方春播大豆在苗期常受低温危害，温度在 –4 ℃，大豆幼苗受害轻微、温度在 –5 ℃以下，幼苗可能被冻死。大豆幼苗的补偿能力较强，霜冻过后，只要子叶未死，子叶节还会出现分枝，继续生长。大豆开花期抗寒力最弱，温度短时间降至 –0.5 ℃，花朵开始受害，–1 ℃时死亡，–2 ℃植株即死亡，未成熟的荚在 –2.5 ℃时受害。成熟期植株死亡的临界温度是 –3 ℃。秋季，短时间的初霜虽能将叶片冻死，但随着气温的回升，籽粒重仍继续增加。

2.1.6.3 降水

大豆产量与降水量有密切的关系。与其他粮食作物相比，大豆是需水较多的作物。自古就有"涝收豆"的说法。发芽期是大豆最易受害的时期之一，大豆发芽至少约需其本身质量 50% 的水分，而玉米只需 30%，水稻为 26%；若以土壤水分张力表示，玉米在水分张力为 1 266.6 kPa，而大豆在张力超过 668.8 kPa 时就不能发芽了。土壤水分过多，可能限制有效氧，减慢大豆的生长，对大豆也不利。J. S. Boyer 等（1971）发现，大豆植株体内水分运动的阻力很大，这可能导致在蒸腾和蒸发很高的时候，即使湿润的土壤条件下，大豆也呈现凋萎现象。

与其他作物相比，大豆的水分临界期可以长达 2 个月，大豆的需水临界期为开花开始，持续到鼓粒期为止。大豆开花后虽已进入生殖生长，但营养生长还要进行很长时间，特别是无限结荚习性的品种更是如此。

杨庆凯等（1979）人曾对黑龙江省嫩江地区的 11 个县进行统计，4—5 月春旱减产 16.7%，7—8 月夏旱降水量小于 50 mm 的年份，大豆减产 25.9%。赵聚宝（1985）曾计算出长春市地区 9 月上旬降水量每增加 1 mm，大豆产量可增加 0.2 kg·hm^{-2}。

东北春大豆区，大豆生育期间（5—9 月）的降水量在 600 mm 左右，大豆产量最高，500 mm 次之，降水量超过 700 mm 或低于 400 mm，均造成减产。据潘铁夫等（1982）对吉林省公主岭等地降水状况及大豆需水状况的统计，在温度正常的条件下，5 月、6 月、7 月、8 月、9 月的降水量分别为 65 mm、125 mm、190 mm、105 mm、60 mm，对大豆来说是"理想降水量"。偏离了这一数量，不论是多或是少，均对大豆生长发育不利，导致减产。

2.2　大豆花荚建成及产量品质形成的化学调控研究

2.2.1　化学调控及其研究进展

作物化学控制技术是一种以应用植物生长调节剂为手段，来改变植物内源激素系统，达到调节作物生长发育目的，使作物朝着人们预期的方向和程度发生变化的技术。1965 年日本的山田登提出"化学控制"，20 世纪 70 年代北京农业大学提出"作物化学控制"，认为有目的地对植物内源激素系统进行化学调控，能够保障品种优良遗传性状充分发挥其抗逆潜能的新技术（段留生等，2005）。人工合成的对植物生长发育有调节作用的化学物质被称为植物生长调节剂，这是一类与植物激素具有相似生物学和生理效应的物质。董志新等（1996）研究表明，化控技术通过减少花荚脱落提高大豆籽粒产量的潜力很大。Heitholt 等（1986）认为，大豆花荚的形成或败育主要与 2 个内部生理因素有关，即光合同化物供应的有效性和植物内源激素的有效性。

2–N,N– 二乙氨基乙基己酸酯（Diethyl am inoethyl hexanoate，DTA-6）是叔胺类活性物质，在不同作物上均有提高产量、改善品质和抗逆的效果。吕建洲等（2000）做了相关方面的研究发现：DTA-6 处理圆柏后，其叶片中 IAA 含量显著高于对照，顶端优势明显，认为 DTA-6 是通过调节植株体内内源激素来改变植株形态的。通过室内土培法测定，5 mg·L^{-1} 的 DTA-6 浸种可不同程度地缓解 0.1 ～ 20.0 g·L^{-1} 的胺苯磺隆对水稻的伤害。DTA-6 浸种处理后，水稻幼苗 CAT 活性显著提高。张明才等（2003）在花生花针期叶面喷施植物生长调节剂 DTA-6，显著增加荚果和籽仁产量，显著减少秕荚数；促进籽仁中含油量，提高了花生的根系活力和根系伤流量以及根系的吸收和合成能力，提高了花生的结瘤性和固氮能力。王宝生等（2015）认为初花期叶面喷施植物生长调节剂可显著增加大豆植株上部和中部各器官干物质重，并进一步提高植株上部和中部产量。

烯效唑（Uniconazole，S3307）是赤霉素合成抑制剂，属广谱、高效的植物生长调节剂，兼有杀菌和除草作用。其活性较多效唑高 6 ～ 10 倍，但其在土壤中的残留量仅为多效唑的 1/10，因此对后茬作物影响小，可通过种子、根、芽、叶吸收，并在器官间相互运转，但叶吸收向外运转较少。具有控制营养生长，抑制细胞伸长、缩短节间、矮化植株，促进侧芽生长和花芽形成，增进抗逆性的作用。烯效唑适用于水稻、小麦，可增加分蘖，控制株高，提高抗倒伏能力；用于果树控制营养生长的树形或者观赏植物控制株型；促进花芽分化和多开花等。VP（1993）研究表明，使用 0.1 g·kg^{-1} S3307 能够缓解小麦镉中毒症状；使用 S3307 对小麦拌种能够降低小麦干旱胁迫和幼苗热损伤；使用 S3307 能够显著减缓镉中毒导致的叶绿素和希尔反应活性降低，但不能够完全阻止镉中毒；使用 S3307 调控洋绣球的叶片，来代替修剪措施，以解决洋绣球修剪后落叶的问题，有效控制了叶面积。

植物生长调节剂使用不当会存在很多问题。前人研究表明，生产上常用的生长调节剂多效唑，在土壤中残留时间长，正常用量下的残留也会影响后茬作物的生长；大豆经叶面喷施氯化胆碱调节剂虽然能够促进开花结荚，但落花率和落荚率较高，产量增幅较小；矮壮素促进生殖生长，但不能与碱性农药混用；2,4-D 等调控剂对植株调控效果显著，但在生产上不同品种施用浓度要求严格。植物生长调节剂对花荚脱落调控的研究较多。DTA-6 和 S3307 对大豆生长发育和花荚脱落具有调节作用。郑殿峰等（2008）、冯乃杰等（2008，2010）研究发现，植物生长调节剂能够增加大豆植株花荚数，减少脱落数和脱落率，而且能够显著增加大豆的株高和茎粗，提高单株粒数、单株粒重等产量构成因子，能够调控大豆花荚发育，有效促进碳水化合物代谢和物质积累，改善叶片转化酶、氧自由基代谢、对大豆叶片、茎和叶柄的显微结构和亚显微结构都有一定的调节作用，并且能够有效提高大豆产量和改善品质。宋莉萍（2011）针对几种植物调节剂不同喷药时期大豆叶片脱落纤维素酶、多聚半乳糖醛酸酶、碳代谢和氮代谢等生理指标进行了系统研究；崔洪秋（2016）研究植物生长调节剂 DTA-6 和 S3307 对脱落酶相关基因表达的影响，从分子生物学层面揭示了 DTA-6 和 S3307 调控花荚建成和大豆增产的作用机理。

2.2.2　大豆花荚建成的化学调控

化控技术是一门近代发展起来的后续栽培技术，它不同于传统的栽培技术，传统的栽培技术是努力营造适合作物生育的环境条件（土壤、肥力、水分等）使作物高产，以外因影响内因；而化控技术是通过外源激素（生长调节剂）来调节作物体内的内源激素，从而具备更好的适应性和抗逆性，是通过内因直接起作用的。生长调节剂有的能促进生长，有的能抑制或延缓生长，应根据大豆的长势选择适当的类型。

豆业丰（壮丰安）有降低株高、增加茎粗和茎秆强度、控制倒伏、增花增粒的作用，一般增产 10% 左右。应用技术为初花期叶面喷施，用量为 300 ～ 375 mL·hm^{-2}，喷施时注意天气，4 h 内应无雨。早晨或傍晚风速较小时喷施，切忌正午或大风天气施用。

TIBA（2,3,5- 三碘苯甲酸），有抑制大豆营养生长、增花增粒、矮化壮秆和促进早熟的作用，增产幅度 5% ～ 15%。对于生长繁茂的晚熟品种效果更佳。初花期每公顷喷药 45 g，盛花期喷药 75 g。此药溶于醚、醇而不溶于水，药液配成 2 000 ～ 4 000 μmol·L^{-1}。在晴天 16 时以后喷施，喷后遇下雨会影响药效。

增产灵（4- 碘苯氧乙酸），能促进大豆生长发育，为内吸剂，喷后 6 h 即为大豆所吸收，盛花期和结荚期喷施，浓度为 200 μmol·L^{-1}，该药溶于酒精中，药液如发生沉淀，可加少量纯碱促进其溶解。

矮壮素（2- 氯乙基三甲氯化铵），能使大豆缩短节间，茎秆粗壮，叶片加厚，叶色深绿，还可防止倒伏。于花期喷施，能抑制大豆徒长，调控大豆花荚建成，喷药浓度为 0.125% ～ 0.250%。

2.2.3　大豆产量形成的化学调控

近年来，调节剂对作物产量的调控研究较多，王学东等（2013）在大豆发育的不同时期喷施三碘苯甲酸（TIBA）、硝酸稀土（RE）和 2-N,N- 二乙氨基乙基乙酸酯（DTA-6），使其产量和性状比对照组有显著提高。其中，RE、DTA-6 可分别显著增产达 17.00%、21.83%。张锴等（2013）喷施 Cabrio 和 Opera，每荚粒数分别增加 14.3% 和 13.6%；百粒重分别增加 5.28% 和 5.42%；产量分别增加 10.64% 和 7.85%。郑殿峰等（2008）认为，喷施调节剂在不同大豆品种上都有增产的效应，但是不同大豆品种增产幅度不同。罗晓峰等（2021）证明叶面喷施不同浓度的褐藻胶寡糖、壳寡糖、冠菌素均能提高大豆的株高与茎粗，3 种植物生长调节剂均能在一定程度上提高单株粒数与百粒重，进而提高大豆产量，同时还可提高大豆粗蛋白含量，降低粗脂肪酸含量以及满粒期大豆籽粒中可溶性糖与还原性糖的含量。李冰等（2018）以合丰 50 为试验材料，证明 100 mg·L^{-1} 的 AP$_2$ 和 50 mg·L^{-1} 的 CGR$_3$ 浸种浓度处理使大豆的产量较对照分别提高 18.90% 和 11.30%。梁晓艳等（2019）通过测定大豆功能叶片中蔗糖含量、淀粉含量、淀粉转化率以及蔗糖代谢关键酶活性，认为 S3307 和 DTA-6 处理均能通过促进叶片昼夜同化物代谢，提高合丰 50 和垦丰 16 大豆品种产量。S3307 和 DTA-6 也被证明能够通过提高源端叶片 SPS 和 SS 活性，降低叶片转化酶活性，调控大豆源库碳水化合物的生理代谢，显著提高大豆产量（刘春娟，2016）。调节剂对大豆品种产量作用效果，因调节剂种类、大豆品种不同增长幅度存在差异。

2.2.4 大豆品质形成的化学调控

关于种子干重和脂肪百分率的变化情况，大豆种子干物质在籽粒形成期后一周内积累得最快，含油量则以结荚期增加最快。由于含油量只占干重的一部分，故脂肪绝对含量还是以籽粒形成期后一周内累积最快。大豆光合初级产物葡萄糖转化成蛋白质、脂肪比转化成碳水化合物的转化效率低。如 1 g 葡萄糖为原料，生产蛋白质为 0.26 g，生产粗脂肪为 0.24 g，而生产碳水化合物则为 0.84 g。在大豆的生育期内，其蛋白质含量是不断增加的，而且蛋白质的大量合成主要是在盛粒期（R6）以后。王学东等（2013）通过研究大豆籽粒显微结构发现，在 R6 期大豆贮藏细胞内充满大量蛋白质体，不同调节剂喷施对大豆籽粒蛋白含量、形状和大小都有影响。同一品种大豆在喷施不同生长调节剂时，品质性状差异很大，这些指标的最终变化结果都指向成熟后的品质。S3307 能够更好地促进蛋白质的积累，DTA-6 表现为降低蛋白质含量，提高了脂肪含量。宋柏权等（2012）发现 SOD 模拟物（SODM）、矮壮素（CCC）、DTA-6 对不同品质类型大豆氨基酸组分比例均有影响，三者均提高了高蛋白品种黑农 35 的丙氨酸、缬氨酸和异亮氨酸含量。张明才等（2004）发现，SHK-6 处理使叶片中蛋白质含量在盛花期和籽粒充实期内分别比对照高 6.78% 和 15.24%。郑殿峰等（2011）发现，R1 期叶面喷施植物生长调节剂 6-BA、ABA 能够调控大豆叶片中氮代谢相关生理指标，极显著提高大豆单株粒数、粒重等产量构成因素，其中 6-BA 还能够极显著提高大豆籽粒中脂肪含量。

2.3 三碘苯甲酸（TIBA）、烯效唑（S3307）和胺鲜酯（DTA-6）调控大豆花荚建成和产量品质的研究进展

2.3.1 关于 TIBA 的研究进展

三碘苯甲酸（TIBA）属于抑制型，是一种抑制生长素极性运输的植物生长调节剂，通过抑制生长素极性运输削弱生长素的效用，达到抑制植株顶端生长、促使植株矮化和横向生长的作用。

TIBA 能够降低大豆株高，增加叶片数、分枝数、植株干物重；降低叶面积指数和百粒重，增加干物质的积累速率；使茎秆增粗并且增加坐荚率；虽然处理后总花数没

有变化，但提高最终产量。TIBA 能够在不增加花数的情况下，降低脱落率从而增加荚数。使用 TIBA 能够抑制大豆营养生长、减少顶端优势、增花增粒和增产促熟。有报道表明，在大豆花期喷施 $100 \sim 160$ mg·kg^{-1} 的 TIBA，可抑制植株茎端伸长、防止倒伏、促进早熟、减少花荚脱落、提高产量。在大豆第三节龄期、始花期、始荚期喷施 TIBA 均能够显著降低株高，增加茎粗。

TIBA 作为一种生长素运输抑制剂，龚万灼等（2019）研究表明，TIBA 能够将套作下的株高降低到与单作 CK 对照相当甚至更低的水平。从茎粗和主茎节数来看，荫蔽下 TIBA 处理未使大豆茎粗出现显著提升，节数下降后无显著恢复，说明荫蔽下大豆主茎器官分化进程受影响后是不可逆的，无法在后期恢复。喷施 TIBA 处理能够显著减少套作大豆苗期倒伏情况。但不同材料之间对荫蔽的反应和倒伏具有显著差异，荫蔽敏感型材料在荫蔽下株高伸长明显，株高倒伏率接近 90%，而耐荫材料本身株高较低，荫蔽下株高延伸程度也相对较低。结合株高、茎粗、节数和倒伏率变化来看，喷施 TIBA 处理主要通过抑制株高减少倒伏。与无荫蔽对照相比，荫蔽下大豆株高增加，茎粗、节数、分枝数、SPAD、干物质则显著降低，倒伏率显著增加。喷施 TIBA 后，大豆株高显著降低，茎粗、节数无改变，分枝数增加，叶面积下降，叶片 SPAD 无变化，干物质下降，大豆倒伏率显著降低。

从不同 TIBA 浓度间的作用效应差异分析，$50 \sim 100$ mg·kg^{-1} 的施用浓度具有较为理想的控高防倒效果。尽管过高的 TIBA 浓度能够将倒伏率控制到相当低的水平，但对大豆苗期的生长抑制作用过强，造成长期的叶面积过小，不利于弱光下光能捕获，限制了干物质的积累。TIBA 浓度超过 150 mg·kg^{-1} 时会抑制大豆干物质积累。

宋莉萍（2011）研究表明，R3 期叶面喷施 TIBA 可显著增加大豆荚数、成熟荚数，可以有效地降低脱落率。喷施 TIBA 降低了大豆荚和落荚中纤维素酶活性，对大豆荚建成起到了积极的作用。因此可以推测，调节剂叶喷间接提高了大豆荚的数量，降低了脱落率，有利于提高大豆产量。进一步研究表明，TIBA 降低了大豆荚中 PG 活性，对减少大豆荚的脱落起到了积极的作用。V3 期、R1 期和 R3 期叶面喷施 TIBA 能够降低株高，增加下部叶片的光截获率，使得下部花荚的脱落率降低。TIBA 处理在 R3 期、V3 期和 R1 有效地缓解了花荚期群体条件下个体之间的矛盾，同时在这个时期为大豆鼓粒期间的籽粒灌浆打好了基础，决定了产量的形成。

不同时期叶面喷施 TIBA 能够增加叶片可溶性糖、蔗糖、淀粉含量，提高蔗糖转化酶活性，显著提高总糖的含量，缓解此时期内同化物亏缺的矛盾，增加花芽数，降低花荚的脱落率。V3 期和 R3 期喷施 TIBA 能够增加花荚期功能叶片的全氮、可溶性蛋白、硝态氮和游离氨基酸含量，提高叶片的硝酸还原酶（Nitrate reductase，NR）活性，进而提高植株氮代谢，最终促进大豆主茎花芽分化，提高大豆植株的总花数；R1 期喷施 TIBA 对大豆全氮含量有所抑制，但对可溶性蛋白、硝态氮、游离氨基酸含量及硝酸还原酶活性有所提高。

2.3.2 关于 S3307 的研究进展

S3307 是赤霉素合成抑制剂，是广谱、高效的植物生长调节剂，兼有杀菌和除草作用，主要表现在促进根系生长、改进株型、增加产量等方面。刘冰等（2009）认为用 0.4 mg·L^{-1} 的 S3307 对大豆进行浸种处理，能够有效地提高根系活力，增加根系同化物的含量。闫艳红等（2009）也证明了，叶面喷施 S3307 能够抑制大豆体内赤霉素的合成，从而控制植株的伸长生长，进而降低大豆株高、增加茎粗，提高抗倒伏性能。Yan 等（2010）探究了 S3307 对带状套作大豆幼苗生长、部分形态特征和产量的影响，结果表明 S3307 降低了株高、第一节间长、子叶节高和单株叶面积，增加了了茎粗、根干重、地上部干重、根体积、叶绿素含量和根冠比。

宋莉萍（2011）研究表明，V3 期叶面喷施 S3307 显著增加了大豆花荚数，S3307 可以有效地降低花荚脱落率，增加成熟荚数；R1 期叶面喷施 S3307 显著增加了大豆花数和成熟荚数；R3 期叶面喷施 S3307 能够显著增加大豆成熟荚数，有效降低荚脱落率。V3 期叶面喷施 S3307 降低了大豆花荚及脱落花荚纤维素酶和 PG 活性，但对花的作用效果不显著；R3 期叶面喷施 S3307 降低了大豆荚和脱落荚纤维素酶和 PG 活性。S3307 处理对株高有抑制作用；各时期叶面喷施 S3307 均能增加大豆干物质的积累，从而增加大豆产量。V3 期叶喷 S3307 对大豆叶绿素含量、光合速率、蒸腾速率、LAI 和叶面积比率（Leaf area ratio，LAR）均起到促进作用。V3、R1 和 R3 叶面喷施 S3307 提高了叶片 C/N；V3 期叶面喷施 S3307 可以有效增加蔗糖、可溶性糖及总糖的含量，降低转化酶活性；R1 期叶面喷施 S3307 能够增加叶片蔗糖、可溶性糖及总糖的含量，降低淀粉含量和转化酶活性；R3 期叶面喷施 S3307 能够增加碳代谢相关指标的含量，有效降低转化酶活性，增强了叶片碳代谢水平，为减少大豆植株花荚脱落提供了较多的碳代谢同化物供应。V3 期叶面喷施 S3307 能够增加叶片全氮、可溶性蛋白、硝态氮及游离氨基酸的含量，提高硝酸还原酶活性；R1 期叶面喷施 S3307 可以有效增加全氮、可溶性蛋白、硝态氮及游离氨基酸的含量；R3 期叶面喷施 S3307 增加了氮代谢相关指标的含量，增强了叶片氮代谢水平，为减少大豆植株花荚脱落提供了较多的氮代谢同化物。V3 期叶面喷施 S3307 可显著提高大豆产量和收获指数，V3 期和 R1 期叶面喷施 S3307 能够提高大豆籽粒品质。

2.3.3 关于 2–N,N– 二乙氨基乙基己酸酯（DTA-6) 的研究进展

DTA-6 为促进型植物生长调节剂，属于 2–（对硝基苯氧基）三乙胺（DCPTA）类似物的一类调节剂，是一种新型的、广谱的植物生长促进剂，具有促进细胞分裂、伸长和调控碳代谢的作用，也具有高度安全性和实用性。吕建洲等（2000）认为 DTA-6 是通过调节植株体内内源激素来改变植株形态的。顾万荣等（2009）试验发现 DTA-6 处理能够增加大豆叶片 IAA、GA 和 ZR 含量，降低 ABA 含量，提高叶片中 IAA/ABA、

GA/ABA、ZR/ABA 比值。说明 DTA-6 能够定向调控内源激素的合成，从而影响大豆的生长。丁凯鑫（2021）证明 DTA-6 处理能够增加大豆的株高，且随生育期的推进促进效果越来越显著，同时，DTA-6 显著提高了大豆的茎粗，增强了植株的抗倒伏能力。王宝生等（2015）认为初花期叶面喷施植物生长调节剂可显著增加大豆植株上部和中部各器官干物质重，并进一步提高植株上部和中部产量。DTA-6 在低浓度下可以增加作物体内的碳水化合物的代谢和干物质的积累，具有显著提高作物的产量和改善作物的品质的作用效果。

DTA-6 植物生长调节剂对不同模式下的大豆叶片生长及光合作用具有不同的影响和作用规律。大豆叶片生长主要体现在叶片数与叶面积的变化。DTA-6 对于叶面积的作用效果较叶片数更为明显，套作模式中其主要作用于提升中层叶片的叶面积，同时对上层和下层的叶面积具有一定抑制作用；单作模式则作用效果不明显，高浓度处理对叶面积存在抑制作用。

叶绿素含量是研究光合作用强度的重要指标。梁镇林等（1992）提出，植株不同时期叶片的叶绿素含量存在一定的差异。罗霄等（2022）发现中等浓度的 DTA-6 处理对上层、中层叶片叶绿素含量具有提高的作用，对下层叶片存在抑制作用，单、套作中，中层、下层规律相似，上层叶片在单作模式下较为独特，在高浓度处理下叶绿素含量会较对照明显提高。总体来看，上层、中层叶片叶绿素含量大于下层叶片。大豆植株的实际光合作用能力主要用光合速率（Pn）、胞间 CO_2 浓度（Ci）、蒸腾速率（Tr）以及气孔导度（Gs）这 4 个参数来判断。套作模式下，大豆植株上、中和下 3 个冠层叶片的光合速率、胞间二氧化碳浓度、蒸腾速率、气孔导度具有基本相同的变化趋势；单作模式下，大豆相关指标的变化则存在差异性。套作模式下较高浓度的 DTA-6 处理能提高 3 个冠层叶片的光合速率、蒸腾速率和气孔导度，中等浓度 DTA-6 处理能提高胞间二氧化碳浓度；单作模式下上中下层胞间二氧化碳浓度、气孔导度以及蒸腾速率变化趋势基本相同。官香伟等（2017）研究表明，大豆叶片的光合特性与产量及产量构成因素均为正相关关系，其中叶绿素含量和净光合速率与大豆百粒重之间的相关性达到极显著水平。除此之外，蒸腾速率和气孔导度也与产量达到了显著水平，说明良好的气孔导度有利于实现叶片的气体交换，促进植株的生理代谢，对提高大豆产量具有直接的意义。可见，植物生长调节剂的应用能够延缓叶片衰老、维持叶片代谢强度，同时调节植株叶片叶绿素含量、蒸腾速率、气孔导度和胞间二氧化碳浓度等相关指标，改善植株的光合能力。此外，孙福东等（2016）发现叶面喷施 DTA-6 使大豆果荚离区 *GmAC* 的表达量降低，果荚离区生理代谢被改变，从而降低大豆脱落率。

大豆的产量有生物产量与经济产量。生物产量即生物量积累，是衡量植物有机物积累、营养成分多少的一个重要指标，其中包括茎和叶片干物质积累。生物产量是经济产量的基础（牟金明，1989）。DTA-6 能促进中部冠层的干物质流向花荚，促进开花和籽粒形成；单作模式下也存在相似规律，但作用效果没有套作模式下明显。对于经济产量，在套作模式下 DTA-6 通过提高单株荚数、单株粒数增产；单作模式下，DTA-6 主要通过提高单株粒数增产（罗霄等，2022）。

2.4 研究大豆花荚建成及产量品质形成的化学调控的重要意义

各种农艺措施一般将促花保花、减少脱落作为增加产量的重要途径。大豆栽培管理中通过施肥减少植物落花落荚是一种比较有效的手段，如在花期叶片喷施尿素显著降低脱落率。植物生长调节剂作为一种有效的农艺栽培措施在作物上的应用越来越广泛，关于生长调节剂对于花荚的影响也有不少报道。近年来，化控技术广泛地应用于农业生产，并将逐步发展完善为化控栽培工程。植物生长调节剂在大豆花荚脱落上的应用方面尚未进行深入研究，亟需深入展开调节剂调控花荚脱落的机制研究。

我国大豆化控栽培技术在二十世纪末发展较为迅速。在大豆上应用的主要是三碘苯甲酸（TIBA）和三唑类物质。

TIBA 是一种植物生长调节剂，具有抑制生长促进发育的作用。在大豆上应用能够降低株高、缩短节间、改善田间通透性，达到抗倒增产的目的。TIBA 能够增加叶片数、分枝数、植株干物重，降低叶面积指数和百粒重，增加干物质的积累速率，使茎干增粗并且增加坐荚率，最终提高产量。TIBA 能够在不增加花数的情况下，降低脱落率从而增加荚数。在大豆花期喷施 $100 \sim 160 \ mg \cdot kg^{-1}$ 的 TIBA，可抑制植株茎端伸长、防止倒伏、促进早熟、减少花荚脱落、提高产量（赵作民等，1997）。

三唑类物质可显著缩短大豆节间长度，降低植株的高度，增加株荚数、株粒数、百粒重，从而提高大豆产量。烯效唑能够增加大豆单株荚数、单株粒数和百粒重，使秕荚率下降、具有明显的增产效应。经烯效唑处理的大豆，表现出植株矮化，而且还表现出分枝数、开花数、结荚数等不同程度的增加。闫艳红等（2015）发现，叶面喷施 S3307 能通过改善大豆叶片碳氮代谢水平，增加大豆的单株有效荚数与百粒重。烯效唑在初花期喷施能提高大豆花荚期中叶片功能叶片的 C/N 比，进而促进花芽分化，增加花荚数。

Cho 等（2002）研究表明，喷施 2,4-D 能够增加大豆的花、荚数；6-BA 能够降低脱落率并增加百粒重，最终导致产量显著提高。郑殿峰等（2008）研究了 3 种不同植物生长调节剂对垦农 4 号大豆花荚脱落的影响，结果表明：氯化胆碱明显地增加了大豆植株的花数及荚数。DTA-6 和 SOD_M 有效降低了花荚脱落数以及脱落率；DTA-6 还显著增加了大豆的株高和茎粗，提高了单株粒数、单株粒重以及单株重等产量构成因子。王震（1998）研究指出，在豆苗长至 9 ～ 11 个叶片时，喷施一定浓度的乙烯利溶液，能有效促进大豆开花，提高坐荚率。

在大豆栽培管理中，化学调控技术也逐渐为国内外科研工作者所重视。李宗霆等（1996）研究发现，大豆根系向上经木质部运输的细胞分裂素（CTK）数量与结荚多少密切相关。陈新红等（1998）研究表明，大豆初花期用 200 mg·L^{-1} PP333 喷施，可增产 447 kg·hm^{-2}，较对照增产 20.8%；在盛花期用相同浓度处理后，可增产 18.1%，而用 100 mg·L^{-1} 和 300 mg·L^{-1} PP333 处理的增产幅度小些，为 9.4%～13.1%。董志新等（2002）用不同浓度的多效唑分期处理大豆，使其脱落率大为降低，提高了结荚率。处理比对照少落荚 2/3 左右。植株花荚数的总脱落率减少了 10.64%～21.58%。

李培庆等（1992）研究了初花期喷施多效唑对大豆碳代谢的影响，结果显示：在初花期叶面喷施多效唑后，大豆叶片的净光合速率和叶绿素含量均明显高于对照；大豆叶面喷施多效唑后 6 d，植株叶片还原糖和蔗糖含量显著地低于对照，而茎内的淀粉含量则高于对照；到盛花期，处理后的植株茎内的还原糖和蔗糖含量比对照均有所提高，而淀粉含量则有所降低，叶内还原糖和淀粉含量也均低于对照；到结荚－鼓粒期，植株茎和叶内的还原糖含量均较对照有显著的下降，茎内淀粉含量仍然低于对照。研究表明，多效唑对大豆碳代谢的影响抑制了植株生长的顶端优势，使大豆植株碳素的同化能力加强，从而增加了光合产物向花荚的输出量，提高了花荚的营养水平，最终减少了花荚的脱落，而增加了大豆的产量。张明才等（2005）以垦农 5 号为材料，在盆栽条件下，比较研究了植物生长调节剂 SHK-6 在干旱胁迫和正常水分的条件下对大豆叶片光合作用、同化物运输等的影响情况，结果表明：在干旱条件下，SHK-6 显著增加了同化物在根、根瘤和荚中的积累及同化产物的输出速率。

综上所述，我们不难看出，研究植物生长调节剂对大豆花荚的调控效应，对我们了解大豆花荚脱落机理，并依据大豆生长特点，采取适宜的栽培技术措施，建立化控栽培体系至关重要。我们更希望通过引入化控技术研究调节剂对大豆花荚建成的调控机制，改良大豆栽培方法，减少逆境胁迫条件下大豆花荚脱落，提高大豆产量和改善大豆品质。

参考文献

陈新红，蔡吉风，董志新，1998. 多效唑对大豆株型的调节作用及增产效果［J］. 新疆农业科学，35（1）：36–38.

崔洪秋，2016. DTA-6 和 S3307 对大豆花荚脱落的调控［D］. 大庆：黑龙江八一农垦大学.

丁凯鑫，2021. DTA-6 和 S3307 对三种豆类作物生长和碳氮代谢及产量的影响［D］. 大庆：黑龙江八一农垦大学.

董志新，傅金民，2002. 大豆栽培生理的激素调控效应. 当代作物生理学研究［M］. 北京：中国农业科学技术出版社.

董志新，莫庸，陈新红，等，1996. 多效唑对大豆化学调控诱导效应的研究［J］. 石河子农学院学报，34（2）：7–12.

董钻，孙卓韬，1984. 大豆株型、群体结构与产量关系的研究 第一报 大豆群体的自动调节和群体内光强、CO_2 的分布 [J]. 大豆科学（2）：110–120.

段留生，田晓莉，2005. 作物化学控制原理与技术 [M]. 北京：中国农业大学出版社.

冯乃杰，阎秀峰，郑殿峰，等，2010. 两种植物生长调节剂浸种对大豆根系解剖结构的影响 [J]. 植物生理学通讯，46（7）：687–692.

冯乃杰，郑殿峰，刘冰，等，2008. 三种植物生长物质对大豆叶茎解剖结构的影响 [J]. 植物生理学通讯，45（4）：351–358.

宫香伟，刘春娟，冯乃杰，等，2017. S3307 和 DTA-6 对大豆不同冠层叶片光合特性及产量的影响 [J]. 植物生理学报，53（10）：1867–1876.

龚万灼，杜成章，龙珏臣，等，2019. TIBA 对不同耐荫性大豆套作苗期生长和倒伏率的影响 [J]. 大豆科学，38（4）：570–575.

顾万荣，李召虎，翟志席，等，2009. DCPTA 和 DTA-6 对大豆和玉米苗期叶片内源激素与氧自由基代谢的影响 [J]. 植物遗传资源学报，10（2）：300–305.

李冰，蔡光容，张洪鹏，等，2018. 新型植物生长调节剂 AP_2 和 CGR_2 对大豆光合特性及产量的影响 [J]. 大豆科学，37（4）：563–569.

李培庆，陈善坤，1992. 多效唑对大豆生长发育中碳氮代谢动态变化的影响及其与产量形成关系的研究. 江西农业大学学报（4），366–371.

李宗霆，周燮著，1996. 植物激素及其免疫检测技术 [M]. 南京：江苏科学技术出版社.

梁晓艳，刘春娟，冯乃杰，等，2019. 两种生长调节剂对大豆叶片昼夜同化物生理代谢及产量的影响 [J]. 大豆科学，38（2）：244–250.

梁镇林，梁慕勤，潘世元，等，1992. 大豆耐阴性研究 X：不同耐阴性大豆叶片叶绿素含量和比叶重研究 [J]. 贵州农学院学报（2）：16–22.

刘冰，翟瑞常，郑殿峰，等，2009. 植物生长调节剂对大豆根建成期部分根系特性及同化物的影响 [J]. 大豆科学，28（5）：824–827.

刘春娟，2016. 烯效唑和胺鲜酯对大豆不同冠层同化物积累代谢及产量的影响 [D]. 大庆：黑龙江八一农垦大学.

罗霄，杨浩，巨维希，等，2022. DTA-6 对套作大豆不同冠层叶片光合特性及产量的影响 [J]. 四川农业大学学报，40（3）：362–370.

罗晓峰，代宇佳，宋艳，等，2021. 三种植物生长调节剂对大豆生长发育及产量的影响 [J]. 核农学报，35（4）：980–988.

吕建洲，薛秀春，2000. DTA-6 对圆柏生长及生理活性的调控 [J]. 植物研究，20（1）：73–78.

牟金明，1989. 高低产大豆品种生理性状的研究 [J]. 吉林农业大学学报，11（3）：6–9.

潘铁夫，张德荣，张文广，等，1982. 东北地区大豆气候生态的研究 [J]. 吉林农业科学（2），17–28.

宋柏权，赵黎明，林思宇，等，2012. R5 期喷施植物生长调节剂对不同品质类型大豆籽粒氨基酸组分的影响 [J]. 大豆科学，31（6）：1024–1026.

宋莉萍，2011. 不同时期叶施 PGRs 对大豆花荚的调控效应［D］.大庆：黑龙江八一农垦大学.

孙福东，冯乃杰，郑殿峰，等，2016. 植物生长调节剂 S3307 和 DTA-6 对大豆荚的生理代谢及 GmAC 的影响［J］.中国农业科学，49（7）：1267-1276.

王宝生，刘春娟，冯乃杰，等，2015. 植物生长调节剂对大豆植株上、中部干物质积累及产量的影响［J］.南方农业学报，46（9）.：1567-1573.

王树安，1995. 作物栽培学各论 北方本［M］.北京：中国农业出版社.

王学东，潘立君，刘岩，等，2013. 植物生长调节剂对大豆籽粒超微结构的影响［J］.电子显微学报，32（5）：426-431.

王震，1998. 乙烯利自述［J］.河北农业（1）：24-25.

闫艳红，李波，杨文钰，2009. 烯效唑浸种对大豆苗期抗旱性的影响［J］.中国油料作物学报，31（4）：480-485.

闫艳红，万燕，杨文钰，等，2015. 叶面喷施烯效唑对套作大豆花后碳氮代谢及产量的影响［J］.大豆科学，34（1）：75-81.

杨庆凯，徐淑芬，1979. 嫩江地区大田作物产量受干旱低温影响的初步分析［J］.黑龙江农业科学（4）：24-26.

杨文杰，苗以农，1983. 大豆光合生理生态的研究——第 2 报 野生大豆和栽培大豆光合作用特性的比较研究［J］.大豆科学，（2）：83-92.

张错，王宇，李凯，等，2013. 植物生长调节剂 Cabrio 和 Opera 对大豆生长以及产量的影响［J］.大豆科学，32（3）：371-375.

张明才，何钟佩，2005. SHK-6 对干旱胁迫下大豆叶片生理功能的作用［J］.作物学报，31（9）：1215-1220.

张明才，何钟佩，田晓莉，等，2003. 植物生长调节剂 DTA-6 对花生产量、品质及其根系生理调控研究［J］.农药学学报，（4）：47-52.

张明才，李召虎，田晓莉，等，2004. 植物生长调节剂 SHK-6 对大豆叶片氮素代谢的调控效应［J］.大豆科学（1）：15-20.

赵聚宝，1985. 吉林省中部地区气象条件对大豆产量的影响［J］.中国农业科学，（1）：10-17.

赵作民，谭国强，1997. 矮壮素（CCC）和三碘苯甲酸 (TIBA) 在大豆栽培中的应用［J］.植物生理学通讯（6）：484-485.

郑殿峰，宋春艳，2011. 植物生长调节剂对大豆氮代谢相关生理指标以及产量和品质的影响［J］.大豆科学，30（1）：109-112.

郑殿峰，赵黎明，于洋，等，2008. 植物生长调节剂对大豆花荚脱落及产量的影响［J］.大豆科学，27（5）：783-786.

祝其昌，1984. 大豆结荚习性的研究——1. 不同结荚习性的本质区别及其分类［J］.大豆科学（4）：318-326.

BOYER J S，CHORASHY S R，1971. Rapid Field Measurement of Leaf Water Potential in Soybean 1［J］.

Agronomy Journal, 63（2）: 344–345.

CHO Y K, SUH SUGKEE, PARK HOLD, 2002. Impact of 2, 4–DP and BAP upon pod set and seed yield in soybean treated at reproductive stages［J］. Plant Growth Regulation, 36（3）: 215–221.

HEITHOLT J J, EGLI D B, LEPGGET J E, 1986. Characteristics of reproductive abortion in soybean［J］. Crop Science, 26: 589–595.

VP SINGH, 1993. Uniconazole（S3307）induced cadmium tolerance in wheat［J］.Journal of Plant Growth Regulation, 12（1）: 1–3.

FEHR W R, 王金陵, 1980. 大豆可行新育种方法的简介与评价 [J]. 黑龙江农业科学（3）: 62–67.

YAN Y, GONG W, YANG W, et al., 2010. Seed treatment with uniconazole powder improves soybean seedling growth under shading by corn in relay strip intercropping system[J]. Plant production science, 13（4）: 367–374.

3 不同时期叶面喷施植物生长调节剂对大豆花荚建成及产量品质的调控

　　大豆起源我国，是重要的粮油兼用作物。目前我国大豆需求量居世界首位，每年需要从国外大量进口，近年来我国大豆进口量约占我国大豆消费量 50% 以上，相当于我国大豆的总产量。大豆单产水平低是制约我国大豆生产的主要因素之一，因此，如何大幅度提高单产，提高我国大豆的自给率，是国民经济和社会发展中的重要任务，更是解决我国大豆供需紧张矛盾的有效途径。大豆富含蛋白质和脂肪，近年来大豆品质也日益受到人们关注。

　　黑龙江省（以下简称"黑龙江"）是我国大豆主产区。与国外大豆相比，黑龙江大豆蛋白质含量较进口大豆高 1% 以上，高蛋白品种可达 45% 以上；黑龙江大豆在全国含油量最高，大豆平均含油量为 20% 左右，而美国大豆平均含油量为 21.5%，巴西、阿根廷大豆含油量为 21% ～ 21.5%，加拿大大豆含油量为 20.6%，黑龙江大豆较进口大豆含油量低 1.0% ～ 1.5%，蛋白质含量高于美国大豆蛋白质含量 1.6%。因此，进一步采取有效的技术措施，提高单位面积大豆产量和改善品质是生产上亟待解决的两大问题。

　　近年来，植物生长调节剂在大豆提质增效方面的应用越来越引起重视。大豆的花荚脱落率高，严重制约产量和品质形成。提高大豆的坐花坐荚率，促进花荚建成，对提高大豆产量和改善品质尤为重要。不同时期应用调节剂，将对大豆植株形态建成及生理代谢等产生不同的影响，从而对大豆花荚建成和产量品质形成产生不同的调控作用。国内外尚未有关于这方面的研究报道。为了进一步明确化控技术调控大豆花荚建成和品质形成的最佳应用时期，本章研究内容中设置了 V3 期、R1 期和 R5 期 3 个时期叶面喷施 3 种不同类型的调节剂，选用生产上 2 个大面积应用的大豆品种进行比较研究，以期揭示不同时期叶面喷施调节剂对大豆花荚建成及产量品质形成的调控机制。研究中重点比较分析了 3 个生育期喷施植物生长促进剂 DTA-6、植物生长延缓剂 S3307 和植物生长抑制剂 TIBA 3 类化控剂对 2 个品种大豆花荚建成、碳氮代谢及产量品质的调控差异，旨在揭示不同类型调节剂调控花荚建成及产量品质的机制，为生产上应用化控技术解决大豆花荚脱落的技术难题提供科学依据，为建立大豆化控栽培体系提供理论基础。

3.1 试验设计方案

3.1.1 试验地基本条件

试验于 2009—2010 年度两个生长季在黑龙江八一农垦大学大豆试验基地（大庆市林甸县宏伟乡吉祥村）进行。试验地位于黑龙江省中西部，属大陆性季风气候，四季温差较大，年平均气温 2.4 ℃，≥ 10 ℃积温 2 600 ℃左右，年平均降水量在 400 mm 左右，无霜期 120 d 左右。土壤类型为草甸黑钙土，地势平坦，肥力均匀，0 ～ 20 cm 耕层土壤基本农化状况如表 3–1 所示。

表 3–1　0 ～ 20 cm 耕层土壤基本农化状况

项目	碱解氮 / $(mg \cdot kg^{-1})$	有效磷 / $(mg \cdot kg^{-1})$	速效钾 / $(mg \cdot kg^{-1})$	pH 值	有机质 / $(g \cdot kg^{-1})$	盐总量 /%
含量	192.50	4.10	210.90	7.8	2.85	0.12

3.1.2 供试材料

3.1.2.1 供试品种

供试大豆（*Glycine max* Merrill）品种为"垦农 4 号"（用 K4 表示）和"合丰 50 号"（用 H50 表示）。

3.1.2.2 供试植物生长调节剂

三碘苯甲酸（植物生长抑制剂，2,3,5–Triiodobenzoic acid，简称 TIBA）、烯效唑（植物生长延缓剂，uniconazole，简称 S3307，江西农业大学化工厂生产）和己酸二乙氨基乙醇酯（植物生长促进剂，diethyl aminoethyl hexanoate，简称 DTA-6，福建浩伦公司生产）3 种调节剂均属安全、低毒和高效的植物生长调节剂。

3.1.3 试验设计

3.1.3.1 大田试验

试验以大豆叶面喷施植物生长调节剂为处理，以喷施清水为对照（简称 CK）。采用随机区组设计，3 次重复，每个小区面积为 20 m²。TIBA（图中以 T 表示）、S3307（图中以 S 表示）和 DTA-6（图中以 D 表示）浓度分别为 200 mg·L^{-1}、100 mg·L^{-1} 和 50 mg·L^{-1}，在大豆达到 V3 期（主茎自初生叶节开始的 3 个节发育完全，2 复叶，第三节龄期）、R1 期（任何节出现一朵花，初花期）和 R3 期（在叶片已完全展开的最上面 4 个节中，其中一节的荚 0.5 cm 长，始荚期）进行叶面喷施处理。在 V3 期、R1 期和 R5 期喷施溶液量均为 225 L·hm^{-2}。在整个生育期间，适时除草和防治病虫。

3.1.3.2 取样方法

叶片和花荚取样：在大豆达到 V3 期，选择生长态势一致的植株进行标记，各处理均在 R1 期喷施 10 d 后，于每天中午调查花数和荚数，每 10 d 取叶片和花荚。每小区去除保护行依次选两行作为取样区，随机挑选 20 株进行各项指标调查，其中 10 株用于室内考种，另 10 株取倒三功能叶进行冻样处理。用部分倒三叶测定叶绿素，部分倒三叶和花荚经液氮速冻处理后，于 –40 ℃低温冰箱中保存，用于生理指标、酶活性及碳氮同化物含量的测定。剩余植株各部分称鲜重，之后在 105 ℃烘箱中杀青半小时，65 ℃烘干后称干重。

产量和品质取样：收获后 2 个品种统一测定产量和品质。每小区 2 m^2，3 次重复。随机取样 10 株，用于产量构成因素的分析，籽粒用于品质指标的测定。

3.1.4 测定项目及方法

3.1.4.1 长度相关的指标

株高采用米尺测量。

3.1.4.2 质量指标

叶片干重、叶柄干重、茎干重、根干重、荚干重、籽粒重等指标采用烘干（或风干）称重法。

3.1.4.3 叶绿素含量测定

使用日本美能达公司产手持式 SPAD-502 型叶绿素计测定。

3.1.4.4 光合性状的测定

（1）光合速率、蒸腾速率

采用北京益康农业科技发展有限公司生产的 ECA 便携式光合测定仪（测定条件为晴天上午 10 时至 12 时），测定大豆叶片中上部同一部位的功能叶片，每小区重复 5 次。

（2）叶面积指数、叶面积比率（张永成等，2007）

采用间接称重法测定大豆叶面积指数。按大豆植株叶片上中下所占的一定比例取出上、中、下各部位叶片 10 片，用已知面积的打孔器将 10 片叶片打孔，取得一定小样面积的叶片干重。把所有取样植株叶片取下（不含叶柄和黄叶）称其干重，用下列公式进行换算：

$$取样叶面积（cm^2）= \frac{小样面积 \times 叶片总重量}{小样面积的重量} \qquad （3-1）$$

再根据下式即可求得叶面积指数：

$$叶面积指数 = \frac{平均单株叶面积 \times 取样株数}{样株所占面积} \qquad （3-2）$$

叶面积比率（LAR）的计算公式：

$$叶面积比率（cm^2 \cdot g^{-1}）= \frac{取样叶面积}{地上部干重} \qquad （3-3）$$

3.1.4.5　可溶性糖、淀粉、蔗糖含量的测定（张宪政，1992；张志良，2003）

称取 1 g 叶片样品，研磨成匀浆后收集到 10 mL 离心管中，加入 6 ～ 7 mL 80% 的乙醇，在 80 ℃ 水浴中保温 30 min，3 000 转 /min 离心 5 min，重复提取两次，收集上清液，合并入 25 mL 刻度试管中供可溶性糖和蔗糖含量的测定。剩余沉淀进行淀粉测定。

取待测液 0.5 mL，加水 1.5 mL，加蒽酮试剂 6.5 mL，在 620 nm 波长测定可溶性糖 OD 值，带入公式计算可溶性糖含量。

取待测液 0.6 mL，加入 0.3 mL 2 mol · L^{-1} NaOH，100 ℃ 煮沸 5 min，冷却后加 4.2 mL 30% HCl、1.2 mL 间苯二酚，摇匀 80 ℃ 水浴反应 10 min，冷却后 480 nm 处测定 OD 值，由标准曲线计算蔗糖含量。

向沉淀加 2 mL 水，80 ℃ 水浴使乙醇挥发，然后放入沸水浴中糊化 15 min，取出冰浴，加入 2 mL 9.2 mol · L^{-1} 高氯酸，提取 15 min 后加水 4 mL 离心 10 min，上清液倾入 25 mL 容量瓶中，再向沉淀加入 2 mL 4.6 mol · L^{-1} 高氯酸，提取 15 min 后加水 6 mL 离心 10 min，收集上清液于容量瓶，用水洗沉淀 1 ～ 2 次离心，合并离心液于容量瓶，用蒸馏水定容供淀粉测定。淀粉测定方法与可溶性糖相同。

3.1.4.6　总糖含量测定（何钟佩，1993）

采用 3,5- 二硝基水杨酸法，准确称取 0.5 g 叶片样品，放在锥形瓶中，加入 6 mol · L^{-1} HCl 10 mL，蒸馏水 15 mL，在沸水浴中加热 0.5 h，取出 1 ～ 2 滴置于白瓷板上，加 1 滴 I-KI 溶液检查水解是否完全。如已水解完全，则不呈现蓝色。水解毕，冷却至室温后加入 1 滴酚酞指示剂，以 6 mol · L^{-1} NaOH 溶液中和至溶液呈微红色，并定容到 100 mL，过滤取滤液 10 mL 于 100 mL 容量瓶中，定容至刻度，混匀，即为稀释 1 000 倍的总糖水解液，用于总糖测定。

取 7 支 15 mm×180 mm 试管，分别加入 1 mL 样品溶液、2 mL 3,5- 二硝基水杨酸试剂，加完试剂后，于沸水浴中加热 2 min 进行显色，取出后用流动水迅速冷却，各加入蒸馏水 9.0 mL，摇匀，在 540 nm 波长处测定光吸收值。测定后，取样品的光吸收平均值在标准曲线上查出相应的糖量。

3.1.4.7　转化酶活性的测定（何钟佩，1993）

采用 3,5- 二硝基水杨酸法测定，酶的提取：1.0 g 样品剪碎后，用预冷的蒸馏水在冰浴中研磨成匀浆，定容至 100 mL，在冰箱中浸提 3 h，4 000 转 /min 离心 15 min，上清液即为酶的粗提液。酶活性的测定：吸酶液 2 mL，放入试管中，再加入 pH 值 6.0 的缓冲液 5 mL 及 10% 蔗糖溶液 1 mL，在 37 ℃水浴锅中保温 0.5 h，取出后吸取 2 mL 反应液，加入 1.5 mL 3,5– 二硝基水杨酸试剂，沸水浴中煮沸 5 min，冷却定容至 20 mL，以煮沸酶液 10 min 钝化酶的试管作对照，其余同上，在 540 nm 处测定 OD 值。由标准曲线查得酶反应液中还原糖的浓度。

3.1.4.8　可溶性蛋白含量的测定（郝建军等，2007）

称取鲜样 1.0 g 放入研钵中，加入 2 mL 蒸馏水研磨，研成匀浆后用 6 mL 蒸馏水分次洗涤研钵，收集在同一离心管中，4 000 转 /min 离心 10 min，取上清液定容至 10 mL。吸取提取液 0.1 mL，加入 5 mL 考马斯亮蓝 G-250 试剂，充分摇匀，放置 2 min 后，在 595 nm 下比色。

3.1.4.9　硝态氮含量的测定（邹琦，1995）

称取剪碎的新鲜叶片 1 g，共 3 份，放入 3 支刻度试管中，各加入 10 mL 去离子水，用玻璃球封口，置入沸水浴中提取 30 min，用自来水冷却，将提取液过滤到 25 mL 容量瓶中，并反复冲洗残渣，定容至刻度。吸取样品液 0.1 mL 分别于 3 支刻度试管中，然后加入 5% 水杨酸 – 硫酸溶液 0.4 mL，混匀后至室温下 20 min，再慢慢加入 8% NaOH 溶液 9.5 mL，待冷却至置室温后，以空白作参比，在 410 nm 波长下测定吸光度。在标准曲线上得出硝态氮的浓度，计算硝态氮含量。

3.1.4.10　游离氨基酸含量的测定（郝建军等，2007）

采用茚三酮法测定，称取 0.5 g 叶片，放于研钵中加入 5 mL 10% 乙酸研磨成糊状物，转入 100 mL 容量瓶中，用无氨蒸馏水定容，摇匀后将上清液过滤入三角瓶。取样品提取液 1 mL 放入 25 mL 比色管中，加 3.5 mL 茚三酮缓冲液，再加 0.1 mL 0.1% 的抗坏血酸溶液，充分混匀，在沸水浴上显色 20 min，取出迅速冷却，加入 80% 乙醇 10 mL，加水定容至 25 mL，在 570 nm 处测定吸光度，由标准曲线计算氨基氮含量。

3.1.4.11　全氮含量测定

采用半微量凯氏定氮法。

$$全氮 = 蛋白质含量 \times 6.25 \tag{3-4}$$

3.1.4.12　硝酸还原酶活力测定（邹琦，2000）

采用活体法测定。选择在晴天上午 10 时到田间取新鲜叶片，取回后用蒸馏水冲洗干净，然后用滤纸吸干。剪成 0.5 ～ 1.0 cm² 的小块，混匀后每个样品称 3 份 0.5 g，放入试管并编号。向各试管中加入 KNO_3 异丙醇磷酸缓冲液混合液 9 mL，其中一管立即加 1.0 mL 三氯乙酸，混匀（为对照）。然后将所有试管置真空泵中抽气，反复几次直至叶片沉在管底。将各试管置 30 ℃下于黑暗处保温 30 min，分别向处理管加 1.0 mL 三氯乙酸，摇匀终止酶活性。将各试管静止 2 min，吸取上清液 2 mL 加入另一组试管，然后加入 4 mL 1% 对氨基苯磺酸和 4 mL 0.2% 的 α – 萘胺，以对照管作参比，在

540 nm 波长下比色。

3.1.4.13 纤维素酶活性测定（郝建军等，2001）

采用纤维素酶活力测定方法。

（1）粗提液制备

取花荚和脱落花荚 0.5 g，加入 2 mL pH 值 7.2 的磷酸缓冲液，在 0 ～ 4 ℃冰浴中研磨提取，提取液倒入离心管中，再分别用 1 mL 的溶液冲洗研钵 2 次，共 4 mL，一并倒入离心管中，4 ℃下 12 000 g 离心 20 min，取上清液 4 ℃保存，作为纤维素酶粗提液。

（2）纤维素酶活性测定

取 2 支试管，分别加入 1 mL 酶液，然后在 1 支试管中加入 1 mL 羧甲基纤维素钠（CMC-Na），另 1 支试管中加入 1 mL 蒸馏水作为对照。将 2 支试管摇匀后，在电热恒温培养箱中 40 ℃保温 24 h，采用 3,5- 二硝基水杨酸比色法，测定反应体系中还原糖的含量。以每小时生成 1mg 的还原糖作为 1 个酶活单位。

3.1.4.14 多聚半乳糖醛酸酶活性测定（周培根等，1991）

（1）粗提液制备

取花荚和脱落花荚 0.5 g，加入 2 mL pH 值 5.0 的磷酸 – 柠檬酸缓冲液，在 0 ～ 4 ℃冰浴中研磨提取，提取液倒入离心管中，再分别用 1 mL 的溶液冲洗研钵 2 次，共 4 mL，一并倒入离心管中，4 ℃下 12 000 g 离心 20 min，取上清液 4 ℃保存，作为多聚半乳糖醛酸酶粗提液。

（2）酶活力测定步骤

①于甲、乙两支 25 mL 比色管中分别加入果胶底物 5 mL，在 50 ℃水浴中预热 5 min。

②于甲、乙管中分别加 4 mL 磷酸 – 柠檬酸缓冲液，甲管中加入 1 mL 稀释酶液，立即摇匀，在 50 ℃水浴中准确反应 30 min，立即给乙管中加 1 mL 稀释酶液，立即放入沸水浴中煮沸 5 min，终止反应，冷却。

③分别取甲、乙管中反应液 2 mL 于两支 25 mL 比色管中，再分别给甲、乙管加 2 mL 蒸馏水及 5 mLDNS 试剂，混合，沸水浴煮沸 5 min，取出，立即冷却。加蒸馏水定容到 25 mL 3 600 转 /min 离心 8 min，取上清液，以标准空白为基准调零，在 540 nm 处测吸光度（吸光度为 0.025 ～ 0.843，否则重新稀释）。

$$酶活力计算：X= [（A_甲 – A_乙 Dr×5］/（K×t） \tag{3-5}$$

式中，$A_甲$ 为酶样吸光度；K 为标准曲线斜率；5 为测定酶活时取了反应液的 1/5；Dr 为稀释倍数；$A_乙$ 为酶空白样的吸光度；t 为反应时间（h）。

3.1.4.15 产量测定

在大豆成熟期测产，按小区测产方法进行。处理和对照随机选 10 株，随机选 100 粒种子计算出百粒重，按下列公式计算产量：

$$产量（kg \cdot hm^{-2}）= 单株粒数 × 百粒重（g）× 公顷株数 ÷ 100 000 \tag{3-6}$$

3.1.4.16 籽粒蛋白质和脂肪

采用瑞典 foss 公司生产的 Infratec 1255x 型近红外分析仪直接测定粗脂肪、粗蛋白质含量。

3.1.4.17 大豆收获指数

大豆收获指数是指大豆籽粒产量与成熟株重的比率。

3.1.5 数据分析与绘图

本试验原始数据的整理图表的绘制采用 Excel 软件完成，差异显著性检测采用 SAS9.0 软件完成。

3.2 V3 期叶面喷施植物生长调节剂对大豆花荚建成的调控

3.2.1 V3 期叶面喷施调节剂对大豆花荚形态建成的调控

3.2.1.1 V3 期叶面喷施调节剂对大豆花生长的影响

如图 3−1 所示，随着生育期推进，大豆植株花数呈先上升后下降的变化趋势。在整个取样时期内，S3307 和 DTA-6 花数均高于 CK；TIBA 处理与 CK 相差不大，在喷施后 30 d 和 31 d 略低于 CK。喷施后 15 ～ 28 d，3 种调节剂对大豆植株花数的作用效果为 S3307 > DTA-6 > TIBA > CK；至喷施后 30 ～ 31 d，各处理与 CK 植株花数大小表现为 S3307 > DTA-6 > CK > TIBA；喷施后 39 d，各处理与 CK 植株花数均达到最高值；至喷施后 40d，各处理与 CK 植株花数开始下降，CK 下降速度最快，TIBA 处理次之，TIBA、S3307、DTA–6 3 种调节剂处理的花数分别比对照高 7.05%、20.00% 和 25.08%；喷施后 15 ～ 33 d，S3307 处理植株花数始终高于 CK 及其他处理，这说明 V3 期叶施 S3307 对增加大豆花数的调控效果最佳。

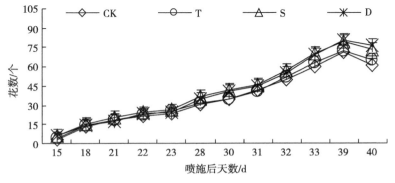

图 3–1 V3 期叶喷调节剂对大豆植株花数的影响

3.2.1.2　V3 期叶面喷施调节剂对大豆荚生长的影响

由图 3-2 可知，V3 期叶喷植物生长调节剂后，各处理及 CK 大豆单株荚数在喷施后 30～46 d 内始终处于上升的趋势，在喷施后 46 d 后开始下降。喷施后 30～36 d，各处理与 CK 的单株荚数缓慢增加；喷施后 38～46 d，开始迅速增加。喷施后 30～44 d，S3307 处理荚数始终高于 CK、TIBA 和 DTA-6 处理；其中 S3307 处理的单株荚数在喷施后 32、34、36 和 38 d 分别比 CK 增加了 15.08%、15.00%、14.29% 和 13.04%；喷施后 46 d 为荚数变化的转折点，各处理的作用效果也发生变化，主要表现为 DTA-6 > S3307 > TIBA > CK；喷施后 46～52 d，各处理及 CK 单株荚数呈现快速下降的趋势，其中下降最快的为 TIBA 处理，其次为 S3307 处理；喷施后 52 d，TIBA、S3307、DTA-6 3 种调节剂处理的荚数分别比 CK 增加了 2.06%、10.15% 和 17.07%。可见，V3 期叶喷植物生长调节剂对大豆植株荚数有一定促进作用，其中前期作用效果最佳的为 S3307 处理，后期表现最好的为 DTA-6 处理。

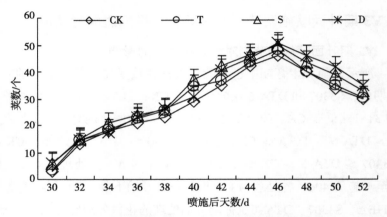

图 3-2　V3 期叶喷调节剂对大豆植株荚数的影响

3.2.1.3　V3 期叶面喷施调节剂对大豆花荚脱落的影响

由表 3-2 结果可知，V3 期叶喷植物生长调节剂后，各处理对总花荚数均起到了增加的作用，其作用强度表现为 DTA-6 > S3307 > TIBA > CK，其中 DTA-6 处理对大豆总花数和总荚数的增加均有显著效果，但其成熟荚数却小于 S3307 处理，TIBA 在此时期对花荚数和成熟荚数作用均不显著。由花荚的脱落可以看出，花脱落数最大的为 DTA-6 处理，其次为 S3307 处理，DTA-6 处理也表现出较高的花脱落率，这与其脱落数高是相对应的，但其脱落率仍小于 CK；脱落荚数最多的为 TIBA 处理，但落荚率以 CK 为最高。总体上看，各处理与 CK 对大豆植株花荚总脱落率的作用效果表现为 CK > DTA-6 > TIBA > S3307。另外，从表 3-2 中还可以看出，DTA-6 处理花荚数最多，但脱落率也较高，因而其成熟荚数不如 S3307 处理；S3307 处理有较高的花荚数，却在花荚脱落率上最低，因此其植株成熟荚数高于其他处理和 CK。

表 3-2　V3 期喷施植物生长调节剂对大豆花荚脱落的影响

处理	总花数 / 个	总荚数 / 个	成熟荚数 / 个	脱落数 / 个		脱落率 /%		总脱落率 /%
				花	荚	花	荚	
CK	78.78±3.31b	46.00±0.84b	19.73±0.73b	32.78	26.27	41.61±0.67a	33.35±3.51a	74.96
TIBA	80.43±1.25b	48.10±1.07ab	21.29±0.45ab	32.33	26.81	40.20±0.42ab	33.33±2.07a	73.53
S3307	84.29±2.13a	49.80±1.12ab	24.64±1.02 a	34.49	25.16	40.92±0.20c	29.85±1.55c	70.77
DTA-6	86.39±4.08a	50.50±0.96a	23.92±1.32a	35.89	26.58	41.54±0.38b	30.77±2.08b	72.31

注：同一列大小写字母分别表示差异达 0.01 和 0.05 水平显著，下同。

3.2.2　V3 期叶面喷施调节剂对大豆花荚建成相关酶活性的调控

3.2.2.1　V3 期叶面喷施调节剂对大豆花荚纤维素酶活性的影响

（1）V3 期叶面喷施调节剂对大豆花及落花纤维素酶活性的影响

如表 3-3 所示，V3 期叶面喷施植物生长调节剂后，各处理大豆花纤维素酶活性均小于对照，TIBA、S3307 和 DTA-6 分别比 CK 降低了 8.10 %、24.88 %、14.20 %，方差分析表明，各处理与对照的差异不显著，V3 期叶面喷施 3 种调节剂对大豆花纤维素酶活性有一定影响，但作用效果不大。比较而言，3 种调节剂在 V3 期喷施对纤维素酶作用效果最好的为 S3307，DTA-6 次之，TIBA 最差。可见，V3 期喷施植物生长调节剂降低了大豆花纤维素酶活性，一定程度上调节了大豆花的脱落。

由表 3-3 可以看出，V3 期叶面喷施植物生长调节剂后，TIBA、S3307 和 DTA-6处理大豆落花纤维素酶活性分别比 CK 降低了 3.45 %、29.94 % 和 33.73 %，经方差分析可知，S3307 和 DTA-6 处理与 CK 和 TIBA 差异达极显著水平。可见，V3 期喷施植物生长调节剂降低了大豆落花纤维素酶活性，调节了大豆花的脱落。

表 3-3　V3 期喷施植物生长调节剂对大豆花及落花纤维素酶活性的影响

处理	纤维素酶活性 / (U · g^{-1} · h^{-1})	
	花	落花
CK	33.32aA	64.36 aA
TIBA	30.62aA	62.14aA
S3307	25.03aA	45.38bB
DTA-6	28.59aA	42.65bB

（2）V3 期叶面喷施调节剂对大豆荚纤维素酶活性的影响

如图 3-3 所示，V3 期叶喷植物生长调节剂后，大豆荚纤维素酶活性呈逐渐升高的趋势，整体上看，喷施后 60 d 内，各处理纤维素酶活性曲线一直处于 CK 下方，在喷施后 50 d，S3307 和 TIBA 处理的纤维素酶活性分别比 CK 低 28.55% 和 18.84%。3 个处理中，DTA-6 处理荚纤维素酶活性始终低于 CK。整体来看，在 V3 期喷施 3 种植物生长调节剂，以 DTA-6 对纤维素酶活性调控效果最佳，S3307 次之，S3307 在喷施后期仍能保持较低的水平，与它是植物生长延缓剂有关。可以看出，V3 期喷施植物生长调节剂对大豆荚纤维素酶活性起到了调控作用，有利于减少大豆荚的脱落。

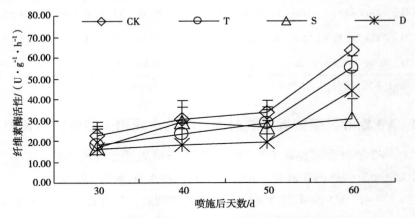

图 3-3　V3 期叶喷调节剂对大豆荚纤维素酶活性的影响

（3）V3 期叶面喷施调节剂对大豆落荚纤维素酶活性的影响

如图 3-4 所示，V3 期叶片喷施植物生长调节剂后，各处理落荚纤维素酶活性呈升高 – 降低 – 升高的趋势，而 CK 则为持续上升趋势。喷施后 40 d，各处理落荚纤维素酶活性均高于 CK，其余取样时期普遍低于 CK。喷施后 50～60 d，S3307 处理显著低于 CK 和其他处理，比对照降低了 70.39% 和 32.89%，而且喷施后 40～50 d 降低幅度也最大。喷施后 60 d，大豆落荚纤维素酶活性的大小顺序为 CK ＞ DTA-6 ＞ TIBA ＞ S3307。整体上看，V3 期喷施 3 种植物生长调节剂，以 S3307 调控效果最佳，DTA-6 次之。落荚纤维素酶活性能间接反映大豆花荚脱落的情况，其活性的降低，说明调节剂起了调控作用。

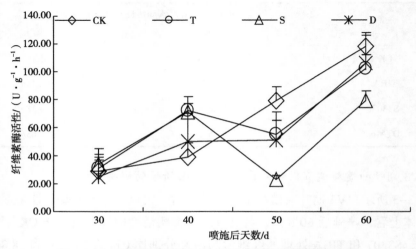

图 3-4　V3 期叶喷调节剂对大豆落荚纤维素酶活性的影响

3.2.2.2　V3 期叶面喷施调节剂对大豆花荚多聚半乳糖醛酸酶（PG）活性的影响

（1）V3 期叶面喷施调节剂对大豆花及落花 PG 活性的影响

如表 3-4 所示，V3 期喷施植物生长调节剂后，各处理大豆花 PG 活性均小于对照，TIBA、S3307 和 DTA-6 处理分别比对照降低了 21.16 %、39.73 %、26.79 %，方差分析表明，各处理与对照间差异显著，S3307 处理达极显著水平，V3 期叶面喷施 3 种调节剂对大豆花 PG 活性有一定影响。比较而言，3 种调节剂对 PG 作用效果最好的为 S3307，DTA-6 次之，TIBA 最差。可见，V3 期喷施植物生长调节剂降低了大豆花 PG 活性，对大豆花的脱落起到了调节作用。

由表 3-4 可知，V3 期喷施植物生长调节剂后，TIBA、S3307 和 DTA-6 处理大豆落花 PG 活性分别比 CK 降低 28.74 %、42.81 %、52.92 %，经方差分析可知，TIBA、S3307 和 DTA-6 处理与 CK 差异达极显著水平，DTA-6 与 CK 差异达显著水平，S3307 处理与 TIBA 处理差异达极显著水平，而 DAT-6 与 S3307 或 TIBA 处理间差异均不显著。可见，V3 期喷施植物生长调节剂降低了大豆落花 PG 活性，调节了大豆花的脱落，其中以 DTA-6 处理作用效果最好。

表 3-4　V3 期喷施植物生长调节剂对大豆花及落花 PG 活性的影响

处理	PG 活性 / (U · g^{-1} · h^{-1})	
	花	落花
CK	6.57 aA	10.09 aA
TIBA	5.18 bA	7.19 bB
S3307	3.96 cB	5.77 cC
DTA-6	4.81 bcBA	4.75 cC

（2）V3 期叶面喷施调节剂对大豆荚 PG 活性的影响

如表 3-5 所示，V3 期叶面喷施植物生长调节剂后，随着生育期推进，CK 和 S3307 处理大豆荚 PG 活性呈先升高后降低的趋势，而 DTA-6 处理表现为升高 - 降低 - 升高的趋势，TIBA 处理呈逐渐升高的趋势，这可能与 3 种调节剂的类型不同有关。整体来看，喷施后 60 d 内，各处理 PG 活性大部分低于对照，但在喷施后 40 d 时，DTA-6 处理 PG 活性比对照高 23.78%，喷施后 60 d，TIBA 处理比对照高 4.86%。方差分析表明，喷施后 30 ～ 40 d，S3307 处理显著降低了大豆荚 PG 活性，喷施后 50 d，DTA-6 和 TIBA 处理 PG 活性与 CK 相比达差异极显著水平。不同取样时期 3 种植物生长调节剂对 PG 活性的影响不同，喷施后 30 ～ 40 d，S3307 调控效果较好，喷施后 50 ～ 60 d，DTA-6 调控效果较好。可见，3 种植物生长调节剂均降低了大豆生殖生长阶段荚 PG 活性，有利于减少荚的脱落。

表 3-5　V3 期叶喷调节剂对大豆荚 PG 活性的影响　　单位：$U \cdot g^{-1} \cdot h^{-1}$

处理	喷施后天数			
	30 d	40 d	50 d	60 d
CK	5.19aA	7.19bA	10.51aA	8.85aA
TIBA	4.41abA	7.14bA	8.66bB	9.28aA
S3307	3.88bA	6.25bA	9.87abAB	8.00aA
DTA-6	4.05abA	8.90aA	5.74cC	5.84bB

（3）V3 期叶面喷施调节剂对大豆落荚 PG 活性的影响

如表 3-6 所示，随着生育期推进，各处理与对照的落荚 PG 活性呈升高 – 降低 – 升高的趋势。大多情况下 TIBA、S3307 和 DTA-6 处理不同程度降低了落荚 PG 活性。方差分析表明，喷施后 30 d，各处理落荚 PG 活性与 CK 差异不显著。喷施后 40 d，各处理极显著降低了落荚 PG 活性，且 S3307 处理与 TIBA 和 DTA-6 处理间差异达极显著水平。喷施后 50 d，TIBA 和 S3307 处理与 CK 相比差异达显著水平。喷施后 60 d，DTA-6 处理与 CK 相比差异达显著水平。落荚中 PG 的活性变化能间接反映大豆花荚脱落的情况，PG 活性的降低，说明 V3 期叶面喷施调节剂起了限制大豆落荚的作用。

表 3-6　V3 期叶喷调节剂对大豆落荚 PG 活性的影响　　单位：$U \cdot g^{-1} \cdot h^{-1}$

处理	喷施后天数			
	30 d	40 d	50 d	60 d
CK	10.21aA	18.35aA	7.98abA	21.53aA
TIBA	9.37aA	13.16bB	4.56cA	20.68aA
S3307	6.70aA	8.11cC	5.23bcA	21.95aA
DTA-6	7.49aA	13.27bB	9.92aA	18.52bA

3.2.3　V3 期叶面喷施调节剂对大豆植株生长发育的影响

3.2.3.1　V3 期叶面喷施调节剂对大豆株高的影响

图 3-5 所示为 V3 期叶面喷施 3 种植物生长调节剂对 K4 大豆株高的影响。在喷施调节剂 60 天内，处理与对照株高呈增加趋势，其中 DTA-6 处理对 K4 大豆植株的生长起到了明显的促进作用，而 TIBA 和 S3307 处理对株高有一定的抑制作用。喷施后 20 d，各处理对株高影响不大，随着时间的延长，处理与对照差异开始明显，至喷施后 60 d，DTA-6 处理的株高比 CK 增加 20.87 %，TIBA 和 S3307 处理的株高比对照低 9.87 % 和 3.56 %。

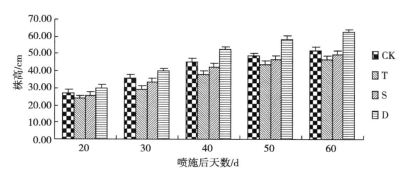

图 3-5　V3 期叶喷调节剂对 K4 株高的影响

图 3-6 所示为 V3 期叶喷植物生长调节剂对 H50 大豆株高的影响。在整个取样时期内，处理与对照株高呈增加的趋势。喷调节剂后 20 ～ 50 d，TIBA 和 S3307 处理对株高的抑制作用效果明显，喷调节剂后 60 d 效果减弱，可能是调节剂作用下的品种差异所致。

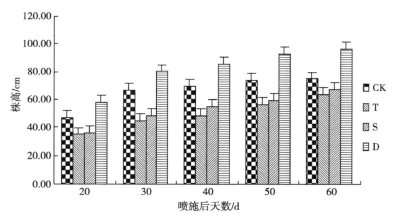

图 3-6　V3 期叶喷调节剂对 H50 株高的影响

综上所述，V3 期叶喷植物生长调节剂，DTA-6 处理对 K4 和 H50 2 个品种大豆植株高度的生长均有促进作用，而 TIBA 和 S3307 处理对株高有抑制作用，这种作用在 H50 大豆上表现得更明显。

3.2.3.2　V3 期叶面喷施调节剂对大豆各部位干物质积累的调控

干物质积累是植物各生育阶段形态表现的重要指标，光合产物的积累和转化是经济产量形成的基础，只有高额的生物产量才会有大量的花荚，从而产生高额的经济产量。大豆产量形成的物质基础是干物质积累，干物质的积累直接影响大豆花荚及产量。

（1）V3 期叶面喷施调节剂对大豆单株叶片干重的影响

图 3-7 所示为 V3 期叶喷调节剂对 K4 大豆单株叶片干重的影响情况。总体来说，在整个取样时期内，处理和对照叶片干重呈上升的趋势，S3307 和 DTA-6 对叶片干物

质积累起到了促进作用，TIBA 降低了叶片干重。喷调节剂后 20 d，TIBA、S3307 和 DTA-6 处理对叶片干重的促进作用不明显，喷调节剂后 60 d，S3307 和 DTA-6 促进作用增强，分别比对照增加 19.17% 和 12.91%，TIBA 比对照降低了 14.48%。

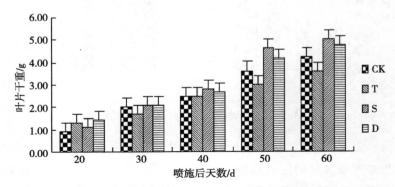

图 3-7　V3 期叶喷调节剂对 K4 大豆叶片干重的影响

图 3-8 所示为 V3 期叶喷植物生长调节剂对 H50 大豆单株叶片干重的影响情况。整体上看，S3307 和 DTA-6 对 H50 大豆叶片干物质积累有促进作用，TIBA 降低了叶片干重。喷调节剂后 30 d，TIBA 处理的叶片干重略高于对照，其他时期均低于对照。

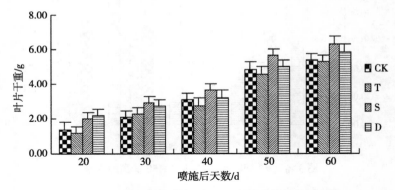

图 3-8　V3 期叶喷调节剂对 H50 大豆叶片干重的影响

综合分析可知，V3 期叶喷 S3307 和 DTA-6 对大豆叶片干物质积累有促进作用，可促进大豆叶片生长，从而起到增加大豆产量的作用，而 V3 期叶喷 TIBA 降低了叶片干重。3 种调节剂作用效果为：S3307 > DTA-6 > TIBA。

（2）V3 期叶面喷施调节剂对大豆叶柄干重的影响

图 3-9 所示为 V3 期叶喷调节剂对 K4 大豆单株叶柄干重的影响。从整体上看，各处理与对照叶柄干重变化规律相同，呈逐渐上升的趋势。除喷施调节剂后 30 d 外，S3307 和 DTA-6 处理叶柄干重均高于对照，除喷施调节剂后 20 d 外，TIBA 处理一直低于对照。在整个取样时期内，S3307 和 DTA-6 处理促进了叶柄干物质积累，而 TIBA 处理抑制了叶柄干物质积累。

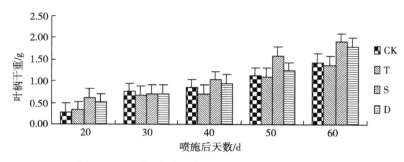

图 3-9　V3 期叶喷调节剂对 K4 叶柄干重的影响

图 3-10 所示为 V3 期叶喷植物生长调节剂对 H50 大豆单株叶柄干重的影响。整体上看，H50 大豆叶柄干重变化规律与 K4 大豆相似，呈逐渐上升的趋势。在整个取样时期，S3307 和 DTA-6 处理叶柄干重始终高于对照，而 TIBA 处理一直低于对照。

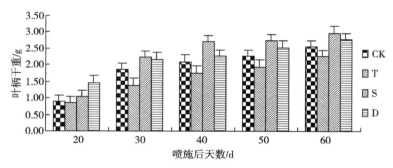

图 3-10　V3 期叶喷调节剂对 H50 叶柄干重的影响

综上所述，V3 期叶喷 3 种调节剂对大豆单株叶柄干重产生了不同程度的影响，S3307 和 DTA-6 处理促进了叶柄干物质积累，有利于叶柄的生长发育，有利于光合产物的运输。TIBA 处理抑制了叶柄干物质积累，不利于叶柄的生长。S3307 处理调控效果优于 DTA-6 处理。

（3）V3 期叶面喷施调节剂对大豆单株茎干重的影响

V3 期叶喷植物生长调节剂对 K4 大豆单株茎干重的影响如图 3-11 所示。K4 大豆茎干重呈逐渐升高的趋势。在整个取样时期内，S3307 和 DTA-6 处理茎干重均高于对照，而 TIBA 处理茎干重均低于对照，其中 S3307 处理的调控效果尤为明显。喷施调节剂后 30 d，DTA-6 处理茎干重高于其他处理和对照。喷施调节剂后 60 d，S3307 和 DTA-6 处理的茎干重分别比对照高 13.09% 和 6.47 %，TIBA 处理的茎干重比对照低 24.25%。

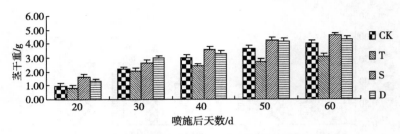

图 3-11 V3 期叶喷调节剂对 K4 茎干重的影响

图 3-12 所示为 V3 期叶喷植物生长调节剂对 H50 大豆单株茎干重的影响。在整个取样时期内，H50 大豆茎干重呈逐渐升高的趋势。S3307 和 DTA-6 处理茎干重始终高于对照，除喷施调节剂后 20 d 外，TIBA 处理始终低于对照。喷施调节剂后 30 d，S3307 和 DTA-6 处理茎干重较对照分别增加 44.41% 和 19.94%，TIBA 处理比对照减少12.40%，到喷施调节剂后期，调控强度逐渐减弱。

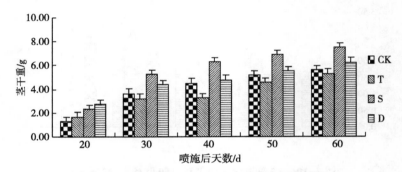

图 3-12 V3 期叶喷调节剂对 H50 茎干重的影响

综上所述，V3 期叶喷植物生长调节剂对大豆单株茎干重产生了不同程度的影响，S3307 和 DTA-6 处理均促进了茎干物质积累，有利于植株的生长发育，有利于光和产物的运输，而 TIBA 处理对茎干物质积累有所抑制。S3307 处理的作用效果最佳，DTA-6 处理次之。

（4）V3 期叶面喷施调节剂对大豆单株根干重的影响

V3 期叶喷不同类型植物生长调节剂对 K4 大豆单株根干重的影响如图 3-13 所示。整体上看，在整个取样时期内，K4 大豆根干重呈逐渐升高的趋势。不同类型植物生长调节剂对根干重的影响有所不同，DTA-6 处理的根干重始终高于其他处理和对照，TIBA 处理在喷施调节剂前期低于对照，喷施调节剂后期高于对照，S3307 处理始终高于对照。喷施调节剂后 20～30 d，各处理与对照茎干重表现为 DTA-6 > S3307 > CK > TIBA，至喷施调节剂后 40 d，各处理根干重均高于对照，喷施调节剂后 60 d，TIBA、S3307 和 DTA-6 处理根干重分别比对照增加 15.45%、21.63% 和 37.31%。由图可知，在整个取样时期内，DTA-6 处理有效地增加了根干重，其次是 S3307 处理。

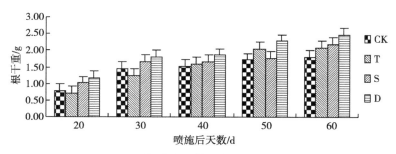

图 3-13 V3 期叶喷调节剂对 K4 根干重的影响

图 3-14 为 V3 期叶喷不同类型植物生长调节剂对 H50 大豆单株根干重的影响。由图可知，H50 大豆根干重的变化规律与 K4 大豆基本相同，呈前期快速增加、后期平稳增加的趋势。喷施调节剂后 60 d 内，S3307 和 DTA-6 处理根干重始终高于对照和 TIBA 处理。总体来看，3 种调节剂对 H50 大豆根干重起到了促进作用，作用效果表现为 DTA-6 > S3307 > TIBA。

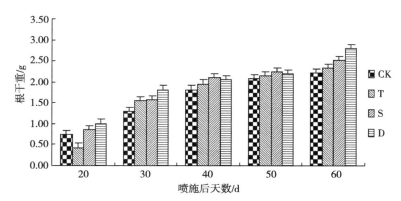

图 3-14 V3 期叶喷调节剂对 H50 根干重的影响

综上所述，V3 期叶喷不同类型植物生长调节剂对大豆根系干物质积累产生了不同的影响，TIBA、S3307 和 DTA-6 处理均促进了根干物质积累，有利于养分的吸收和运输，有利于植株的生长发育。其中 DTA-6 处理的作用效果最佳，S3307 处理次之。

（5）V3 期叶面喷施调节剂对大豆单株荚干重的影响

图 3-15 所示为 V3 期叶喷植物生长调节剂对 K4 大豆单株荚干重的影响。不同类型调节剂作用下 K4 大豆荚干重呈不断上升的趋势，喷施调节剂后 30 ～ 40 d，荚干重增加的速率较慢，喷施后 40 ～ 60 d，荚干重的增加速率较快。随着喷施调节剂时间的延长，DTA-6 处理荚干重始终高于对照和其他处理，促进作用明显，而 TIBA 处理对荚干重的抑制作用也显现出来，喷施后 50 ～ 60 d，比对照荚干重略低，喷施后 60 d，S3307 和 DTA-6 处理荚干重分别比对照提高了 12.83% 和 31.19%，而 TIBA 处理比对照降低了 3.26%。

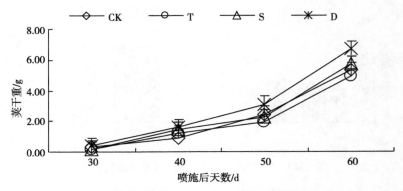

图 3-15　V3 期叶喷调节剂对 K4 荚干重的影响

　　图 3-16 所示为 V3 期叶喷植物生长调节剂对 H50 大豆单株荚干重的影响。H50 大豆荚干重的变化规律与 K4 大豆基本类似。在各取样时期，S3307 和 DTA-6 处理对荚干重的促进作用较明显，而 TIBA 处理在前期对荚干重有一定的抑制作用，至喷施调节剂后 60 d 其荚干重高于对照。喷施后 60 d，S3307、DTA-6、和 TIBA 处理的荚干重分别比对照提高 33.58%、35.40% 和 13.88%。

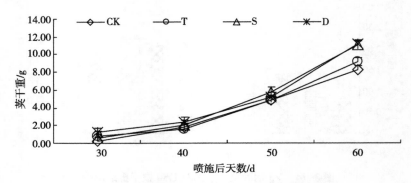

图 3-16　V3 期叶喷调节剂对 H50 荚干重的影响

　　综上所述，V3 期叶喷不同类型植物生长调节剂对 K4 和 H50 大豆荚干物质积累产生了不同的影响，延缓型调节剂 S3307 和促进型调节剂 DTA-6 处理在荚建成过程中很早就表现出促进荚干物质积累的效应，而抑制型调节剂 TIBA 在荚建成过程中的前期表现出抑制效果，至荚建成后期表现出促进效果，这一研究结果充分体现了抑制型调节剂作用的反跳作用。

3.2.4　V3 期叶面喷施调节剂对大豆叶片碳代谢的调控

3.2.4.1　V3 期叶面喷施调节剂对大豆叶片光合性状的调控

（1）V3 期叶面喷施调节剂对大豆叶片叶绿素含量的调控

　　叶绿素是光合作用中最重要的色素，与光合性能和籽粒产量密切相关。叶绿素在光合作用中起着吸收、传递光能的作用，其含量直接影响植株光合作用的强弱，并且叶绿素是叶片叶绿体含量多少的有效指标，其含量逐渐丧失是叶片衰老最明显的外观标志。

图 3–17 所示为 V3 期叶喷植物生长调节剂对大豆叶绿素含量的影响情况。整体上看，叶绿素含量呈单峰曲线变化，在喷施调节剂后 50 d 达到最高峰，之后开始下降。在整个取样时期内，TIBA 和 S3307 处理叶绿素含量一直高于对照，喷施调节剂后 30 d，DTA-6 处理略低于对照，其他时期均高于对照。喷施调节剂后 50 d，各处理与对照叶绿素含量大小为 S3307 > DTA-6 > TIBA > CK；喷施调节剂后 60 d，对照叶绿素含量下降最快，TIBA、S3307 和 DTA-6 处理叶绿素含量分别比对照增加 52.19%、86.03% 和 65.82%。由此说明 V3 期叶面喷施植物生长调节剂可提高大豆鼓粒期叶绿素含量，此时期叶绿素含量的提高有利于促进光合作用，为产量和品质的提高奠定了基础。其中作用效果较为显著的是 S3307 和 DTA-6 处理。

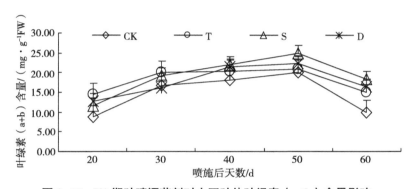

图 3–17　V3 期叶喷调节剂对大豆叶片叶绿素（a+b）含量影响

（2）V3 期叶面喷施调节剂对大豆叶片光合速率和蒸腾速率的影响

光合速率是反映叶片内外 CO_2 浓度梯度和扩散阻力的参数。光合速率越高，叶片外空气到羧化部位之间的扩散阻力越小，越有利于植物光合作用的进行。

由表 3–7 可知，V3 期叶喷不同调节剂叶片光合速率变化略有不同，TIBA、S3307 和 DTA-6 处理均呈现先升高后降低的趋势，S3307、DTA-6 处理及 CK 光合速率的高峰出现在喷施调节剂后 30 d，而 TIBA 处理则出现在喷施调节剂后 40 d。比较分析可以看出，叶喷前期 DTA-6 处理作用效果较好，叶喷后期 S3307 光合速率增加较快。其中在叶喷后 30 d，TIBA、S3307 和 DTA-6 处理的光合速率分别较 CK 增加 3.89%、16.52%、30.96%；叶喷后 50 d，TIBA、S3307 和 DTA-6 处理的光合速率分别较 CK 增加 8.90%、27.59%、11.37%。植物生长调节剂作用下大豆蒸腾速率呈升高－降低－升高的趋势。整体来看，S3307 处理蒸腾速率在取样时期均高于 CK，DTA-6 和 TIBA 处理在叶喷后 30 ～ 60 d 普遍提高了蒸腾速率。综合分析可知，V3 期叶喷 3 种植物生长调节剂有利于大豆叶片蒸腾速率的提高。

表 3-7　V3 期叶喷调节剂对大豆叶片光合速率和蒸腾速率的影响

项目	处理	处理后天数				
		20 d	30 d	40 d	50 d	60 d
光合速率 / [μmol (CO₂) · m⁻² · s⁻¹]	CK	15.80b	21.06c	20.82a	17.76b	15.64b
	TIBA	17.54ab	21.88bc	22.62a	19.34ab	15.38b
	S3307	17.84ab	24.54ab	21.54a	22.66a	19.86a
	DTA-6	20.10a	27.58a	22.40a	19.78ab	18.56a
蒸腾速率 / [mmol（H₂O）· m⁻² · s⁻¹]	CK	0.60a	3.20b	2.26b	1.12a	2.80b
	TIBA	0.40a	3.78ab	2.96b	1.20a	3.47ab
	S3307	0.64a	5.56a	4.52a	1.36a	3.43ab
	DTA-6	0.44a	3.94ab	2.20b	1.34a	4.83a

（3）V3 期叶面喷施调节剂对大豆 LAI 的影响

叶面积指数（Leaf area index，LAI）是指群体的总绿色叶面积与该群体所占地土地面积的比值。大豆整个生育期内群体叶面积指数呈单峰曲线变化，峰值基本在 R5 期前后。在始花期前叶面积指数稳步增大，在结荚期前后达到最大值，在鼓粒期直至成熟期前仍保持较大的叶面积指数，符合这些变化规律的生长特性是大豆高产的重要保证。植株 90% 以上干物质积累是通过叶片光合作用形成的，因此，叶面积指数是光能截获的重要的指标之一，适当增加叶面积指数是提高大豆产量的主要途径之一。

由图 3-18 可以看出，V3 期叶喷植物生长调节剂后叶面积指数大致呈单峰曲线变化。整体来看，各处理的叶面积指数提高速率比对照快。在喷施调节剂后 50 d，CK 和各处理叶面积指数达最大值，之后呈下降趋势。在喷施调节剂后 40～60 d，S3307 和 DTA-6 处理 LAI 一直高于对照，而 TIBA 处理 LAI 在整个取样时期内均低于对照。喷施调节剂后 20 d，各处理与对照 LAI 大小为 S3307 ＞ CK ＞ DTA-6 ＞ TIBA；喷施调节剂后 60 d，S3307 和 DTA-6 处理 LAI 分别比对照增加 2.65%、2.70%，而 TIBA 处理的 LAI 比对照低 13.98%。由此说明 V3 期叶面喷施 S3307 和 DTA-6 可提高大豆 LAI，保持较大的 LAI，为产量提高提供了重要的保证，而 TIBA 处理降低了大豆 LAI，不利于高产株型的构建。

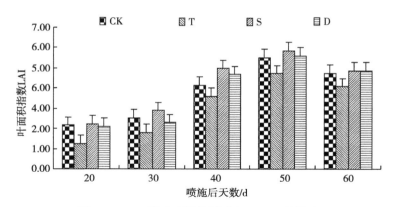

图 3-18 V3 期叶喷调节剂对大豆 LAI 的影响

（4）V3 期叶面喷施调节剂对大豆 LAR 的影响

叶面积比率（LAR）是叶面积与干物重之间的比值，反映单位植株干重相对应的叶面积扩展程度。大豆生长发育前期，叶面积比率较大，至生长发育中期和后期，随着营养生长向生殖生长的过渡，叶片的生长减缓、停滞并开始衰老，LAR 越来越小。

图 3-19 为 V3 期叶喷植物生长调节剂对大豆 LAR 的影响情况。整体上看，LAR 呈逐渐下降的趋势。在整个取样时期内，S3307 和 DTA-6 处理 LAR 一直高于对照，喷施调节剂后 50 d，TIBA 处理稍微高于对照，其他时期均低于对照。喷施调节剂后 20 d，各处理与对照 LAR 大小为 S3307 > DTA-6 > CK > TIBA；喷施调节剂后 60 d，TIBA 处理 LAR 下降最快，S3307 和 DTA-6 处理 LAR 分别比对照增加 26.91%、28.11%，TIBA 则比对照低 3.26%。由此说明 V3 期叶面喷施 S3307 和 DTA-6 可提高大豆 LAR，而 TIBA 处理降低了大豆 LAR，此期保持较大的 LAR 有利于促进大豆光合作用，为提高产量和品质奠定基础。其中作用效果显著的是 S3307 和 DTA-6 处理。

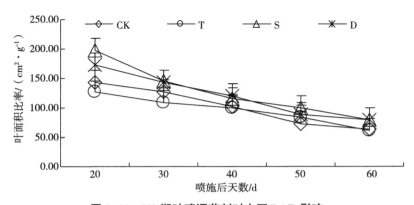

图 3-19 V3 期叶喷调节剂对大豆 LAR 影响

3.2.4.2　V3 期叶面喷施调节剂对大豆叶片 C/N 的影响

碳氮代谢是作物体内最基本的代谢过程，作物不同的生育阶段碳氮代谢有不同的表现，并与光合生产能力、产量和品质密切相关。植株体内碳氮代谢是作物正常生长发育和高产的基础，植株内总糖、全氮含量之比即 C/N 经常作为植株体内碳氮代谢状况的诊断指标。

如图 3–20 所示，V3 期叶喷植物生长调节剂后，大豆叶片 C/N 呈缓慢下降又逐渐升高的趋势，说明在初花期至盛荚期植株生长速率比较快，对光合同化物的需求量也比较大。整体上看，喷施调节剂后 40 d 内，各处理 C/N 曲线一直处于 CK 上方，但在喷施调节剂后 50 d 和 60 d，只有 S3307 处理高于 CK，而 TIBA 和 DTA-6 处理则小于CK。可以看出，V3 期叶喷植物生长调节剂对大豆叶片 C/N 起到了调控作用，有利于减少大豆花荚的脱落。TIBA、S3307 分别作为生长抑制剂和生长延缓剂能够调控大豆植株的生长，提高叶片 C/N；DTA-6 处理为生长促进剂，对大豆叶片的同化物积累起到了积极作用。整体来看，3 种植物生长调节剂，以 S3307 处理调控效果最佳，DTA-6次之。

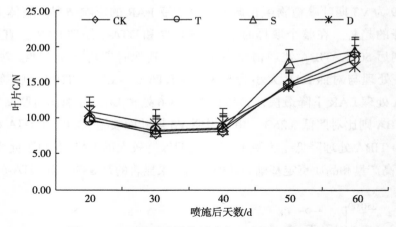

图 3–20　V3 期叶喷调节剂对大豆叶片 C/N 的影响

（1）V3 期叶面喷施调节剂对大豆叶片蔗糖含量的调控

蔗糖既是光合作用早期形成的碳水化合物，也是叶片中光合产物向各器官运输的主要形式，在植物体内同化物的运输中起着举足轻重的作用。

图 3–21 所示为 V3 期叶喷植物生长调节剂对大豆叶片蔗糖含量的影响。可以看出，各处理与 CK 蔗糖含量呈上升 – 下降 – 上升的趋势，喷施调节剂后 20 ～ 50 d，各处理蔗糖含量曲线均处于 CK 上方。喷施调节剂后 20 d，TIBA、S3307 和 DTA–6 处理蔗糖含量分别比 CK 增加 23.81%、23.41% 和 45.33%；喷施调节剂后 30 d，各处理与CK 蔗糖含量大小表现为 S3307 > DTA–6 > TIBA > CK；各处理蔗糖含量峰值均出现

在喷施调节剂后 60 d，其中 S3307 和 DTA-6 处理蔗糖含量分别比 CK 增加 29.92% 和 13.83%。可见，V3 期叶喷植物生长调节剂增加了初花期至盛荚期大豆叶片中的蔗糖含量，蔗糖是光合作用的初级产物，叶喷植物生长调节剂有利于大豆花荚的建成。

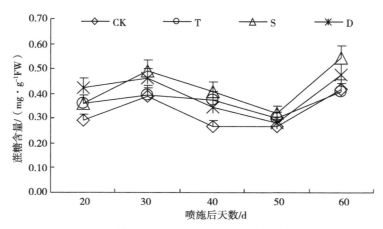

图 3–21 V3 期叶喷调节剂对大豆叶片蔗糖含量的影响

（2）V3 期叶面喷施调节剂对大豆叶片可溶性糖含量的调控

可溶性糖是植物体内能量的贮存者，也是合成有机物质的起始物质，其含量越多表明贮藏能量越多。可溶性糖是光合作用形成的产物之一，其在功能叶片中的含量多少可以在一定程度上反映光合产物的积累和转运情况。可溶性糖含量高说明光合积累的产物多，从而利于植株干物质增加、产量形成及品质改善。功能叶片中可溶性糖含量高意味着"源"充足，有利于籽粒的充实。作物体内可溶性糖含量的变化是植物体内碳水化合物代谢的重要标志，它既可反映碳水化合物的合成情况，也可说明碳水化合物在植物体内的运输情况，可溶性糖含量大小还可以表示植物的抗性等。

图 3-22 所示为 V3 期叶喷植物生长调节剂对大豆叶片可溶性糖含量的影响。可以看出，各处理与 CK 蔗糖含量呈上升－下降－上升的趋势。各处理可溶性糖含量曲线均处于 CK 上方。喷施调节剂后 20 d，TIBA、S3307 和 DTA-6 处理可溶性糖含量分别比 CK 增加 41.52%、47.96% 和 30.25%；喷施调节剂后 30 d、40 d 和 50 d，各处理与 CK 可溶性糖含量大小表现为 S3307 > DTA-6 > TIBA > CK；各处理可溶性糖含量峰值出现在喷施调节剂后 60 d，此时 TIBA、S3307 和 DTA-6 处理可溶性糖含量分别比 CK 增加 15.47%、26.71% 和 44.87%。可见，V3 期叶喷植物生长调节剂增加了大豆叶片可溶性糖含量，增强了叶片代谢能力。

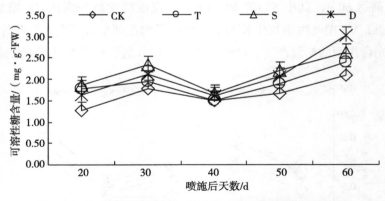

图 3-22   V3 期叶喷调节剂对大豆叶片可溶性糖含量的影响

（3）V3 期叶面喷施调节剂对大豆叶片淀粉含量的调控

淀粉是大豆叶片光合作用的主要代谢终产物之一，其含量高低反映了源器官同化物的供应能力。大豆叶片同化的光合产物的积累主要是以淀粉为主，可溶性糖合成较少。较高的淀粉贮备量是大豆高产的物质基础。一般认为淀粉迅速积累时期出现在鼓粒中前期，随着籽粒的不断成熟，淀粉迅速积累，并达到峰值；随着鼓粒期籽粒中的干物质积累，淀粉将逐渐降解为糖运至籽粒中。因此大豆叶片淀粉含量的变化直接关系到叶片碳代谢的情况，也将影响大豆籽粒产量的形成。

由图 3-23 可知，V3 期叶面喷施植物生长调节剂后，S3307 和 DTA-6 处理大豆叶片淀粉含量大体呈"M"形曲线变化，而 TIBA 和 CK 则呈单峰曲线变化，各处理淀粉含量均在喷施调节剂后 50 d 达到最大值。整体上看，喷施调节剂后 50 d 内，各处理淀粉含量曲线一直处于 CK 上方。喷施调节剂后 20 d，TIBA、S3307 和 DTA-6 处理淀粉含量分别比 CK 增加了 20.38%、36.59% 和 44.34%；喷施调节剂后 40 d，各处理及对照淀粉含量大小表现为 S3307 ＞ DTA-6 ＞ TIBA ＞ CK；至喷施调节剂后 50 d，TIBA 和 S3307 处理淀粉含量分别比 CK 增加 3.08% 和 19.10%，DTA-6 处理则比 CK 降低了 3.15%；喷施调节剂后 60 d，各处理及对照淀粉含量大小表现为 S3307 ＞ CK ＞ DTA-6 ＞ TIBA。可见，V3 期叶面喷施 3 种植物生长调节剂，均提高了鼓粒中前期大豆叶片淀粉含量，其中 S3307 处理在整个取样时期内一直促进淀粉含量的积累，对籽粒建成表现出最佳的作用效果。

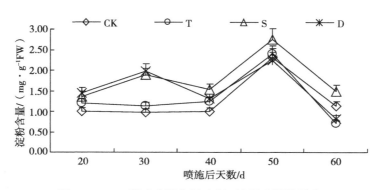

图 3-23 V3 期叶喷调节剂对大豆淀粉含量的影响

（4）V3 期叶面喷施调节剂对大豆叶片总糖含量的调控

图 3-24 所示为 V3 期叶喷植物生长调节剂对大豆叶片总糖含量的影响情况。整体上看，总糖含量呈先下降又缓慢上升的趋势，喷施调节剂后 60 d 达到最高峰。在整个取样时期内，TIBA、S3307 和 DTA-6 处理总糖含量一直高于 CK。喷施调节剂后 20 d，TIBA、S3307 和 DTA-6 处理总糖含量分别比 CK 增加 1.49%、12.71% 和 17.62%；喷施调节剂后 30 ～ 40 d，各处理与 CK 总糖含量大小为 DTA-6 > S3307 > TIBA > CK；喷施调节剂后 50 d，S3307 处理总糖含量上升最快，TIBA、S3307 和 DTA-6 处理总糖含量分别比 CK 增加 3.89%、34.65% 和 16.63%。由此说明 V3 期叶喷植物生长调节剂可提高大豆总糖含量，总糖含量的提高有利于大豆植株 C/N 的提高，有利于减少植株花荚的脱落，为产量和品质的提高奠定了基础。其中 DTA-6 在花荚建成前期作用效果较好，S3307 在花荚建成后期调控效果较好。

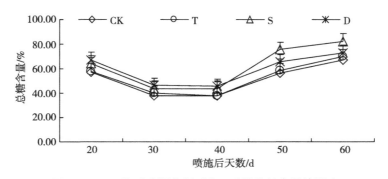

图 3-24 V3 期叶喷调节剂对大豆叶片总糖含量的影响

（5）V3 期叶面喷施调节剂对大豆叶片转化酶活性的调控

转化酶又称蔗糖酶，是催化蔗糖水解成为葡萄糖和果糖的酶，通过这种代谢调节进而保证植物体内碳素和能量的供应。通常认为，转化酶活性强的叶片截取太阳光多且光合作用能力强。朱保葛等（2000）研究发现，大豆鼓粒期籽粒产量与叶片转化酶活性之间呈负相关。

图 3-25 所示为 V3 期叶喷植物生长调节剂对大豆叶片转化酶活性的影响情况。整体上看，转化酶活性呈倒"V"形曲线变化。喷施调节剂后 20 d，TIBA、S3307 和 DTA-6 处理转化酶活性分别比 CK 高 61.81%、11.86% 和 43.64%。喷施调节剂后 30 ～ 60 d，TIBA、S3307 和 DTA-6 处理的转化酶活性一直低于 CK。喷施调节剂后 30 d，TIBA 处理的转化酶活性达到最高峰。喷施调节剂后 40 d，CK、S3307 和 DTA-6 处理的转化酶活性达到最高峰。喷施调节剂后 30 ～ 40 d，各处理与 CK 转化酶活性大小依序为 CK > DTA-6 > TIBA > S3307。喷施调节剂后 50 d，S3307 处理转化酶活性下降最快，TIBA、S3307 和 DTA-6 处理转化酶活性分别比 CK 低 2.76%、28.61% 和 20.15%。可以看出，V3 期叶面喷施植物生长调节剂可降低大豆生殖生长阶段叶片转化酶的活性，转化酶活性的降低有利于大豆植株光合产物向花荚的运输，有利于减少植株花荚的脱落，为产量和品质的提高奠定了基础。其中作用效果最佳的是 S3307，其次为 DTA-6。

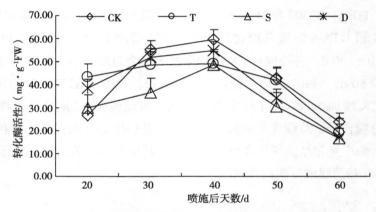

图 3-25　V3 期叶喷调节剂对大豆叶片转化酶活性的影响

3.2.5　V3 期叶面喷施调节剂对大豆叶片氮代谢的调控

3.2.5.1　V3 期叶面喷施调节剂对大豆叶片硝酸还原酶活性的调控

硝酸还原酶是作物体内硝酸盐同化过程中的第一个酶，也是同化过程的限速酶，硝酸还原酶活力可以作为品种选育和营养诊断的生理生化指标。

如图 3-26 所示，V3 期叶面喷施植物生长调节剂后，各处理大豆叶片 NR 活性随着生育期的推进呈逐渐降低趋势。在整个取样时期，各处理叶片 NR 活性均高于 CK。方差分析表明，喷施调节剂后 30 ～ 40 d，TIBA 处理的叶片 NR 活性与 CK 差异不显著；喷施调节剂后 50 ～ 60 d，TIBA 处理的叶片 NR 活性显著高于 CK；S3307 处理叶片 NR 活性在整个取样时期内都显著高于 CK；喷施调节剂后 20 ～ 50 d，DTA-6 处理 NR 活性显著高于 CK；喷施调节剂后 60 d，DTA-6 处理 NR 活性与 CK 差异不显著。可见 V3 期叶面喷施植物生长调节剂可不同程度提高大豆叶片 NR 活性，进而提高叶片的氮代谢能力，其中以 S3307 处理作用效果最好，DTA-6 处理次之。

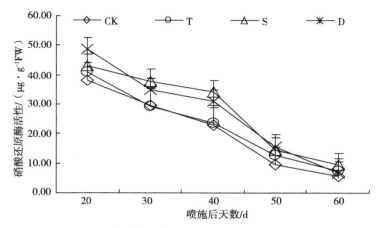

图 3-26 V3 期叶喷调节剂对大豆硝酸还原酶活性的影响

3.2.5.2 V3 期叶面喷施调节剂对大豆叶片全氮含量的影响

叶片全氮含量的高低在一定程度上可以反映出大豆固氮能力的强弱，苗以农等（1988）分析大豆叶片全氮含量一般为 4% ～ 6%。

由图 3-27 可知，V3 期叶面喷施植物生长调节剂后，各处理大豆叶片全氮含量大体呈下降趋势。整体上看，喷施调节剂后 60 d 内，各处理全氮含量曲线在大部分时间均处于 CK 上方。喷施调节剂后 20 d，TIBA、S3307 和 DTA-6 处理全氮含量分别比 CK 增加 2.70%、7.59% 和 4.89%；喷施调节剂后 40 d，各处理及对照全氮含量大小表现为 S3307 ＞ DTA-6 ＞ CK ＞ TIBA；至喷施调节剂后 60 d，TIBA、S3307 和 DTA-6 处理全氮含量分别比 CK 增加 9.01%、20.56% 和 19.72%。可见，V3 期叶面喷施植物生长调节剂，能够提高大豆叶片全氮含量，S3307 处理在 V3 期叶喷表现出最佳效果，DTA-6 次之。

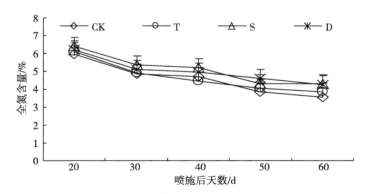

图 3-27 V3 期叶喷调节剂对大豆叶片全氮含量的影响

3.2.5.3　V3 期叶面喷施调节剂对大豆叶片可溶性蛋白含量的调控

可溶性蛋白是植物所有蛋白质组分中最活跃的一部分，包括各种酶原、酶分子和代谢调节物含量变化，是反映叶片功能及衰老的重要指标之一。

图 3-28 所示为 V3 期叶面喷施植物生长调节剂对大豆叶片可溶性蛋白含量的影响。V3 期叶面喷施植物生长调节剂后，大豆叶片可溶性蛋白含量呈先升高后降低的趋势，除喷施调节剂后 40 d 的 TIBA 处理外，各处理在各个取样时期的可溶性蛋白含量均高于 CK。方差分析表明，喷施调节剂后 20 d 和 50 d，各处理可溶性蛋白含量与 CK 差异极显著；喷施调节剂后 30 d，S3307 和 DTA-6 处理可溶性蛋白含量显著高于 CK；喷施调节剂后 40 d，S3307 处理可溶性蛋白含量高于 CK 且达到差异达极显著水平；喷施调节剂后 60 d，S3307 和 DTA-6 处理的叶片可溶性蛋白含量显著高于 CK。可见，V3 期叶面喷施植物生长调节剂能够不同程度提高大豆叶片可溶性蛋白含量。

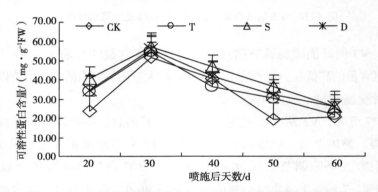

图 3-28　V3 期叶喷调节剂对大豆叶片可溶性蛋白含量的影响

3.2.5.4　V3 期叶面喷施调节剂对大豆叶片硝态氮含量的调控

硝态氮是植物吸收的 2 种主要形态的氮素之一，在植物的生长发育过程中起着重要的作用，它是大豆植株营养生长阶段和营养与生殖生长并行阶段的重要氮素营养源。

由图 3-29 可知，V3 期叶面喷施调节剂后，大豆叶片硝态氮含量呈先升高后降低的趋势。整体上看，除喷施调节剂后 30 d TIBA 处理外，其余取样时期各处理的叶片硝态氮含量曲线基本上处于 CK 上方。喷施调节剂后 20 d，TIBA、S3307 和 DTA-6 处理硝态氮含量分别比 CK 增加 50.92%、22.85% 和 53.95%；喷施调节剂后 40 d，叶片硝态氮含量依序为 S3307 ＞ DTA-6 ＞ TIBA ＞ CK；至喷施调节剂后 60 d，TIBA、S3307 和 DTA-6 处理叶片硝态氮含量分别比 CK 增加 2.73%、60.03% 和 30.74%。可见，V3 期叶面喷施植物生长调节剂，能够提高叶片硝态氮的含量，其中 S3307 的作用效果最佳，DTA-6 次之。

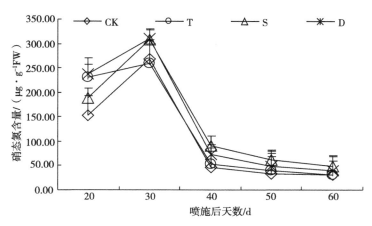

图 3-29　V3 期叶喷调节剂对大豆硝态氮含量的影响

3.2.5.5　V3 期叶面喷施调节剂对大豆叶片游离氨基酸含量的调控

蛋白质组成的基本单位之一是氨基酸。氨基酸与植物体内的氮代谢、植物衰老过程及其抵御不良环境的能力等有着密切关系。游离氨基酸有很高的生理活性，除参与蛋白质合成外，其中某些氨基酸还能够直接或间接地调节植物体的代谢活动和植株的生长发育。Di（1989）研究发现，植物体内游离氨基酸含量的多少在一定程度上能够反应出植物体内的氮素水平和植物体内的养分代谢状况。

由图 3-30 可知，V3 期叶面喷施植物生长调节剂后，大豆叶片游离氨基酸含量呈降低 - 升高 - 降低的趋势。其中喷施调节剂后 20 d，TIBA、S3307 和 DTA-6 处理的叶片游离氨基酸含量分别比 CK 增加 19.41%、56.55% 和 35.55%；喷施调节剂后 30 d，各处理及 CK 游离氨基酸含量大小表现为 S3307 > DTA-6 > TIBA > CK；喷施调节剂后 60 d，TIBA、S3307 和 DTA-6 处理分别比 CK 增加 25.57%、40.02% 和 45.86%。方差分析可知，TIBA 处理在喷施调节剂后 50 d 叶片游离氨基酸含量显著高于 CK；S3307 和 DTA-6 处理在喷施调节剂后 20 d、30 d、50 d 和 60 d 显著高于 CK。可见，V3 期叶面喷施植物生长调节剂可有效提高大豆叶片游离氨基酸含量，其中 S3307 处理作用效果最佳，DTA-6 次之。

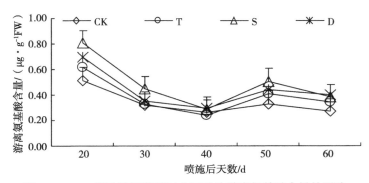

图 3-30　V3 期叶喷调节剂对大豆叶片游离氨基酸含量的影响

3.2.6 V3 期叶面喷施调节剂对大豆产量和品质的调控

3.2.6.1 V3 期叶面喷施调节剂对大豆产量的影响

由表 3–8 可以看出，V3 期叶面喷施 S3307 和 DTA-6 能够提高 K4 大豆产量，S3307 和 DTA-6 处理分别比 CK 增加 21.76% 和 6.16%。V3 期叶面喷施 TIBA 降低了 K4 大豆产量，TIBA 处理比 CK 降低 3.02%。方差分析表明，S3307 和 DTA-6 处理增加产量且与 CK 相比达到差异显著水平。V3 期叶面喷施植物生长调节剂对 H50 大豆产量的影响与 K4 大豆类似，S3307 和 DTA-6 分别增产 18.83% 和 3.75%，S3307 和 DTA-6 处理产量显著高于 CK，而 TIBA 低于 CK 但差异不显著。可见，V3 期叶面喷施 S3307 和 DTA-6 具有提高大豆产量的作用，其中 S3307 处理作用效果最佳，DTA-6 次之。TIBA 对产量有抑制作用。

表 3–8 V3 期叶喷调节剂对大豆产量的影响

品种	处理	产量 /（kg · hm⁻²）			平均	增产率 /%
		Ⅰ	Ⅱ	Ⅲ		
K4	CK	1806.40	1812.40	1952.69	1857.16cA	—
	TIBA	1815.23	1783.75	1804.36	1801.11cA	−3.02
	S3307	2207.44	2331.83	2244.34	2261.20aA	21.76
	DTA-6	1973.00	1974.77	1967.13	1971.63bA	6.16
H50	CK	2070.28	1991.92	1930.31	1997.50cA	—
	TIBA	1933.71	1907.91	1997.65	1946.42cA	−2.56
	S3307	2333.68	2372.17	2415.14	2373.66aA	18.83
	DTA-6	2040.95	2107.25	2069.00	2072.40bA	3.75

3.2.6.2 V3 期叶面喷施调节剂对大豆籽粒蛋白和脂肪的影响

表 3–9 所示为 V3 期叶面喷施植物生长调节剂对 2 个品种大豆籽粒蛋白和脂肪的影响。S3307 和 DTA-6 处理提高了 K4 大豆籽粒蛋白和脂肪含量，TIBA 处理提高了 K4 大豆籽粒蛋白质含量，降低了脂肪含量。整体上看，各处理与对照间差异不显著，TIBA、S3307 和 DTA-6 处理显著提高了大豆籽粒的蛋白和脂肪总量。H50 与 K4 大豆相似，S3307 和 DTA-6 处理提高了大豆籽粒蛋白和脂肪含量，TIBA 处理蛋白和脂肪含量稍低于对照，但差异均未达到显著水平；S3307 和 DTA-6 处理提高了大豆籽粒蛋白和脂肪总量，差异未达显著水平。可见，V3 期叶面喷施 S3307 和 DTA-6 能够有效改善 2 个品种大豆籽粒的品质，而 TIBA 仅在 K4 品种籽粒蛋白含量方面具有较好的调控效果。

表 3–9　V3 期叶喷调节剂对大豆蛋白和脂肪含量的影响

处理	K4			H50		
	蛋白 /%	脂肪 /%	蛋脂总量 /%	蛋白 /%	脂肪 /%	蛋脂总量 /%
CK	40.65aA	20.20aA	60.85bA	36.26aA	22.87aA	59.13abA
TIBA	42.33aA	20.10aA	62.44aA	36.03aA	22.70aA	58.73bA
S3307	41.62aA	21.13aA	62.75aA	36.33aA	23.23aA	59.57aA
DTA-6	42.97aA	20.50aA	63.17aA	36.36aA	23.13aA	59.49aA

3.2.6.3　V3 期叶面喷施调节剂对大豆收获指数的影响

大豆收获指数是指大豆籽粒产量与成熟株重的比率，是大豆品种固有的属性之一。收获指数是反映大豆营养生长与生殖生长是否协调、光合产物的积累与分配是否合理的标志，它与株型性状有密切关系，对大豆产量有重要作用。

表 3–10 所示为 V3 期叶面喷施 3 种调节剂对 2 个品种大豆收获指数的影响。由表可知，S3307 和 DTA-6 处理提高了 K4 大豆收获指数，其中 S3307 处理与 CK 间的差异显著，DTA-6 处理与 CK 间的差异不显著。H50 大豆品种中仅 S3307 处理提高了大豆收获指数，但 S3307 处理与 CK 相比未达到差异显著水平；DTA-6 处理没有增加大豆收获指数，且与 CK 相比也未达到差异显著水平。可见，V3 期叶面喷施 TIBA、S3307 和 DTA-6 对 2 个品种大豆的收获指数调控效果存在差异。综合分析发现，S3307 处理的作用效果最佳，DTA-6 次之。

表 3–10　V3 期叶喷调节剂对大豆收获指数的影响

品种	处理	收获指数			平均
		Ⅰ	Ⅱ	Ⅲ	
K4	CK	0.42	0.40	0.38	0.40b
	TIBA	0.39	0.40	0.38	0.39b
	S3307	0.45	0.44	0.43	0.44a
	DTA-6	0.43	0.41	0.41	0.42ab
H50	CK	0.46	0.48	0.46	0.47a
	TIBA	0.43	0.44	0.46	0.44b
	S3307	0.48	0.48	0.49	0.48a
	DTA-6	0.47	0.47	0.47	0.47a

3.3 R1 期叶面喷施植物生长调节剂对大豆花荚建成的调控

3.3.1 R1 期叶面喷施调节剂对大豆花荚形态建成的调控

3.3.1.1 R1 期叶面喷施调节剂对大豆花生长的影响

图 3–31 所示为 R1 期叶喷植物生长调节剂对大豆花数的影响情况。由图可知，各处理与对照大豆植株花数变化呈逐渐上升又下降的趋势。在整个取样时期内，S3307 和 DTA-6 花数均高于 CK；TIBA 处理与 CK 相差不大，在花后 22 d 略低于 CK。花后 7～21 d，3 种调节剂对大豆植株花数的作用效果为 DTA-6 > S3307 > TIBA > CK；花后 22 d，各处理与 CK 植株花数大小表现为 DTA-6 > S3307 > CK > TIBA；花后 29 d，各处理与 CK 植株花数均达到最高值；至花后 30 d，各处理与 CK 植株花数开始下降，CK 下降速度最快，TIBA 处理次之，TIBA、S3307、DTA-6 3 种调节剂处理的花数分别比对照高 5.04%、10.99% 和 14.20%；花后 23～30 d，TIBA、S3307 和 DTA-6 处理植株花数始终高于 CK，且 DTA-6 处理始终高于 TIBA 和 S3307 处理，这说明 R1 期叶喷植物生长调节剂提高了大豆花数，DTA-6 处理作用效果最佳，S3307 处理次之。

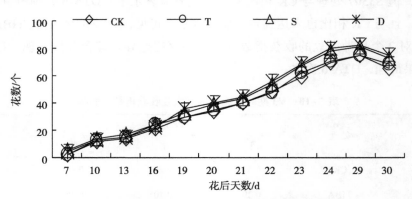

图 3–31 R1 期叶喷植物生长调节剂对大豆植株花数的影响

3.3.1.2 R1 期叶面喷施调节剂对大豆荚生长的影响

由图 3–32 可知，R1 期叶喷植物生长调节剂后，各处理及 CK 大豆单株荚数呈逐渐上升又快速下降的趋势，在花后 36 d 开始下降。花后 20～28 d，各处理与 CK 的单株荚数缓慢增加；花后 28～36 d，开始迅速增加。花后 20～30 d，S3307 处理单株荚数始终高于 CK 和其他处理，表现为 S3307 > DTA-6 > TIBA > CK；花后 32～42 d，DTA-6 处理的作用效果开始显现出来，其中 DTA-6 处理的单株荚数在花后 34 d、36 d、38 d 和 40 d 分别比 CK 增加了 13.06%、8.57%、9.23% 和 18.49%，各处理的作用效果也发生变化，主要表现为 DTA-6 > S3307 > TIBA > CK；花后 36～42 d，各处理及 CK 单株花数呈现快速下降的趋势，其中下降最快的为 TIBA 处理，其次为 S3307

处理；花后 42 d，TIBA、S3307 和 DTA-6 处理的单株荚数分别比 CK 增加 4.92%、11.25% 和 20.07%。综上所述，R1 期叶喷植物生长调节剂对大豆植株荚数有一定促进作用，其中前期作用效果最佳的为 S3307 处理，后期最好的为 DTA-6 处理。

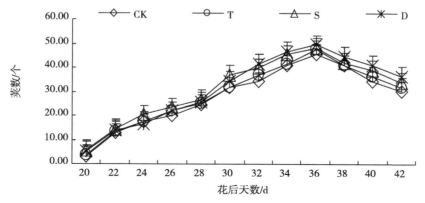

图 3-32　R1 期叶喷植物生长调节剂对大豆植株荚数的影响

3.3.1.3　R1 期叶面喷施调节剂对大豆花荚脱落的影响

　　表 3-11 所示为 R1 期叶喷植物生长调节剂对大豆花荚脱落的影响。结果显示，各处理对花荚数均起到了增加的作用，其作用强度表现为 DTA-6 ＞ S3307 ＞ TIBA ＞ CK，其中 DTA-6 处理对大豆总花数和总荚数的增加均有显著效果，其成熟荚数也高于 S3307 处理，TIBA 在此时期对花荚数作用不显著，但显著增加了植株成熟荚数。由花荚的脱落可以看出，在 3 种调节剂中，花脱落数最大的为 S3307 处理，其次为 DTA-6 处理，S3307 处理也表现出较高的花脱落率，但其花脱落率仍小于 CK；脱落荚数最多的为 TIBA 处理，落荚率以 CK 为最高。总体上看，从利于大豆花荚发育的角度比较可知，各处理与 CK 对大豆植株花荚总脱落率的作用效果表现为 DTA-6 ＞ S3307 ＞ TIBA ＞ CK。总之，DTA-6 是通过显著增加总花数和总荚数、显著降低花荚脱落率，最终显著增加成熟荚数；S3307 是通过显著增加总花数、显著降低花荚脱落率，最终显著增加成熟荚数；TIBA 是通过显著降低花脱落率，最终显著增加成熟荚数。可见，3 种调节剂通过不同方式调控了大豆花荚发育。

表 3-11　R1 期喷施植物生长调节剂对大豆花荚脱落的影响

处理	总花数 / 个	总荚数 / 个	成熟荚数 / 个	脱落数 / 个		脱落率 /%		总脱落率 /%
				花	荚	花	荚	
CK	74.30±2.31b	45.67±0.93b	18.86±0.85 c	31.28	26.81	42.10±0.38a	58.71±0.61a	74.62
TIBA	75.00±3.42b	47.46±1.32ab	20.74±1.08b	29.33	26.72	39.11±0.53c	56.29±1.62a	72.34
S3307	81.40±1.25a	48.39±1.078ab	23.64±1.64ab	33.14	24.75	40.71±0.39b	51.14±1.64b	70.96
DTA-6	82.00±3.95a	49.58±2.748a	25.93±0.96a	31.22	23.65	38.07±0.90c	47.71±1.11c	68.38

3.3.2　R1 期叶面喷施调节剂对大豆花荚建成相关酶活性的调控

3.3.2.1　R1 期叶面喷施调节剂对大豆花荚纤维素酶活性的影响

（1）R1 期叶面喷施调节剂对大豆花及落花纤维素酶活性的影响

如表 3–12 所示，R1 期喷施植物生长调节剂后，各处理对大豆花纤维素酶活性起到了降低的作用，TIBA、S3307 和 DTA-6 分别比 CK 降低 31.94%、29.37%、53.21%。方差分析表明，处理与对照间差异达极显著水平，且 DTA-6 处理与 TIBA 处理和 S3307 处理间差异也达极显著水平。可见，R1 期喷施植物生长调节剂对大豆花纤维素酶活性产生了显著影响，可以调节大豆花的脱落。

由表 3–12 可以看出，R1 期喷施植物生长调节剂后，各处理均对大豆落花纤维素酶活性起到了降低的作用，TIBA、S3307 和 DTA-6 分别比 CK 降低了 18.68%、24.24%、32.98%，方差分析表明，各处理与对照间差异达极显著水平，且 DTA-6 处理与 TIBA 处理间差异也达极显著水平。可见，R1 期喷施植物生长调节剂对大豆落花纤维素酶活性产生了显著影响，有利于调节大豆花的脱落。

表 3–12　R1 期喷施植物生长调节剂对大豆花及落花纤维素酶活性的影响

处理	纤维素酶活性 /（U·g⁻¹·h⁻¹）	
	花	落花
CK	39.67aA	65.10aA
TIBA	27.00bB	52.94bB
S3307	28.02bB	49.32bcBC
DTA-6	18.56cC	43.63cC

（2）R1 期叶面喷施调节剂对大豆荚纤维素酶活性的影响

如图 3–33 所示，R1 期喷施植物生长调节剂后，大豆荚纤维素酶活性变化趋势与 V3 期相差不大，总体是上升的，但在花后 20 ～ 30 d 有所下降，幅度不大。整体上看，各处理纤维素酶活性普遍低于 CK，其中花后 40 d，TIBA、S3307 和 DTA-6 分别比 CK 降低了 18.06%、15.05% 和 37.01%；花后 50 d，各处理及对照荚纤维素酶活性大小表现为 CK ＞ TIBA ＞ S3307 ＞ DTA-6。可以看出，R1 期喷施植物生长调节剂对大豆荚纤维素酶活性起到了调控作用，有利于调节大豆荚的脱落。

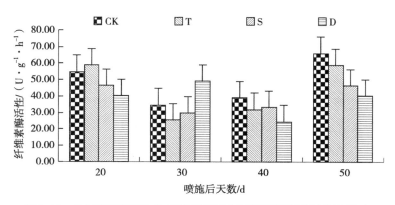

图 3-33　R1 期喷施植物生长调节剂对大豆荚纤维素酶活性的影响

（3）R1 期叶面喷施调节剂对大豆落荚纤维素酶活性的影响

如图 3-34 所示，R1 期喷施植物生长调节剂后，除 S3307 处理在花后 30 ～ 40 d 表现为降低外，各处理落荚纤维素酶活性总体呈逐渐升高的趋势。整体来说，花后 50 d 内，各处理纤维素酶活性普遍低于 CK，只在个别取样点上高于 CK，且 DTA-6 处理的落荚纤维素酶活性除花后 40d 均低于其他各处理。花后 20 d 和 50 d，落荚纤维素酶活性的大小为 CK ＞ TIBA ＞ S3307 ＞ DTA-6。整体上看，R1 期喷施 3 种植物生长调节剂，以 DTA-6 调控效果最佳，S3307 次之。落荚纤维素酶活性的降低，有利于降低荚的脱落，因此调节剂对荚脱落起了抑制作用。

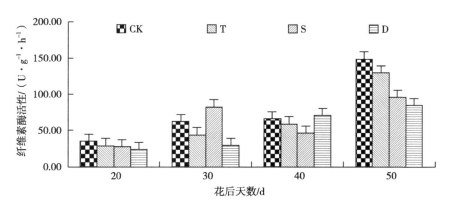

图 3-34　R1 期喷施植物生长调节剂对大豆落荚纤维素酶活性的影响

（4）R1 期叶面喷施调节剂对大豆花荚多聚半乳糖醛酸酶（PG）活性的影响

① R1 期叶面喷施调节剂对大豆花及落花 PG 活性的影响

由表 3-13 可知，R1 期喷施植物生长调节剂后，各处理对大豆花 PG 活性起到了降低的作用，TIBA、S3307 和 DTA-6 分别比 CK 降低了 25.72%、32.69%、45.67%。方差分析表明，各处理与对照间差异达极显著水平，且 DTA-6 处理与 TIBA 处理间差异也达极显著水平。可见，R1 期喷施植物生长调节剂对大豆花 PG 活性产生了显著影响，可以调节大豆花的脱落。

如表 3-13 所示，R1 期喷施植物生长调节剂后，各处理均对大豆落花 PG 活性起到了降低的作用，TIBA、S3307 和 DTA-6 分别比 CK 降低 27.70%、46.35%、48.20%，方差分析表明，各处理与对照间差异达极显著水平，且 S3307 和 DTA-6 处理与 TIBA 处理间差异也达极显著水平，但 S3307 和 DTA-6 处理间差异不显著。可见，R1 期喷施植物生长调节剂对大豆落花 PG 活性产生了显著影响，有利于降低大豆花的脱落，其中效果最好的为 DTA-6，其次是 S3307。

表 3-13　R1 期叶喷调节剂对大豆花及落花 PG 活性的影响

处理	PG 活性 / $(U \cdot g^{-1} \cdot h^{-1})$	
	花	落花
CK	7.62aA	9.71 aA
TIBA	5.66bB	7.02 bB
S3307	5.13bcBC	5.21 cC
DTA-6	4.14cC	5.03 cC

② R1 期叶面喷施调节剂对大豆荚 PG 活性的影响

如表 3-14 所示，R1 期喷施植物生长调节剂后，CK、TIBA、S3307 处理大豆荚 PG 活性呈先升高后降低的趋势，而 DTA-6 处理则呈逐渐升高的趋势。整体上看，各处理普遍降低了大豆荚 PG 活性。方差分析表明，花后 20 d，DTA-6 处理显著降低了大豆荚 PG 活性；花后 30 d，差异达极显著水平；花后 40 d，各处理 PG 活性与 CK 相比差异达极显著水平。可以看出，R1 期喷施植物生长调节剂对大豆荚 PG 活性起到了调控作用，有利于调节大豆荚的脱落。

表 3-14　R1 期叶喷调节剂对大豆荚 PG 活性的影响

单位：$U \cdot g^{-1} \cdot h^{-1}$

处理	花后天数			
	20 d	30 d	40 d	50 d
CK	5.19aA	7.19bB	10.51aA	8.85aA
TIBA	4.67aA	7.46bB	8.46bB	7.78aA
S3307	4.44abA	10.46aA	8.58bB	7.53aA
DTA-6	3.60bA	5.97cC	6.97cC	8.16aA

③ R1 期叶面喷施调节剂对大豆落荚 PG 活性的影响

如表 3-15 所示，R1 期喷施植物生长调节剂后，各处理与对照落荚 PG 活性呈先降低后升高的趋势，整体来看，TIBA、S3307 和 DTA-6 处理大部分情况下不同程度降低了落荚 PG 活性。方差分析表明，花后 20 d，各处理落 PG 活性与 CK 差异不显著；至花后 30 d，各处理极显著降低了落荚 PG 活性，且 TIBA 处理与 S3307 和 DTA-6 处理间差异达极显著水平；花后 40 d，TIBA 和 S3307 处理与 CK 和 DTA-6 处理相比差异达显著水平；花后 50 d，各处理与对照间无显著差异。整体上看，DTA-6 处理的调控效果最好，TIBA 处理次之。

表 3-15　R1 期叶喷调节剂对大豆落荚 PG 活性的影响

单位：$U \cdot g^{-1} \cdot h^{-1}$

处理	花后天数			
	20 d	30 d	40 d	50 d
CK	20.76aA	18.35aA	7.98bB	21.53aA
TIBA	18.09aA	8.82cC	10.39bB	20.45aA
S3307	18.99aA	12.09bB	15.28aA	20.21aA
DTA-6	17.02aA	12.14bB	4.34cC	20.83aA

3.3.3　R1 期叶面喷施调节剂对大豆植株生长发育的调控

3.3.3.1　R1 期叶面喷施调节剂对大豆株高的影响

R1 期叶喷植物生长调节剂对 K4 大豆株高的影响如图 3-35 所示。整体来看，在花后 50 d 内，处理与对照株高呈增加的趋势，DTA-6 处理对 K4 大豆植株的生长起到了促进的作用，而 TIBA 和 S3307 处理对株高有一定的抑制作用。花后 20 d，S3307、TIBA、DTA-6 处理对株高的调节作用不明显，分别比对照增加 3.11%、减少 5.54%、增加 5.85%。至 30 ～ 50 d，TIBA 处理的株高一直低于 CK。其中在花后 50 d，TIBA 处理的株高比 CK 降低 20.03%；S3307 处理的株高略低于 CK。DTA-6 处理的株高一直高于 CK；S3307 和 DTA-6 处理的株高与 CK 比较差异不显著。

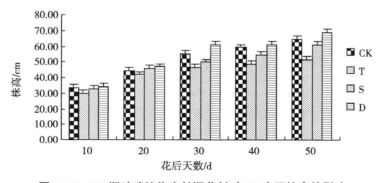

图 3-35　R1 期叶喷植物生长调节剂对 K4 大豆株高的影响

图 3-36 所示为 R1 期叶喷植物生长调节剂对 H50 大豆株高的影响。在整个取样时期内，处理与对照株高呈增加的趋势，前期增长较快，而后期逐渐缓慢。总体来看，DTA-6 处理对 H50 大豆植株的生长起促进的作用，TIBA 处理对株高有抑制作用。

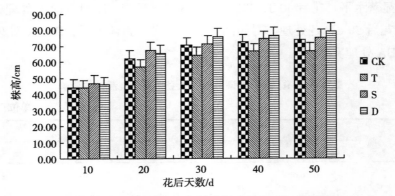

图 3-36   R1 期叶喷植物生长调节剂对 H50 大豆株高的影响

综上所述，R1 期叶喷植物生长调节剂，DTA-6 处理对 K4 和 H50 2 个品种大豆植株的生长高度均有促进作用，而 TIBA 和 S3307 处理对株高有抑制作用，这种作用在 K4 大豆上表现得更明显。R1 期叶面喷施 3 种调节剂的作用不及 V3 期明显。

3.3.3.2   R1 期叶面喷施植物生长调节剂对大豆各部位干物质积累的调控

（1）R1 期叶面喷施调节剂对大豆单株叶片干重的影响

R1 期叶喷植物生长调节剂对 K4 大豆叶片干重的影响如图 3-37 所示。处理和对照叶片干重在整个取样时期内都呈上升的趋势。整体上看，调节剂对叶片干物质积累起到了促进作用。花后 20 ~ 30 d，叶片干重增长快，其中在花后 30 d，TIBA、S3307 和 DTA-6 处理叶片干重分别比 CK 增加 44.99%、39.36% 和 80.36%。

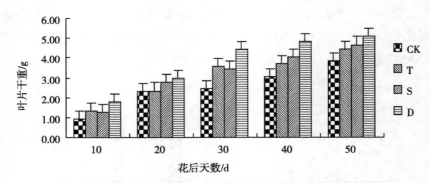

图 3-37   R1 期叶喷植物生长调节剂对 K4 大豆叶片干重的影响

图 3-38 所示为 R1 期叶喷植物生长调节剂对 H50 大豆单株叶片干重的影响情况。整体上看，3 种调节剂对 H50 大豆叶片干物质积累，均有促进作用。

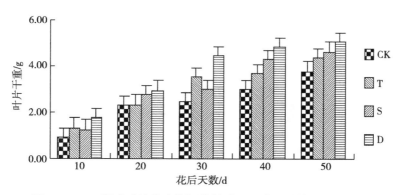

图 3-38　R1 期叶喷植物生长调节剂对 H50 大豆叶片干重的影响

综合分析可知，R1 期叶喷植物生长调节剂对大豆叶片干物质积累有促进作用，调节剂可促进大豆叶片生长，从而为增加大豆产量形成奠定基础。3 种调节剂作用效果为：DTA-6 > S3307 > TIBA > CK。

（2）R1 期叶面喷施调节剂对大豆单株叶柄干重的影响

R1 期叶喷植物生长调节剂对 K4 大豆单株叶柄干重的影响如图 3-39 所示。由图可知，整体上看，K4 大豆叶柄干重呈逐渐升高的趋势。在整个取样时期内，TIBA、S3307 和 DTA-6 处理大部分时间均促进了叶柄干重的增加。仅在花后 30 d，TIBA 处理叶柄干重略低于对照，而其他处理均高于对照；花后 50 d，TIBA、S3307 和 DTA-6 调节剂处理后叶柄干重分别比对照高 35.64%、46.26% 和 52.44%。3 种调节剂对 K4 大豆叶柄干物质积累起到了促进作用。

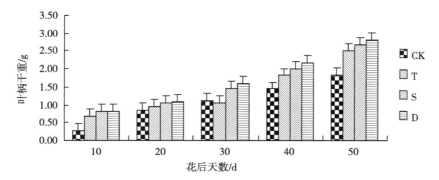

图 3-39　R1 期叶喷植物生长调节剂对 K4 大豆叶柄干重的影响

图 3-40 所示为 R1 期叶喷植物生长调节剂对 H50 大豆单株叶柄干重的影响。在整个取样时期内，S3307 和 DTA-6 处理叶柄干重始终高于对照和 TIBA 处理，而 TIBA 处理叶柄干重在花后 30 d 和花后 50 d 略低于对照。分析可知，与 K4 大豆相同，S3307 和 DTA-6 对 H50 大豆叶柄干物质积累起到了促进作用，但促进作用效果不同，TIBA 对 K4 品种的调控效果优于 H50。

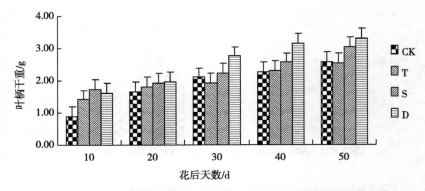

图 3-40   R1 期叶喷植物生长调节剂对 H50 大豆叶柄干重的影响

综上所述，R1 期叶喷植物生长调节剂对大豆单株叶柄干重产生了不同程度的影响，S3307 和 DTA-6 处理均促进了 K4、H50 2 个品种叶柄干物质积累，有利于叶柄的生长发育，有利于光合产物的运输。TIBA 的作用效果在 2 个品种上存在一定差异。DTA-6 处理调控效果最佳，S3307 处理次之。

（3）R1 期叶面喷施调节剂对大豆单株茎干重的影响

R1 期叶喷植物生长调节剂对 K4 大豆单株茎干重的影响如图 3-41 所示。各处理与对照茎干重呈逐渐升高的趋势，表现为前期增长较快、中期慢、后期又增快。R1 期叶喷不同类型植物生长调节剂对 K4 大豆茎干重起到了促进作用，花后 10 ~ 50 d，各处理茎干重均高于对照。花后 10 d，各处理与对照茎干重表现为 S3307 > DTA-6 > TIBA > CK；花后 20 ~ 40 d，各处理与对照茎干重变化较小，其中 DTA-6 处理的茎干重明显高于其他处理和对照；花后 40 ~ 50 d，各处理与对照茎干重开始快速增加，其中在花后 50 d，TIBA、S3307 和 DTA-6 处理对茎干重的作用强度表现为 DTA-6 > S3307 > TIBA。由图 3-41 可知，花后 20 ~ 50 d，DTA-6 处理的茎干重一直维持在一个较高的水平，说明 DTA-6 处理对 K4 大豆茎干物质积累的作用效果优于其他处理。

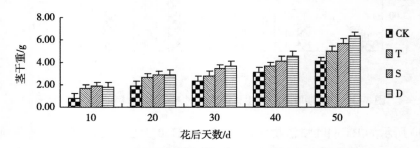

图 3-41   R1 期叶喷植物生长调节剂对 K4 大豆茎干重的影响

图 3-42 所示为 R1 期叶喷植物生长调节剂对 H50 大豆单株茎干重的影响。由图可知，H50 大豆茎干重的变化规律与 K4 大豆基本相同，呈前期变化较快、中期变化平稳、后期又增快的趋势。不同的是 TIBA 处理在花前期促进了茎干重的增加，而后期逐渐

转为抑制；DTA-6 处理茎干重在整个取样过程中均高于对照和其他处理。在花后 10 d，S3307 处理茎干重小于对照，至花后期逐渐增加而高于对照。花后 50 d，TIBA、S3307 和 DTA-6 处理对茎干重的作用强度表现为 DTA-6 > S3307 > CK > TIBA。

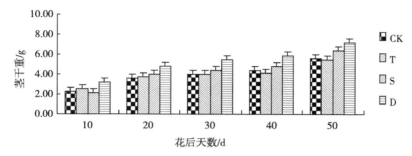

图 3-42　R1 期叶喷植物生长调节剂对 H50 大豆茎干重的影响

　　综上所述，R1 期叶喷不同类型植物生长调节剂对大豆茎干物质积累产生了不同的影响，S3307 和 DTA-6 处理均促进了茎干物质积累，有利于植株的生长发育，有利于光合产物的运输，TIBA 处理虽促进了 K4 大豆干物质积累却对 H50 大豆茎干物质积累有所抑制。其中以 DTA-6 的作用效果最佳，S3307 处理次之。

　　（4）R1 期叶面喷施调节剂对大豆单株根干重的影响

　　R1 期叶喷不同类型植物生长调节剂对 K4 大豆单株根干重的影响如图 3-43 所示。R1 期叶喷不同类型植物生长调节剂对 K4 大豆根干重起到了促进作用，花后 10 ～ 50 d 内，各处理根干重均高于对照。花后 10 d，各处理与对照根干重表现为 S3307 > DTA-6 > TIBA > CK。花后 30 d，TIBA、S3307 和 DTA-6 处理的根干重分别较 CK 增加 7.78%、20.84% 和 37.86%。花后 20 ～ 50 d，各处理和对照根干重缓慢增加。在整个取样时期内，TIBA 处理对根茎干重的作用效果不如 S3307 处理和 DTA-6 处理明显。花后 50 d，TIBA、S3307 和 DTA-6 处理对根干重的作用强度表现为 DTA-6 > S3307 > TIBA > CK。由图可知，花后 20 ～ 50 d，DTA-6 处理的根干重一直维持在一个较高的水平，说明 DTA-6 处理对 K4 大豆根干物质积累的调控效果较好。

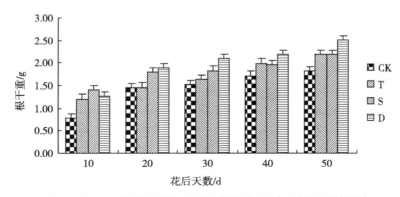

图 3-43　R1 期叶喷植物生长调节剂对 K4 大豆根干重的影响

图 3-44 所示为 R1 期叶喷不同类型植物生长调节剂对 H50 大豆单株茎干重的影响。由图可知，H50 大豆根干重的变化规律与 K4 大豆基本相同，呈逐渐增高的趋势。整体上看，R1 期叶喷不同类型植物生长调节剂对 H50 大豆根干重起到了促进作用。

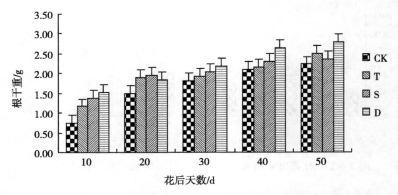

图 3-44　R1 期叶喷植物生长调节剂对 H50 大豆根干重的影响

综上所述，R1 期叶喷不同类型植物生长调节剂对大豆根系干物质积累产生了不同的影响，TIBA、S3307 和 DTA-6 处理均促进了根干物质积累，有利于养分的吸收和运输，有利于植株的生长发育。其中 DTA-6 处理的作用效果最佳，S3307 处理次之。

（5）R1 期叶面喷施调节剂对大豆单株荚干重的影响

R1 期叶喷植物生长调节剂对 K4 大豆单株荚干重的影响如图 3-45 所示。不同类型调节剂作用下 K4 大豆荚干重呈不断上升的趋势，花后 20 ~ 30 d，荚干重增加的速率较慢，花后 30 ~ 50 d，荚干重的增加速率较快。随着开花后时间的延长，DTA-6 处理和 S3307 处理荚干重始终高于对照和 TIBA 处理，促进作用明显，TIBA 处理荚干重略高于对照，起到一定的促进作用，但效果不明显。花后 50 d，TIBA、S3307 和 DTA-6 处理荚干重分别比对照提高 12.19%、42.39% 和 50.17%。

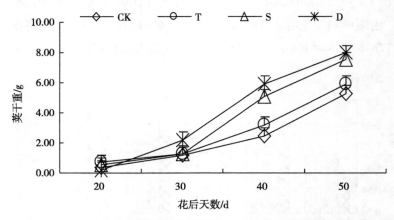

图 3-45　R1 期叶喷植物生长调节剂对 K4 大豆荚干重的影响

图 3–46 所示为 R1 期叶喷植物生长调节剂对 H50 大豆单株荚干重的影响。由图可知，H50 大豆荚干重的变化规律与 K4 大豆基本类似，花后 20～30 d，荚干重增加速率较慢，花后 30～50 d，荚干重的增加速率较快。在取样各时期，S3307 和 DTA-6 处理对荚干重的促进作用较明显，效果优于 TIBA 处理。花后 50 d，TIBA、S3307 和 DTA-6 处理荚干重分别比对照提高 8.50%、26.03% 和 47.33%。

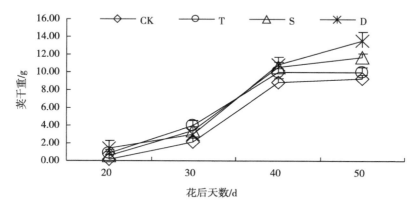

图 3–46　R1 期叶喷植物生长调节剂对 H50 大豆荚干重的影响

综上所述，R1 期叶喷不同类型植物生长调节剂对 K4 和 H50 大豆荚干物质积累产生了一定的影响，S3307 和 DTA-6 处理明显促进了荚干物质积累，而 TIBA 处理促进作用不大，说明在 R1 期喷施 TIBA、S3307 和 DTA-6 有利于大豆产量的形成。

3.3.4　R1 期叶面喷施调节剂对大豆叶片碳代谢指标的调控

3.3.4.1　R1 期叶面喷施调节剂对大豆光合性状的调控

（1）R1 期叶面喷施调节剂对大豆叶片叶绿素含量的调控

图 3–47 所示为 R1 期叶喷植物生长调节剂对大豆叶片叶绿素含量的影响情况。由图可知，叶绿素含量呈单峰曲线变化，花后 40 d 达到最高峰，之后开始下降。在花后 50 d 内，各处理叶绿素含量均高于对照，其中 DTA-6 处理始终高于其他处理和对照。花后 40 d，各处理与对照叶绿素含量大小为 DTA-6 > S3307 > TIBA > CK；花后 50 d，对照叶绿素含量下降最快，其次是 S3307 处理，TIBA、S3307 和 DTA-6 处理叶绿素含量分别比对照增加 76.43%、59.09% 和 87.71%。由此说明 R1 期叶面喷施植物生长调节剂可提高大豆叶片叶绿素含量，叶绿素含量的提高，有利于光合作用的进行，为产量和品质的提高奠定了基础。其中 DTA-6 处理作用效果显著。

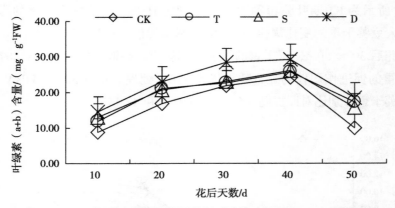

图3-47 R1期叶喷植物生长调节剂对叶片叶绿素（a+b）含量影响

（2）R1期叶面喷施调节剂对大豆光合速率和蒸腾速率的影响

如表3-16所示，R1期叶喷植物生长调节剂后，各处理与CK大豆光合速率均呈单峰曲线变化，光合速率呈升高－降低的变化趋势。除花后40～50 d TIBA处理外，整个取样时期调节剂处理均提高了大豆的光合速率。在叶喷后10～30 d，TIBA处理的叶片光合速率一直高于CK，其中在叶喷后30 d处理与CK相比达到差异显著水平。在叶喷后30 d，S3307处理与CK相比达到差异显著水平。在叶喷后10～50 d，DTA-6处理与CK相比达到差异显著水平。S3307和DTA-6的调控效果表现为DTA-6 > S3307 > CK，其中在花后20 d，TIBA、S3307和DTA-6处理光合速率分别比CK增加10.83%、12.03%、39.44%。植物生长调节剂作用下大豆蒸腾速率呈升高－降低－升高的趋势。随着生育期推进，3个处理的蒸腾速率值呈现不同程度的波动。在整个取样时间内，叶喷DTA-6处理的叶片蒸腾速率一直高于CK，在叶喷后10 d和50 d处理与CK相比达到差异显著水平。除叶喷后30 d，S3307处理的叶片蒸腾速率一直高于CK，且在叶喷后20 d与CK相比达到差异显著水平。在叶喷后10～30 d，TIBA处理的叶片蒸腾速率均高于CK，但处理和CK间相比未达到差异显著水平。总的来说，R1期叶喷3种植物生长调节剂有利于大豆蒸腾速率的提升。

表3-16 R1期喷施不同植物生长调节剂对大豆叶片光合速率和蒸腾速率的影响

项目	处理	花后天数				
		10 d	20 d	30 d	40 d	50 d
光合速率 / $[\mu mol(CO_2) \cdot m^{-2} \cdot s^{-1}]$	CK	14.80b	18.46b	20.82c	15.76b	15.64b
	TIBA	16.32ab	20.46b	24.90ab	15.66b	14.80c
	S3307	16.76ab	20.68b	21.34bc	17.50b	18.08a
	DTA-6	19.42a	25.74a	25.60a	19.90a	19.30a

续表

项目	处理	花后天数				
		10 d	20 d	30 d	40 d	50 d
蒸腾速率 / [mmol（H₂O）· m⁻² · s⁻¹]	CK	0.60b	2.54b	2.26a	1.12ab	4.50b
	TIBA	0.64b	2.90ab	2.58a	0.80b	3.33c
	S3307	0.70b	4.46a	2.16a	1.44a	4.87b
	DTA-6	1.26a	3.20ab	2.98a	1.40a	6.40a

（3）R1 期叶面喷施调节剂对大豆 LAI 的影响

图 3-48 所示为 R1 期叶喷植物生长调节剂对大豆 LAI 的影响情况。由图可知，LAI 呈先升高后降低的趋势，花后 40 d 达到最高峰，之后开始下降。在花后 50 d 内，各处理 LAI 均高于对照，其中 DTA-6 处理在花后 40 d 内始终高于其他处理和对照。花后 40 d，各处理与对照 LAI 大小为 DTA-6 > S3307 > TIBA > CK；花后 50 d，TIBA、S3307 和 DTA-6 处理 LAI 分别比对照增加 16.18%、25.51% 和 22.72%。由此说明 R1 期叶面喷施植物生长调节剂可提高大豆 LAI，LAI 的提高有利于光合作用的进行，为产量和品质的提高奠定了基础。从整体上看，作用效果最佳的是 DTA-6 处理。

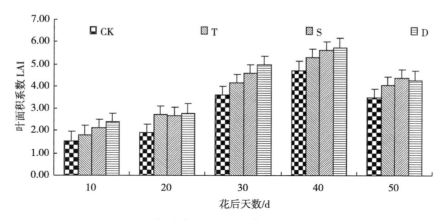

图 3-48　R1 期叶喷植物生长调节剂对大豆 LAI 影响

（4）R1 期叶面喷施调节剂对大豆 LAR 的影响

图 3-49 所示为 R1 期叶喷植物生长调节剂对大豆 LAR 的影响情况。整体上看，LAR 呈逐渐下降的趋势。在整个取样时期内，S3307 和 DTA-6 处理的 LAR 一直高于对照。除花后 30 d 外，TIBA 处理 LAR 均高于对照。花后 10 d，各处理与对照 LAR 大小为 TIBA > DTA-6 > S3307 > CK；花后 20～40 d，DTA-6 处理 LAR 始终高于对照和其他处理；花后 50 d，TIBA、S3307 和 DTA-6 处理 LAR 分别比对照增加 13.51%、24.03% 和 19.21%。由此说明 R1 期叶面喷施植物生长调节剂可提高大豆 LAR，保持较大的 LAR 有利于促进大豆光合作用。其中作用效果显著的是 DTA-6，其次是 S3307。

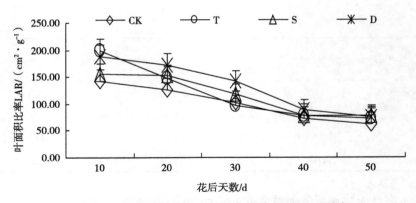

图 3-49　R1 期叶喷植物生长调节剂对大豆 LAR 影响

3.3.4.2　R1 期叶面喷施调节剂对大豆叶片 C/N 的影响

如图 3-50 所示，R1 期叶喷植物生长调节剂后，大豆叶片 C/N 呈缓慢下降又逐渐升高的趋势，说明在初花期和盛荚期之间植株生长速度比较快，对光合同化物的需求量也比较大。整体上看，花后 50 d 内，各处理叶片 C/N 一直高于 CK。在取样的整个时期内，DTA-6 处理叶片 C/N 均高于其他处理。可以看出，R1 期叶喷植物生长调节剂对大豆叶片 C/N 起到了调控作用，有利于减少大豆花荚的脱落。TIBA 和 S3307 作为生长抑制剂和生长延缓剂能够控制大豆植株的生长，随着生育期的推进，也能够提高叶片 C/N；DTA-6 处理为生长促进剂，对大豆叶片的同化物积累起到了积极作用。整体来看，3 种植物生长调节剂，以 DTA-6 调控效果最佳，S3307 次之。

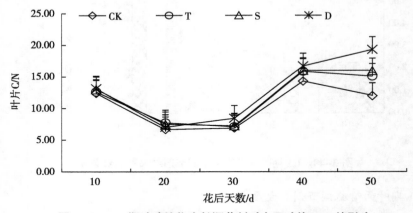

图 3-50　R1 期叶喷植物生长调节剂对大豆叶片 C/N 的影响

3.3.4.3　R1 期叶面喷施调节剂对大豆叶片碳代谢的调控

（1）R1 期叶面喷施调节剂对大豆叶片蔗糖含量的调控

图 3-51 所示为 R1 期叶喷植物生长调节剂对大豆叶片蔗糖含量的影响。由图 3-51 可以看出，各处理与 CK 叶片蔗糖含量呈上升 - 下降 - 上升的趋势，花后 20 ～ 50 d，各处理蔗糖含量均高于 CK。花后 10 d，S3307 和 DTA-6 处理蔗糖含量分别比 CK 增加 22.86% 和 17.71%，而 TIBA 处理蔗糖含量则比 CK 减少 25.71%；花后 30 d 和 40 d，

各处理与 CK 蔗糖含量大小表现为 DTA-6 > S3307 > TIBA > CK；各处理蔗糖含量峰值均出现在花后 50 d，TIBA、S3307 和 DTA-6 处理蔗糖含量分别比 CK 增加 7.87%、55.76% 和 32.58%。可见，R1 期叶喷植物生长调节剂增加了大豆叶片中蔗糖含量，蔗糖是光合作用的初产物，叶喷植物生长调节剂后大豆叶片光合性能增强，因此蔗糖含量也随之增加。

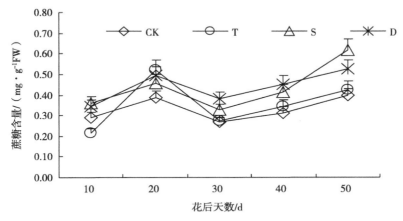

图 3-51　R1 期叶喷植物生长调节剂对大豆叶片蔗糖含量的影响

（2）R1 期叶面喷施调节剂对大豆叶片可溶性糖含量的调控

图 3-52 所示为 R1 期叶喷植物生长调节剂对大豆叶片可溶性糖含量的影响。由图 3-52 可以看出，各处理与 CK 叶片可溶性糖含量呈上升 - 下降 - 上升的趋势。整体上看，各处理可溶性糖含量均高于 CK。花后 10 d，TIBA、S3307 和 DTA-6 处理可溶性糖含量分别比 CK 增加 70.98%、44.20% 和 40.20%；花后 20 d，各处理与 CK 可溶性糖含量大小表现为 DTA-6 > TIBA > S3307 > CK；花后 30 d 和 40 d，各处理与 CK 可溶性糖含量大小表现为 DTA-6 > S3307 > TIBA > CK；各处理可溶性糖含量峰值出现在花后 50 d，TIBA、S3307 和 DTA-6 处理可溶性糖含量分别比 CK 增加了 17.73%、33.02% 和 47.67%。可见，R1 期叶喷植物生长调节剂可提高大豆叶片可溶性糖含量，增强叶片代谢能力。

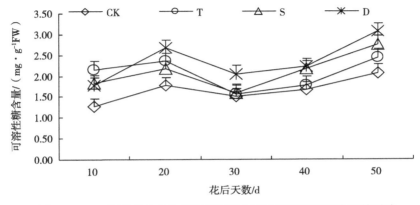

图 3-52　R1 期叶喷植物生长调节剂对大豆叶片可溶性糖含量的影响

（3）R1 期叶面喷施调节剂对大豆叶片淀粉含量的调控

由图 3–53 可知，R1 期叶面喷施植物生长调节剂后，TIBA、S3307、DTA-6 处理与 CK 大豆叶片淀粉含量大体呈上升 – 下降 – 上升 – 下降的趋势，各处理淀粉含量均在花后 40 d 达到最大值。整体上看，花后 40 d 内，各处理淀粉含量普遍高于 CK。花后 10 d，TIBA 处理淀粉含量比 CK 降低了 19.38%，S3307 和 DTA-6 处理淀粉含量分别比 CK 增加 44.83% 和 49.53%；花后 20 d、30 d，各处理及对照淀粉含量大小表现为 DTA-6 > S3307 > TIBA > CK；花后 40 d，TIBA、S3307 和 DTA-6 处理淀粉含量分别比 CK 增加 3.11% 14.63% 和 18.85%；花后 50 d，各处理及对照淀粉含量大小表现为 CK > TIBA > DTA-6 > S3307。可见，R1 期叶面喷施植物生长调节剂，提高了大豆叶片淀粉含量，DTA-6 处理在此时期喷施表现出最佳的作用效果，S3307 次之。

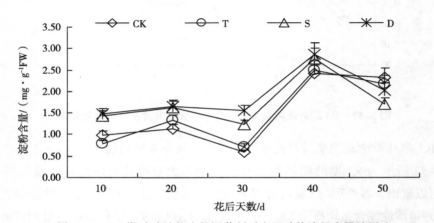

图 3–53　R1 期叶喷植物生长调节剂对大豆叶片淀粉含量的影响

（4）R1 期叶面喷施调节剂对大豆叶片总糖含量的调控

图 3–54 所示为 R1 期叶喷植物生长调节剂对大豆叶片总糖含量的影响情况。整体上看，DTA-6 处理在花后 50 d 达到最高峰，而 TIBA、S3307 处理和 CK 在花后 40 d 达到高峰后又有所下降。在整个取样时期内，TIBA、S3307 和 DTA-6 处理的叶片总糖含量一直高于对照。花后 10 d，TIBA、S3307 和 DTA-6 处理的叶片总糖含量分别比 CK 增加 8.28%、12.14% 和 17.67%；花后 30 d 和 40 d，各处理与 CK 总糖含量大小为 DTA-6 > S3307 > TIBA > CK；花后 50 d，TIBA、S3307 和 DTA-6 处理总糖含量分别比 CK 增加 28.95%、46.59% 和 66.37%。由此说明 R1 期叶面喷施植物生长调节剂可提高大豆生殖生长阶段总糖含量，此期总糖含量的提高有利于大豆植株 C/N 的提高，有利于减少植株花荚的脱落，为产量和品质的提高奠定了基础。其中作用效果显著的是 DTA-6，其次为 S3307。

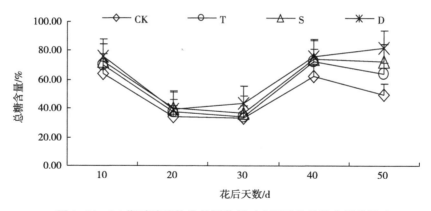

图 3-54　R1 期叶喷植物生长调节剂对大豆叶片总糖含量的影响

（5）R1 期叶面喷施调节剂对大豆叶片转化酶活性的调控

图 3-55 所示为 R1 期叶喷植物生长调节剂对大豆叶片转化酶活性的影响情况。整体上看，转化酶活性呈上升 – 下降的趋势，各处理转化酶活性在花后 30 d 达到最大值，而 CK 则在花后 20 d，达到最大值。除花后 30 d 外，TIBA、S3307 和 DTA-6 处理转化酶活性一直低于 CK。花后 10 d，TIBA、S3307 和 DTA-6 处理转化酶活性分别比 CK 低 11.69%、6.21% 和 13.43%；花后 20 d 和 50 d，各处理与 CK 转化酶活性大小为 CK > TIBA > S3307 > DTA-6；花后 40 d，DTA-6 处理转化酶活性下降最快，TIBA、S3307 和 DTA-6 处理转化酶活性分别比 CK 低 11.84%、6.06% 和 19.53%。可以看出，R1 期叶面喷施植物生长调节剂可降低花荚发育过程中叶片转化酶活性，转化酶活性的降低有利于大豆叶片光合产物向花荚的运输，有利于减少植株花荚的脱落。其中作用效果显著的是 DTA-6，其次为 S3307。

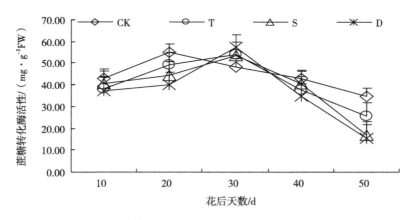

图 3-55　R1 期叶喷植物生长调节剂对大豆叶片转化酶活性的影响

3.3.5 R1 期叶面喷施调节剂对大豆叶片氮代谢指标的调控

3.3.5.1 R1 期叶面喷施调节剂对大豆叶片硝酸还原酶（NR）活性的调控

如图 3–56 所示，R1 期叶面喷施植物生长调节剂后，各处理大豆叶片 NR 活性呈逐渐降低的趋势。在取样的整个时期内，TIBA、S3307 和 DTA-6 处理的 NR 活性均高于 CK。方差分析表明，花后 10 ～ 50 d 内，TIBA 和 DTA-6 处理 NR 活性与 CK 差异显著；花后 10 d 和 30 d，S3307 处理 NR 活性与 CK 差异不显著，其他时期显著高于 CK，其中花后 30 d 各处理叶片 NR 活性依序为 DTA-6 ＞ TIBA ＞ S3307 ＞ CK，花后 40 ～ 50 d，TIBA、S3307 和 DTA–6 3 个处理间差异不显著，但均高于 CK。可见，R1 期叶面喷施植物生长调节剂可不同程度地提高大豆叶片 NR 活性，提高叶片的氮代谢能力，其中以 DTA-6 处理作用效果最好，TIBA 处理次之。

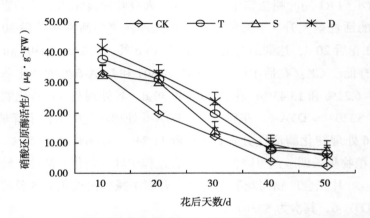

图 3–56 R1 期叶喷植物生长调节剂对大豆叶片硝酸还原酶活性的影响

3.3.5.2 R1 期叶面喷施调节剂对大豆叶片全氮含量的影响

由图 3–57 可知，R1 期叶面喷施植物生长调节剂后，各处理大豆叶片全氮含量大体呈下降趋势。在整个取样时期内，S3307 和 DTA-6 处理全氮含量一直高于 CK；花后 20 d、30 d 和 40 d，TIBA 处理全氮含量略低于 CK。花后 10 d，TIBA、S3307 和 DTA-6 处理全氮含量分别比 CK 增加 6.53%、6.72% 和 11.13%；花后 40 d，各处理及对照全氮含量大小表现为 DTA-6 ＞ S3307 ＞ CK ＞ TIBA；至花后 50 d，TIBA、S3307 和 DTA-6 处理全氮含量分别比 CK 增加 2.91%、10.44% 和 3.64%。可见，R1 期叶面喷施植物生长调节剂，DTA-6 和 S3307 处理提高了大豆叶片全氮含量，而 TIBA 则在花荚期有所抑制；DTA-6 处理在此时期表现出最佳的作用效果，S3307 处理次之。

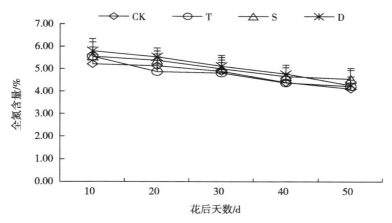

图 3-57 R1 期叶喷植物生长调节剂对大豆叶片全氮含量的影响

3.3.5.3 R1 期叶面喷施调节剂对大豆叶片可溶性蛋白含量的调控

图 3-58 所示为 R1 期叶面喷施植物生长调节剂对大豆叶片可溶性蛋白含量的影响。R1 期叶面喷施植物生长调节剂后，大豆叶片可溶性蛋白含量呈先升高后降低的趋势，除花后 30 d 的 TIBA 处理及花后 50 d 的 S3307 处理外，各处理在各个时期的可溶性蛋白含量均高于对照。方差分析表明，花后 20 d 和 50 d，各处理可溶性蛋白含量与对照差异极显著；花后 30 d，S3307 处理和 DTA-6 处理可溶性蛋白含量显著高于对照；花后 40 d，DTA-6 处理可溶性蛋白含量与对照相比差异达显著水平，说明 R1 期叶面喷施植物生长调节剂可以不同程度提高大豆叶片可溶性蛋白含量。

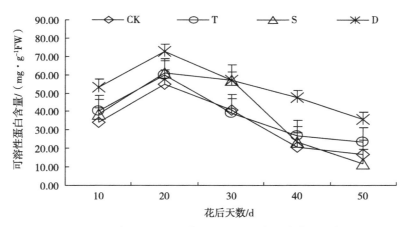

图 3-58 R1 期叶喷植物生长调节剂对大豆叶片可溶性蛋白含量的影响

3.3.5.4 R1 期叶面喷施调节剂对大豆硝态氮含量的调控

图 3-59 所示为 R1 期叶面喷施植物生长调节剂对大豆叶片硝态氮含量的影响。R1 期叶面喷施植物生长调节剂后，大豆叶片硝态氮含量呈单峰曲线变化，花后 20 d

升高到峰值后又迅速下降。整体上看，除花后 30 d、40 d 的 S3307 处理及花后 50 d 的 TIBA 处理外，各处理硝态氮含量高于 CK。花后 10 d，TIBA、S3307 和 DTA-6 处理硝态氮含量分别比 CK 增加了 22.30%、24.22% 和 24.50%；花后 30 d，各处理及对照硝态氮含量大小表现为 TIBA ＞ DTA-6 ＞ S3307 ＞ CK；至花后 40 d，S3307 和 DTA-6 处理硝态氮含量分别比 CK 提高了 1.41% 和 25.60%，而 TIBA 处理则比 CK 降低了 38.91%。可见，R1 期叶面喷施植物生长调节剂，提高了大豆叶片硝态氮含量，其中 DTA-6 处理作用效果最佳。

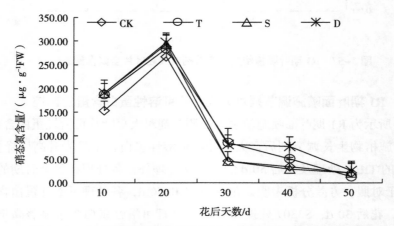

图 3-59　R1 期叶喷植物生长调节剂对大豆叶片硝态氮含量的影响

3.3.5.5　R1 期叶面喷施调节剂对大豆叶片游离氨基酸含量的调控

由图 3-60 可知，R1 期叶面喷施植物生长调节剂后，大豆叶片游离氨基酸含量呈降低 - 升高 - 降低。整体上看，除花后 20 d S3307 处理外，各处理游离氨基酸含量均高于 CK。花后 10 d，TIBA、S3307 和 DTA-6 处理游离氨基酸含量分别比 CK 增加 3.66%、16.76% 和 29.64%；花后 30 d，各处理及 CK 游离氨基酸含量大小表现为 DTA-6 ＞ S3307 ＞ TIBA ＞ CK；至花后 50 d，TIBA、S3307 和 DTA-6 处理分别比 CK 增加 27.09%、30.66% 和 36.10%。方差分析可知，TIBA 处理在花后 20 d 和 50 d 与 CK 差异达显著水平；S3307 处理游离氨基酸含量在花后 10 d 和 50 d 显著高于 CK；在整个取样时期内，DTA-6 处理游离氨基酸含量均与 CK 差异显著。可见，R1 期叶面喷施植物生长调节剂可有效提高大豆叶片游离氨基酸含量，其中 DTA-6 处理作用效果最佳，S3307 次之。

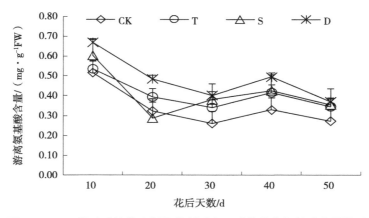

图 3-60 R1 期叶喷植物生长调节剂对大豆叶片游离氨基酸含量的影响

3.3.6 R1 期叶面喷施调节剂对大豆产量和品质的调控

3.3.6.1 R1 期叶面喷施调节剂对大豆产量的影响

由表 3-17 可以看出，R1 期叶面喷施植物生长调节剂提高了 K4 大豆产量，TIBA、S3307 和 DTA-6 处理分别比对照增加 6.83 %、14.77 % 和 23.66%。方差分析表明，S3307 和 DTA-6 处理产量与 CK 相比差异达显著水平。R1 期叶面喷施植物生长调节剂对 H50 大豆产量的影响与 K4 大豆类似，与 CK 相比，TIBA、S3307 和 DTA-6 分别增产 10.55%、15.08% 和 18.87%，TIBA、S3307 和 DTA-6 处理产量均显著高于 CK。可见，R1 期叶面喷施植物生长调节剂对大豆产量的提高有促进作用，其中 DTA-6 处理作用效果最佳，S3307 次之，TIBA 作用效果最弱。

表 3-17 R1 期叶喷不同植物生长调节剂对大豆产量的影响

品种	处理	产量 / (kg·hm^{-2})			平均 / (kg·hm^{-2})	增产率 /%
		I	II	III		
K4	CK	2 206.40	2 212.40	2 012.69	2 143.83cA	—
	TIBA	2 253.79	2 290.77	2 326.20	2 290.25cA	6.83
	S3307	2 365.60	2 458.48	2 557.38	2 460.49bA	14.77
	DTA-6	2 753.00	2 610.56	2 589.93	2 651.16aA	23.66
H50	CK	2 270.28	2 191.92	2 230.31	2 230.84cA	—
	TIBA	2 453.45	2 522.88	2 422.00	2 466.11bA	10.55
	S3307	2 460.91	2 504.22	2 736.57	2 567.23abA	15.08
	DTA-6	2 590.69	2 624.95	2 740.00	2 651.88aA	18.87

3.3.6.2 R1 期叶面喷施调节剂对大豆蛋白和脂肪的影响

表 3-18 所示为 R1 期叶面喷施植物生长调节剂对 2 个品种大豆蛋白和脂肪的影响。

由表可知，TIBA、S3307 和 DTA-6 处理均提高了 K4 大豆籽粒蛋白和脂肪含量。方差分析可知，各处理蛋白和脂肪含量与 CK 间的差异不显著；各处理均显著提高了大豆籽粒的蛋脂总量。H50 大豆品质与 K4 大豆相似，TIBA、S3307 和 DTA-6 处理提高了大豆籽粒蛋白和脂肪含量，但差异均未达到显著水平；TIBA、S3307 和 DTA-6 处理均提高了大豆籽粒蛋脂总量，且 S3307 和 DTA-6 处理与 CK 差异达显著水平，而 TIBA 处理与 CK 差异则不显著。可见，R1 期叶面喷施 TIBA、S3307 和 DTA-6 均能够改善 K4 和 H50 2 个品种的大豆籽粒品质。

表 3–18　R1 期叶喷不同植物生长调节剂对大豆蛋白和脂肪含量的影响

| 处理 | K4 | | | H50 | | |
	蛋白 /%	脂肪 /%	蛋脂总量 /%	蛋白 /%	脂肪 /%	蛋脂总量 /%
CK	39.58aA	20.20aA	59.68bA	36.26aA	22.87aA	59.13bA
TIBA	40.61aA	20.97aA	61.58aA	36.99aA	23.10aA	59.54abA
S3307	40.30aA	21.63aA	61.93aA	36.50aA	23.40aA	59.90aA
DTA-6	40.65aA	21.07aA	61.72aA	36.38aA	23.17aA	60.09aA

3.3.6.3　R1 期叶面喷施调节剂对大豆收获指数的影响

表 3–19 所示为 R1 期叶面喷施植物生长调节剂对 2 个品种大豆收获指数的影响。由表可知，TIBA、S3307 和 DTA-6 处理提高了 K4 大豆收获指数。整体上看，各处理与对照间的差异显著。H50 大豆与 K4 大豆相似，TIBA、S3307 和 DTA-6 处理均提高了大豆收获指数，TIBA 处理与 CK 差异不显著，而 S3307 和 DTA-6 处理与对照间差异均达到显著水平。可见，R1 期叶面喷施 TIBA、S3307 和 DTA-6 提高了 2 个品种大豆收获指数，2 个品种间效果存在差异。整体上看，DTA-6 处理作用效果最佳，S3307 次之。

表 3–19　R1 期叶喷不同植物生长调节剂对大豆收获指数的影响

| 品种 | 处理 | 收获指数 | | | 平均 |
		I	II	III	
K4	CK	0.39	0.40	0.38	0.39c
	TIBA	0.45	0.45	0.44	0.45b
	S3307	0.45	0.45	0.45	0.45b
	DTA-6	0.47	0.49	0.49	0.48a
H50	CK	0.43	0.44	0.46	0.44b
	TIBA	0.47	0.47	0.46	0.47ab
	S3307	0.49	0.50	0.45	0.48a
	DTA-6	0.48	0.49	0.48	0.48a

3.4　R3 期叶面喷施植物生长调节剂对大豆花荚建成的调控

3.4.1　R3 期叶面喷施调节剂对大豆花荚形态建成的调控

3.4.1.1　R3 期叶面喷施调节剂对大豆荚生长的影响

图 3–61 所示为 R3 期叶喷植物生长调节剂对大豆单株荚数的影响情况。整体上看，各处理及 CK 大豆单株荚数呈先上升又快速下降的趋势，在荚后 26 d 开始下降；在整个取样时期内各处理单株荚数普遍高于 CK。荚后 10 ~ 20 d，S3307 处理单株荚数始终高于 CK 和其他处理，表现为 S3307 > DTA-6 > TIBA > CK；荚后 22 ~ 32 d，各处理的作用效果发生变化，主要表现为 TIBA > DTA-6 > S3307 > CK，其中在荚后 24 d、26 d、28 d 和 30 d，TIBA 处理的单株荚数分别比 CK 增加 12.49%、11.44%、11.29% 和 21.96%；荚后 26 ~ 32 d，各处理及 CK 单株荚数呈现快速下降的趋势，其中下降最快的为 S3307 处理，其次为 DTA-6 处理；荚后 32 d，TIBA、S3307 和 DTA-6 处理的荚数分别比 CK 增加 20.34%、4.68% 和 9.26%。由此可见，R3 期叶喷植物生长调节剂对大豆植株荚数有一定促进作用，其中前期作用效果最佳的为 DTA-6，后期最好的为 TIBA。

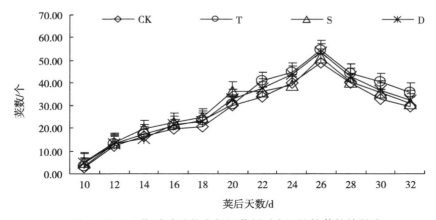

图 3–61　R3 期叶喷植物生长调节剂对大豆植株荚数的影响

3.4.1.2　R3 期叶面喷施调节剂对大豆荚脱落的影响

表 3–20 结果显示，R3 期叶面喷施植物生长调节剂后，各处理对大豆荚数均起到了增加的作用，其作用强度表现为 TIBA > DTA-6 > S3307 > CK，其中 TIBA 和 DTA-6 处理对大豆总荚数的增加有显著效果，TIBA、S3307 和 DTA-6 均显著增加成熟荚数。从荚的脱落可以看出，脱落荚数最多的为 DTA-6 处理，落荚率以 CK 为最高。总体上看，各处理与 CK 对降低大豆植株荚脱落率的作用效果表现为 TIBA > S3307 > DTA-6 > CK。另外，从表 3–20 中还可以看出，DTA-6 处理荚数较多，其脱落数最高，造成了其脱落率高于其他处理，因而其成熟荚数不如 S3307 和 TIBA 处理；TIBA 处理

荚数最高，荚脱落率也最低，因此其植株成熟荚数高于其他处理和CK。

表 3-20　R3 期叶喷植物生长调节剂对大豆荚脱落的影响

处理	总荚数 / 个	成熟荚数 / 个	脱落数 / 个	脱落率 /%
CK	49.07±1.42b	16.63±0.36c	32.44	66.11±1.95a
TIBA	54.68±0.96a	25.33±0.69a	29.35	53.68±2.26c
S3307	51.16±1.57b	20.05±0.95b	31.11	60.82±2.32b
DTA-6	53.49±1.29a	19.44±0.63b	34.05	63.65±1.54b

3.4.2　R3 期叶面喷施调节剂对大豆花荚建成相关酶活性的调控

3.4.2.1　R3 期叶面喷施调节剂对大豆荚纤维素酶活性的影响

（1）R3 期叶面喷施调节剂对大豆荚纤维素酶活性的影响

如图 3-62 所示，R3 期叶喷植物生长调节剂后，TIBA、S3307 处理荚纤维素酶活性变化趋势为先下降随后迅速上升又迅速下降的趋势，CK 为上升 – 下降的趋势，DTA-6 处理为上升 – 下降 – 上升 – 下降的趋势。荚后 10 d，TIBA、S3307 处理荚纤维素酶活性较 CK 高 11.00% 和 58.59%，荚后 40 d 为活性最高峰，纤维素酶活性大小为 CK ＞ S3307 ＞ DTA-6 ＞ TIBA。整体上看，自叶喷调节剂 20 ～ 50 d，各调节剂处理后的大豆荚纤维素酶活性均低于 CK。其中在喷施后 30 d，TIBA、S3307 和 DTA-6 处理荚纤维素酶活性分别比 CK 降低 40.55%、53.59% 和 50.74%。在 R3 期喷施 3 种植物生长调节剂中 TIBA 调控效果最佳，S3307 次之。可以看出，R3 期叶喷植物生长调节剂对大豆荚纤维素酶活性起到了调控作用，有利于减少大豆荚的脱落。

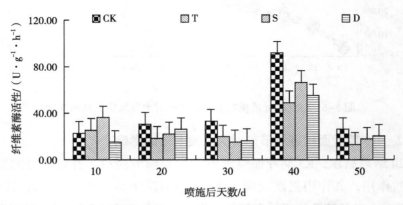

图 3-62　R3 期叶喷植物生长调节剂对大豆荚纤维素酶活性的影响

（2）R3 期叶面喷施调节剂对大豆落荚纤维素酶活性的影响

如图 3-63 所示，R3 期叶喷植物生长调节剂后，各处理落荚纤维素酶活性呈逐渐升高后下降的趋势，荚后 10 d，TIBA、DTA-6 处理荚纤维素酶活性较 CK 高 15.45%

和 11.89%，荚后 40 d 纤维素酶活性大小为 CK > DTA-6 > S3307 > TIBA，各处理变化值均在 CK 之下。喷施后 30 d，TIBA、S3307 和 DTA-6 处理荚纤维素酶活性分别比 CK 降低 22.05%、16.42% 和 18.62%。整体来看，在 R3 期喷施 3 种植物生长调节剂中 TIBA 调控效果最佳，S3307 次之。R3 期喷施植物生长调节剂对大豆落荚纤维素酶活性起到了调控作用，有利于减少大豆荚的脱落。

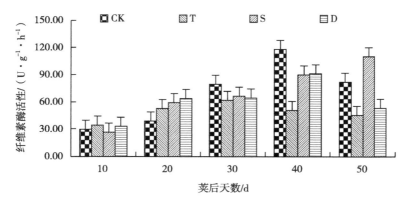

图 3-63　R3 期叶喷植物生长调节剂对大豆落荚纤维素酶活性的影响

3.4.2.2　R3 期叶面喷施调节剂对大豆荚 PG 活性的影响

（1）R3 期叶面喷施调节剂对大豆荚 PG 活性的影响

如表 3-21 所示，R3 期叶喷植物生长调节剂后，各处理与对照荚 PG 活性变化趋势不同，CK 呈升高 - 降低 - 升高的趋势，TIBA 呈逐渐升高的趋势，S3307 处理呈现升高又迅速降低的趋势，DTA-6 呈升高 - 降低 - 升高 - 降低的趋势。除荚后 40 d TIBA 和 DTA-6 处理外，各处理 PG 活性均低于 CK。方差分析表明，荚后 10 d，TIBA 和 DTA-6 处理显著降低了大豆荚 PG 活性，至荚后 20 ～ 30 d，各处理 PG 活性与 CK 相比达差异极显著水平，荚后 40 d，各处理与对照差异不显著，荚后 50 d，各处理与对照相比差异达极显著水平。总之，R3 期叶喷植物生长调节剂对大豆荚 PG 活性起到了调控作用，有利于减少大豆荚的脱落。

表 3-21　R3 期叶喷植物生长调节剂对大豆荚 PG 活性的影响

单位：$U \cdot g^{-1} \cdot h^{-1}$

处理	荚后天数				
	10 d	20 d	30 d	40 d	50 d
CK	5.19aA	10.47aA	10.51aA	8.85aA	11.60aA
TIBA	3.67bA	6.78bB	6.99bB	9.06aA	9.16bB
S3307	4.13abA	6.72bB	7.45bB	7.78aA	3.73cC
DTA-6	3.07bA	7.25bB	6.75bB	9.21aA	3.54cC

（2）R3 期叶面喷施调节剂对大豆落荚 PG 活性的影响

如表 3-22 所示，R3 期叶喷植物生长调节剂后，各处理与对照 PG 活性变化呈降低 – 升高 – 降低的趋势。大部分情况下，各处理 PG 活性低于 CK。方差分析表明，荚后 10 ~ 20 d，S3307、TIBA 和 DTA-6 处理极显著降低了大豆落荚 PG 活性，各处理 PG 活性与 CK 相比差异达极显著水平。荚后 40 d，各处理与对照差异不显著。荚后 50 d，S3307 和 DTA-6 处理落荚 PG 活性与 CK 相比差异达极显著水平，而 TIBA 处理则稍高于 CK。总之，R3 期叶喷植物生长调节剂对大豆落荚 PG 活性起到了调控作用，有利于降低大豆荚的脱落。

表 3-22　R3 期叶喷植物生长调节剂对大豆落荚 PG 活性的影响

单位：$U \cdot g^{-1} \cdot h^{-1}$

处理	荚后天数				
	10d	20d	30d	40d	50d
CK	20.76aA	18.35aA	7.98abAB	21.53aA	15.78 aA
TIBA	10.21cC	6.37cC	13.92aA	21.74aA	16.24aA
S3307	14.79bB	9.90bB	8.36abAB	20.45aA	7.65bB
DTA-6	15.02bB	11.18bB	6.07bB	21.89aA	6.37bB

3.4.3　R3 期叶面喷施调节剂对大豆植株生长发育的调控

3.4.3.1　R3 期叶面喷施调节剂对大豆株高的影响

R3 期叶喷植物生长调节剂对 K4 大豆株高的影响如图 3-64 所示。整体来看，K4 大豆株高呈逐渐增长的趋势，DTA-6 处理仍表现出较强的促进作用，而 TIBA 和 S3307 处理的抑制作用不明显。荚后 40 d，DTA-6 处理株高比 CK 增加 19.35%，而 TIBA 和 S3307 处理分别比对照降低 7.91% 和 4.37%。

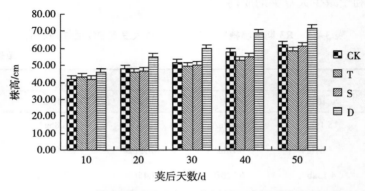

图 3-64　R3 期叶喷植物生长调节剂对 K4 大豆株高的影响

图 3-65 所示为 R3 期叶喷植物生长调节剂对 H50 大豆株高的影响。在整个取样时期内，处理与对照株高呈缓慢增加的趋势。与 K4 大豆不同，调节剂对 H50 大豆株高均起到促进作用，各时期 CK 株高均低于 3 个处理，但 DTA-6 处理的促进作用仍高于 TIBA 和 S3307 处理。

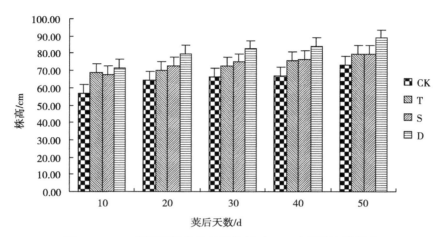

图 3-65　R3 期叶喷植物生长调节剂对 H50 大豆株高的影响

综上所述，R3 期叶喷植物生长调节剂，DTA-6 处理对 K4 和 H50 2 个品种大豆植株的生长高度均有促进作用，而 TIBA 和 S3307 处理，在 K4 大豆上表现为抑制作用，在 H50 大豆上则为促进作用。R3 期 3 种调节剂的作用效果不及 V3 期明显。

3.4.3.2　R3 期叶面喷施调节剂对大豆各部位干物质积累的调控

（1）R3 期叶面喷施调节剂对大豆单株叶片干重的影响

R3 期叶面喷施植物生长调节剂对 K4 大豆叶片干重的影响如图 3-66 所示。整体来看，在各个取样时期内，K4 大豆叶片干重呈先升高后降低的趋势，荚后 40 d，各处理和对照叶片达到最大值，40 ～ 50 d 开始下降，可能与其所处的时期叶片衰老脱落有关。各处理叶片干物质积累与对照相比有一定的优势，TIBA 处理表现得尤为明显，至荚后 40 d，差异达最大值，TIBA、S3307 和 DTA-6 处理分别比对照增加 35.71%、31.82% 和 27.02%，荚后 40 ～ 50 d，TIBA 处理下降幅度最小。

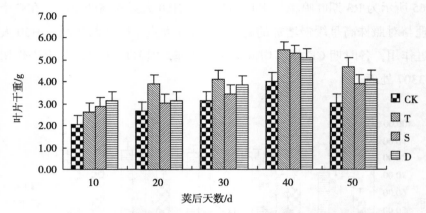

图 3-66　R3 期叶喷植物生长调节剂对 K4 大豆叶片干重的影响

图 3-67 所示为 R3 期叶喷植物生长调节剂对 H50 大豆叶片干重的影响。由图 3-67 可知，与 K4 大豆相同，H50 大豆各处理与对照叶片干重呈先升高后降低的变化趋势，至荚后 40 d 达最大值。3 种调节剂对叶片干物质积累起到了促进作用。TIBA 作用最为明显，DTA-6 次之。

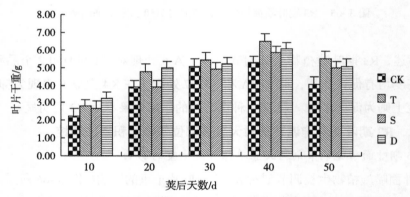

图 3-67　R3 期叶喷植物生长调节剂对 H50 大豆叶片干重的影响

综合分析可知，R3 期叶喷植物生长调节剂对大豆叶片干物质积累有促进作用，可促进大豆叶片生长，从而起到增加大豆产量的作用。可以看出，在 R3 期喷施不同调节剂对大豆叶片干重的影响程度不同，3 种调节剂作用效果为：TIBA ＞ DTA-6 ＞ S3307。

（2）R3 期叶面喷施调节剂对大豆单株叶柄干重的影响

R3 期叶喷植物生长调节剂对 K4 大豆单株叶柄干重的影响如图 3-68 所示。由图可知，各处理和对照叶柄干重呈单峰曲线变化趋势，在荚后 40 d 达到最大值。荚后 10 ～ 30 d，各处理对叶柄干重增加的程度表现不一，至荚后 40 ～ 50 d，TIBA 处理的优势比较明显，其叶柄干重下降的程度也最小。荚后 50 d，TIBA、S3307 和 DTA-6 处理分别比对照增加了 75.47%、45.02% 和 57.72%。R3 期叶喷植物生长调节剂对 K4 大豆单株叶柄干物质积累起到了促进作用。

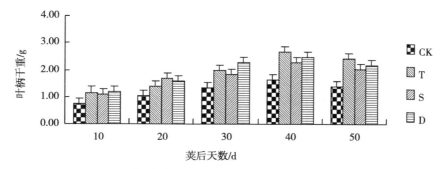

图 3-68   R3 期叶喷植物生长调节剂对 K4 大豆叶柄干重的影响

图 3-69 所示为 R3 期叶喷植物生长调节剂对 H50 大豆单株叶柄干重的影响。整体上看，H50 大豆叶柄干重变化趋势与 K4 大豆相似，逐渐升高后降低，荚后 40 d 为最高峰，各处理均增加叶柄干重。荚后 50 d，TIBA、S3307 和 DTA-6 处理分别比对照增加了 45.41%、6.21% 和 36.70%。R3 期叶喷植物生长调节剂对 H50 大豆单株叶柄干物质积累起到促进作用。

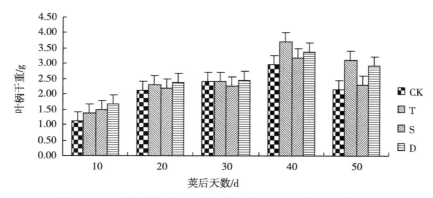

图 3-69   R3 期叶喷植物生长调节剂对 H50 大豆叶柄干重的影响

综上所述，R3 期叶喷植物生长调节剂对大豆单株叶柄干重产生了不同程度的影响，TIBA、S3307 和 DTA-6 处理均促进了叶柄干物质积累，有利于叶柄的生长发育，有利于光合产物的运输，TIBA 的作用效果最佳，DTA-6 次之。

（3）R3 期叶面喷施调节剂对大豆单株茎干重的影响

R3 期叶喷植物生长调节剂对 K4 大豆单株茎干重的影响如图 3-70 所示。各处理与对照茎干重呈逐渐升高又降低的趋势，表现为荚前期增长较快，中期变化平稳，后期缓慢下降。R3 期叶喷不同类型植物生长调节剂对 K4 大豆茎干重起到促进作用。荚后50 d 内，各处理茎干重均高于对照。荚后 10 d，各处理与对照茎干重表现为 S3307 > DTA-6 > TIBA > CK；荚后 20 d，TIBA、S3307 和 DTA-6 处理的茎干重积累量分别较 CK 增加 25.62%、31.68% 和 27.84%；荚后 20 ～ 40 d，各处理和对照茎干重缓慢增加；至荚后 40 ～ 50 d，开始缓慢下降；喷施调节剂前期，TIBA 处理对茎干重的作用效果不如 S3307 处理明显，喷施调节剂后期，TIBA 处理茎干重高于其他处理和对照，DTA-6 处理的优势也开始大于 S3307 处理。荚后 50 d，TIBA、S3307 和 DTA-6 处理对茎干重的作用强度表现为 TIBA > DTA-6 > S3307 > CK。进一步分析可知，荚后 30 ~ 50 d，TIBA 处理的茎干重一直维持在一个较高的水平，说明 TIBA 处理对 K4 大豆生育后期茎干物质积累的作用较大。

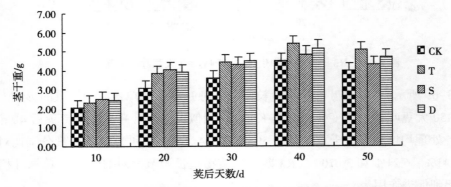

图 3-70　R3 期叶喷植物生长调节剂对 K4 大豆茎干重的影响

图 3-71 所示为 R3 期叶喷植物生长调节剂对 H50 大豆单株茎干重的影响。由图可知，H50 大豆茎干重的变化规律与 K4 大豆基本相同，呈前期增加较快、中期变化平稳、后期缓慢下降的趋势。在整个取样时期内，各处理茎干重始终高于对照，在荚后 10 ~ 40 d，TIBA 处理茎干重始终高于其他处理和对照，其中荚后 40 d，各处理对茎干重的作用效果为 TIBA > DTA-6 > S3307，且 TIBA、S3307 和 DTA-6 处理分别比对照增加 20.32%、8.42% 和 15.40%。

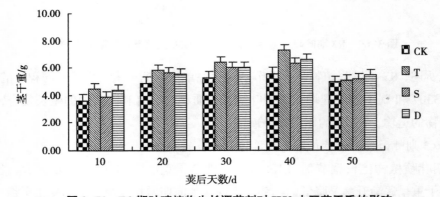

图 3-71　R3 期叶喷植物生长调节剂对 H50 大豆茎干重的影响

综上所述，R3 期叶喷不同类型植物生长调节剂对大豆茎干物质积累产生了不同的影响，TIBA、S3307 和 DTA-6 处理均促进了茎干物质积累，有利于植株的生长发育，有利于光合产物的运输。其中 TIBA 的作用效果最佳，DTA-6 次之。

（4）R3 期叶面喷施调节剂对大豆单株根干重的影响

R3 期叶喷植物生长调节剂对 K4 大豆单株根干重的影响如图 3-72 所示。各处理与对照根干重呈逐渐升高又降低的趋势，表现为荚前期增长较快，中期增长平稳，后期缓慢下降。R3 期叶喷不同类型植物生长调节剂对 K4 大豆根干重起到了促进作用，荚后60 d 内，各处理根干重均高于对照。荚后 10 d，各处理与对照根干重表现为 DTA-6 ＞TIBA ＞ S3307 ＞ CK；至荚后 20 d，TIBA、S3307 和 DTA-6 处理的根干重分别较 CK增加 16.62%、11.21% 和 24.67%；荚后 20 ～ 40 d，各处理和对照根干重缓慢增加；荚后 40 ～ 50 d，开始缓慢下降；喷施调节剂前期，TIBA 处理对根干重的作用效果不如DTA-6 处理明显但好于 S3307 处理，喷施调节剂后期，TIBA 处理根干重高于其他处理和对照。荚后 50 d，TIBA、S3307 和 DTA-6 处理对根干重的作用强度表现为 TIBA ＞DTA-6 ＞ S3307。由图可知，荚后 30 ～ 50 d，TIBA 处理的根干重一直维持在一个较高的水平，说明 TIBA 处理对 K4 大豆生育后期茎干物质积累的作用较大。

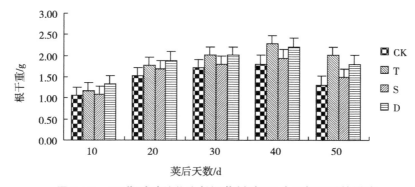

图 3-72　R3 期叶喷植物生长调节剂对 K4 大豆根干重的影响

图 3-73 所示为 R3 期叶喷植物生长调节剂对 H50 大豆单株根干重的影响。由图可知，H50 大豆根干重的变化规律与 K4 大豆基本相同，呈先增加后缓慢下降的趋势。除荚后 10 d 及 20 d 外，各处理根干重始终高于对照，在荚后 20 ～ 40 d，TIBA 处理茎干重始终高于其他处理和对照，其中荚后 40 d，各处理对根干重的作用效果为 TIBA ＞ S3307 ＞DTA-6，且 TIBA、S3307 和 DTA-6 处理分别比对照增加 18.53%、14.30% 和 6.29%。

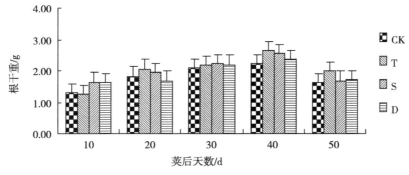

图 3-73　R3 期叶喷植物生长调节剂对 H50 大豆根干重的影响

综上所述，R3 期叶喷不同类型植物生长调节剂对大豆根干物质积累产生了不同的影响，TIBA、S3307 和 DTA-6 处理均促进了根干物质积累，有利于养分的运输和植株的生长发育。其中 TIBA 的作用效果最佳，DTA-6 次之。

（5）R3 期叶面喷施调节剂对大豆单株荚干重的影响

R3 期叶喷植物生长调节剂对 K4 大豆单株荚干重的影响如图 3–74 所示。不同类型调节剂作用下 K4 大豆荚干重呈不断上升的趋势，荚后 10 ~ 30 d，荚干重增加的速率较慢，荚后 30 ~ 50 d，荚干重增加的速率较快。在整个取样时期内，TIBA、S3307 和 DTA-6 处理荚干重始终高于对照，荚后 10 d，作用效果不明显，荚后 20 ~ 50 d，作用增强，其中荚后 50 d，TIBA、S3307 和 DTA-6 处理荚干重分别比对照提高了 33.09%、7.73% 和 23.81%。

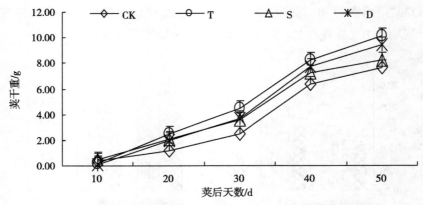

图 3–74　R3 期叶喷植物生长调节剂对 K4 大豆荚干重的影响

图 3–75 所示为 R3 期叶喷植物生长调节剂对 H50 大豆单株荚干重的影响。由图可知，H50 大豆荚干重的变化规律与 K4 大豆基本类似，呈逐渐增加的趋势，荚后 10 ~ 20 d，荚干重增加的速率较慢，荚后 20 ~ 50 d，荚干重的增加速率较快。TIBA、S3307 和 DTA-6处理对荚干重均起到显著的促进作用，但其作用效果相差不大，荚后 50 d，TIBA、S3307 和 DTA-6 处理荚干重分别比对照提高 58.24%、42.24%、和 40.76%。

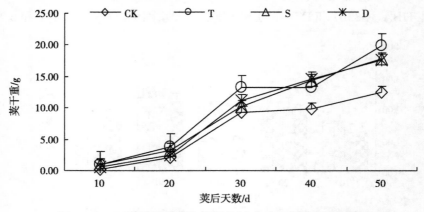

图 3–75　R3 期叶喷植物生长调节剂对 H50 大豆荚干重的影响

综上所述，R3 期叶喷不同类型植物生长调节剂对 K4 和 H50 大豆荚干物质积累的调控效果显著，TIBA、S3307 和 DTA-6 处理明显促进了大豆荚干物质积累，说明在 R3 期喷施 TIBA、S3307 和 DTA-6 能提高大豆产量。

3.4.4　R3 期叶面喷施调节剂对大豆叶片碳代谢指标的调控

3.4.4.1　R3 期叶面喷施调节剂对大豆光合性状的调控

（1）R3 期叶面喷施调节剂对大豆叶绿素含量的调控

图 3-76 所示为 R3 期叶喷植物生长调节剂对大豆叶绿素含量的影响情况。由图可知，叶绿素含量呈单峰曲线变化，荚后 10～30 d 缓慢上升，荚后 30～50 d 迅速下降。在荚后 50 d 内，各处理叶绿素含量均高于对照，喷药前期，DTA-6 处理作用效果明显，喷施调节剂后期，TIBA 处理优势明显。荚后 30 d，各处理与对照叶绿素含量大小为 DTA-6＞TIBA＞S3307＞CK；荚后 40～50 d，对照叶绿素含量下降最快，其次是 S3307 处理；荚后 40 d，TIBA、S3307 和 DTA-6 处理叶绿素含量分别比对照增加 59.82%、6.00% 和 30.25%。由此说明 R3 期叶面喷施植物生长调节剂可提高大豆叶绿素含量，叶绿素含量的提高，有利于光合能力的增强，为产量和品质的提高奠定了基础。其中作用效果显著的是 TIBA 和 DTA-6 处理。

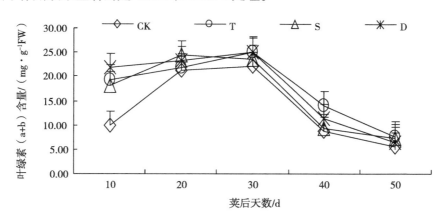

图 3-76　R3 期叶喷植物生长调节剂对大豆叶片叶绿素（a+b）含量影响

（2）R3 期叶面喷施调节剂对大豆光合速率和蒸腾速率的影响

由表 3-23 可知，R3 期叶喷植物生长调节剂不同处理光合速率变化略有不同，TIBA、S3307 和 DTA-6 处理呈现降低 – 升高 – 降低的趋势，TIBA、S3307、DTA-6 处理及 CK 光合速率的高峰均出现在荚后 10 d。从整个测定时期来看，R3 期调节剂处理均提高了大豆光合速率，增加幅度为 TIBA＞DTA-6＞S3307＞CK，荚 10～20 d，DTA-6 处理作用效果较好，后期 TIBA 光合速率增加得最快，其中在荚后 10 d，TIBA、S3307 和 DTA-6 处理光合速率与 CK 相比增加较显著，增加比例为 18.06%、6.15%、27.67%；荚后 50 d，TIBA、S3307 和 DTA-6 处理光合速率与 CK 相比增加 197.06%、

71.32%、184.56%。R3 期植物生长调节剂作用下大豆蒸腾速率呈降低 – 升高的变化趋势，而 CK 则呈现降低 – 升高 – 降低的曲线变化。整体来看，各处理对大豆蒸腾速率的影响与 CK 相比均发生了改变，TIBA 处理蒸腾速率在整个取样时期均高于对照，S3307和 DTA-6 处理在叶喷后 40 d 低于 CK，其他时期均高于对照。总的来说，R3 期叶喷植物生长调节剂对大豆蒸腾速率起到了增加作用。

表 3–23　R3 期叶喷不同植物生长调节剂对大豆叶片光合速率和蒸腾速率的影响

项目	处理	荚后天数				
		10 d	20 d	30 d	40 d	50 d
光合速率 / $[\mu mol(CO_2) \cdot m^{-2} \cdot s^{-1}]$	CK	20.82b	15.54b	14.80a	15.76b	2.72b
	TIBA	24.58ab	19.68ab	15.70a	22.62a	8.08a
	S3307	22.10b	16.54ab	13.72a	18.20b	4.66b
	DTA-6	26.58a	20.48a	15.00a	18.68b	7.74a
蒸腾速率 / $[mmol(H_2O) \cdot m^{-2} \cdot s^{-1}]$	CK	3.02b	2.22c	1.12b	4.20a	2.00c
	TIBA	4.04ab	3.48b	2.40a	4.50a	5.77a
	S3307	4.12ab	3.60ab	2.38a	3.00b	2.87c
	DTA-6	5.24a	4.43a	1.40ab	1.60c	4.33b

（3）R3 期叶面喷施调节剂对大豆 LAI 的影响

图 3–77 所示为 R3 期叶喷植物生长调节剂对大豆 LAI 的影响情况。由图可知，LAI 呈先升高后降低的趋势，荚后 10～30 d 迅速上升，荚后 30～50 d 缓慢下降。在荚后 50 d 内，各处理 LAI 均高于 CK，荚后 10 d，DTA-6 处理作用效果明显，荚后20～50 d，TIBA 处理优势明显。荚后 30 d 和 40 d，各处理与对照 LAI 大小为 TIBA ＞DTA-6 ＞ S3307 ＞ CK。荚后 40～50 d，对照 LAI 下降最快，其次是 S3307 处理。由此说明 R3 期叶面喷施植物生长调节剂可提高大豆 LAI，LAI 的提高为产量和品质的提高奠定了基础。其中作用效果显著的是 TIBA 和 DTA-6。

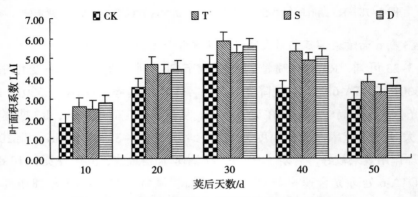

图 3–77　R3 期叶喷植物生长调节剂对大豆 LAI 影响

（4）R3 期叶面喷施调节剂对大豆 LAR 的影响

图 3-78 所示为 R3 期叶喷植物生长调节剂对大豆 LAR 的影响情况。整体上看，LAR 呈逐渐下降的趋势。在整个取样时期内，TIBA、S3307 和 DTA-6 处理 LAR 一直高于对照，荚后 10 ～ 20 d，各处理 LAR 均显著高于对照。荚后 20 d，各处理与对照 LAR 大小为 DTA-6 > S3307 > TIBA > CK。荚后 30 ～ 50 d，各处理与对照 LAR 相差不大。荚后 50 d，TIBA、S3307 和 DTA-6 处理 LAR 分别比对照增加 8.24%、0.79% 和 37.73%。由此说明 R3 期叶面喷施植物生长调节剂可提高大豆生育后期 LAR，保持较大的 LAR 有利于促进大豆荚的建成。其中作用效果最佳的是 DTA-6，其次是 S3307。

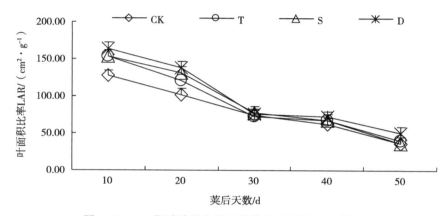

图 3-78　R3 期叶喷植物生长调节剂对大豆 LAR 影响

3.4.4.2　R3 期叶面喷施调节剂对大豆叶片 C/N 的影响

如图 3-79 所示，R3 期叶喷植物生长调节剂后，大豆叶片 C/N 呈逐渐升高又缓慢下降的趋势。整体上看，除荚后 20 d 外，各处理叶片 C/N 普遍高于 CK。荚后 10 d，TIBA、S3307 和 DTA-6 处理叶片 C/N 分别比 CK 高 5.80%、11.92% 和 1.89%；荚后 30 d，各处理叶片 C/N 大小表现为 TIBA > DTA-6 > S3307 > CK；荚后 50 d，TIBA、S3307 和 DTA-6 处理叶片 C/N 分别比 CK 高 18.88%、9.87% 和 1.44%。可以看出，R3 期叶喷植物生长调节剂对大豆叶片 C/N 起到了调控作用，有利于减少大豆荚的脱落。TIBA 和 S3307 分别作为生长抑制剂和生长延缓剂能够控制大豆植株的生长，提高叶片 C/N；DTA-6 处理为生长促进剂，对大豆叶片的同化物积累起到了促进作用。整体来看，3 种植物生长调节剂，以 TIBA 处理调控效果最佳，S3307 次之。

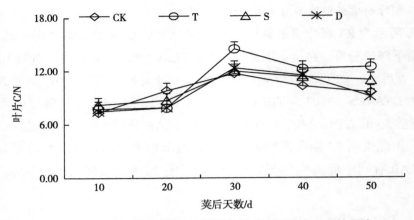

图 3-79　R3 期叶喷植物生长调节剂对大豆叶片 C/N 的影响

3.4.4.3　R3 期叶面喷施调节剂对大豆叶片碳代谢的调控

（1）R3 期叶面喷施调节剂对大豆叶片蔗糖含量的调控

图 3-80 所示为 R3 期叶面喷施植物生长调节剂对大豆叶片蔗糖含量的影响。由图可以看出，各处理与 CK 蔗糖含量呈下降 - 上升 - 下降的趋势，荚后 10 ～ 50 d，各处理蔗糖含量均高于 CK。荚后 10 d，TIBA、S3307 和 DTA-6 处理蔗糖含量分别比 CK 增加 37.58%、35.19% 和 51.79%；荚后 20 d 和 30 d，各处理与 CK 蔗糖含量大小表现为 TIBA ＞ DTA-6 ＞ S3307 ＞ CK；各处理蔗糖含量峰值均出现在荚后 40 d，TIBA、S3307 和 DTA-6 处理蔗糖含量分别比 CK 增加 46.91%、9.27% 和 72.47%。可见，R3 期叶面喷施植物生长调节剂增加了大豆蔗糖含量，蔗糖是光合作用的初产物，叶面喷施植物生长调节剂后大豆叶片光合性能增强，因此蔗糖含量也随之增加。

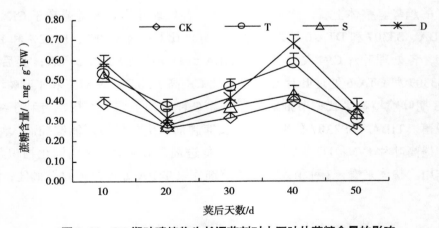

图 3-80　R3 期叶喷植物生长调节剂对大豆叶片蔗糖含量的影响

（2）R3 期叶面喷施调节剂对大豆叶片可溶性糖含量的调控

图 3-81 所示为 R3 期叶喷植物生长调节剂对大豆叶片可溶性糖含量的影响。由图 3-81 可以看出，各处理与 CK 可溶性糖含量呈下降 - 上升 - 下降的趋势。整体上看，各处理可溶性糖含量均高于 CK。荚后 10 d，TIBA、S3307 和 DTA-6 处理可溶性糖含量分别比 CK 增加 25.18%、17.29% 和 28.23%；荚后 20 d，各处理与 CK 可溶性糖含量大小表现为 TIBA ＞ S3307 ＞ DTA-6 ＞ CK；荚后 30 ～ 50 d，可溶性糖含量大小表现为 DTA-6 ＞ TIBA ＞ S3307 ＞ CK；各处理可溶性糖含量峰值出现在荚后 40 d。可见，R3 期叶喷植物生长调节剂提高了大豆可溶性糖含量，增强了叶片代谢能力。

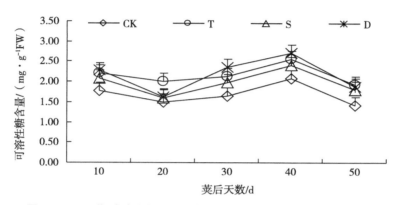

图 3-81　R3 期叶喷植物生长调节剂对大豆叶片可溶性糖含量的影响

（3）R3 期叶面喷施调节剂对大豆叶片淀粉含量的调控

由图 3-82 可知，R3 期叶面喷施植物生长调节剂后，TIBA、S3307、DTA-6 处理与 CK 大豆叶片淀粉含量大体呈下降 - 上升 - 下降的趋势，各处理淀粉含量均在荚后 30 d 达到最大值。整体上看，在整个取样时期内，各处理淀粉含量曲线一直处于 CK 上方。荚后 10 d，TIBA、S3307 和 DTA-6 处理淀粉含量分别比 CK 增加 27.81%、47.62% 和 17.19%；荚后 20 d，各处理及对照淀粉含量大小表现为 S3307 ＞ TIBA ＞ DTA-6 ＞ CK；荚后 30 d，TIBA、S3307 和 DTA-6 处理淀粉含量分别比 CK 增加 3.18%、19.83% 和 9.48%；荚后 40 d 和 50 d，各处理及对照淀粉含量大小表现为 TIBA ＞ DTA-6 ＞ S3307 ＞ CK。可见，R3 期叶面喷施植物生长调节剂，提高了大豆叶片淀粉含量。

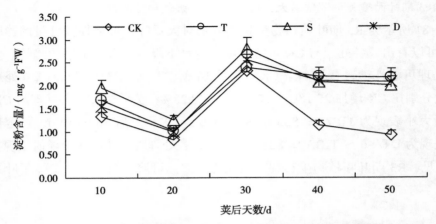

图 3-82　R3 期叶喷植物生长调节剂对大豆叶片淀粉含量的影响

（4）R3 期叶面喷施调节剂对大豆叶片总糖含量的调控

图 3-83 所示为 R3 期叶喷植物生长调节剂对大豆叶片总糖含量的影响情况。整体上看，CK 叶片总糖含量呈逐渐上升又缓慢下降的趋势，而各处理总糖含量呈下降 - 上升 - 下降的趋势，TIBA、S3307 和 DTA-6 处理和 CK 均在荚后 40 d 达到高峰。除荚后 20 d 外，TIBA、S3307 和 DTA-6 处理总糖含量一直高于 CK。荚后 10 d，TIBA、S3307 和 DTA-6 处理总糖含量分别比 CK 增加 12.79%、15.83% 和 14.13%；荚后 30 d 和 40 d，各处理与对照总糖含量大小为 TIBA > S3307 > DTA-6 > CK；荚后 50 d，TIBA、S3307 和 DTA-6 处理总糖含量分别比 CK 增加 22.38%、24.68% 和 15.54 %。可见，R3 期叶面喷施植物生长调节剂可提高大豆鼓粒期总糖含量，此期总糖含量的提高有利于大豆籽粒干物质积累，为产量和品质的形成奠定基础。其中作用效果显著的是 TIBA 处理，其次为 S3307。

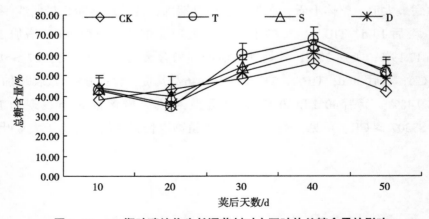

图 3-83　R3 期叶喷植物生长调节剂对大豆叶片总糖含量的影响

（5）R3 期叶面喷施调节剂对大豆叶片转化酶活性的调控

图 3-84 所示为 R3 期叶喷植物生长调节剂对大豆叶片转化酶活性的影响情况。整体上看，转化酶活性呈上升又逐渐下降的趋势，各处理与 CK 转化酶活性在荚后 20 d 达到最大值。除荚后 20 d 外，TIBA、S3307 和 DTA-6 处理转化酶活性一直低于 CK。荚后 10 d，TIBA、S3307 和 DTA-6 处理转化酶活性分别比 CK 低 5.68%、19.40% 和 21.32%；荚后 30 d，各处理与 CK 转化酶活性大小为 CK > DTA-6 > S3307 > TIBA；荚后 40 d，TIBA、S3307 和 DTA-6 处理转化酶活性分别比 CK 降低了 33.72%、11.69% 和 20.25%。可见，R3 期叶面喷施植物生长调节剂可降低大豆生长后期转化酶活性，有利于大豆植株光合产物向花荚的运输，有利于减少花荚的脱落，为产量和品质的提高奠定了基础。其中作用效果显著的是 TIBA，其次为 DTA-6。

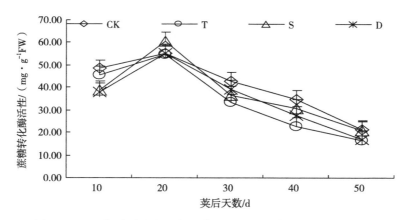

图 3-84 R3 期叶喷植物生长调节剂对大豆叶片转化酶活性的影响

3.4.5 R3 期叶面喷施调节剂对大豆叶片氮代谢指标的调控

3.4.5.1 R3 期叶面喷施调节剂对大豆叶片硝酸还原酶（NR）活性的调控

如图 3-85 所示，R3 期叶面喷施植物生长调节剂后，各处理大豆叶片 NR 活性呈逐渐降低的趋势。在取样的整个时期内，TIBA 和 DTA-6 处理的叶片 NR 活性均高于 CK。方差分析表明，荚后 10 ～ 50 d，TIBA 和 DTA-6 处理 NR 活性与 CK 差异显著；除荚后 20 d，S3307 处理的叶片 NR 活性均高于对照。可见 R3 期叶面喷施 3 种植物生长调节剂不同程度地提高了大豆 NR 活性，提高了叶片的代谢能力，其中以 TIBA 处理作用效果最好，DTA-6 处理次之。

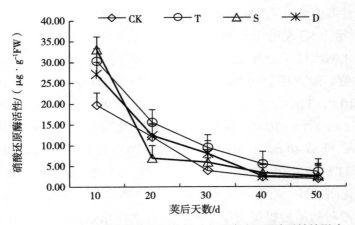

图 3-85　R3 期叶喷植物生长调节剂对大豆硝酸还原酶活性的影响

3.4.5.2　R3 期叶面喷施调节剂对大豆叶片全氮含量的影响

由图 3-86 可知，R3 期叶面喷施植物生长调节剂后，各处理大豆叶片全氮含量大体呈下降 - 升高 - 缓慢下降 - 升高的趋势。整体上看，荚后 50 d 内，各处理全氮含量普遍高于 CK。荚后 10 d，TIBA、S3307 和 DTA-6 处理大小表现为 TIBA > DTA-6 > S3307 > CK；荚后 30 d，TIBA、S3307 和 DTA-6 处理全氮含量分别比 CK 增加 6.32%、3.79% 和 20.21%；荚后 40 d，TIBA、S3307 和 DTA-6 处理全氮含量分别比 CK 增加 2.94%、13.48% 和 3.68%。可见，R3 期叶面喷施植物生长调节剂，能够提高大豆叶片全氮含量，DTA-6 处理在前期表现出最佳的作用效果，S3307 处理在后期表现最佳。

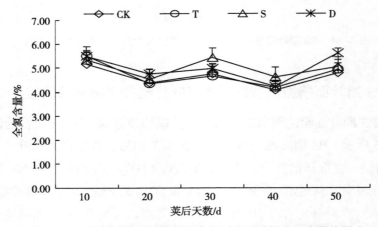

图 3-86　R3 期叶喷植物生长调节剂对大豆叶片全氮含量的影响

3.4.5.3　R3 期叶面喷施调节剂对大豆叶片可溶性蛋白含量的调控

图 3-87 所示为 R3 期叶面喷施植物生长调节剂对大豆叶片可溶性蛋白含量的影响。R3 期叶面喷施植物生长调节剂后，大豆叶片可溶性蛋白含量呈逐渐降低的趋势。整体上看，各处理在各个时期的可溶性蛋白含量均高于对照。方差分析表明，除荚后 50 d

外，TIBA 处理可溶性蛋白含量与对照差异显著；荚后 10 d，S3307 处理可溶性蛋白含量显著高于对照，而 DTA-6 处理差异不大；荚后 30 d 和 50 d，S3307 处理和 DTA-6 处理可溶性蛋白含量与对照相比差异不显著；荚后 40 d，S3307 处理和 DTA-6 处理可溶性蛋白含量显著高于对照，说明 R3 期叶面喷施植物生长调节剂可以不同程度提高大豆叶片可溶性蛋白含量。

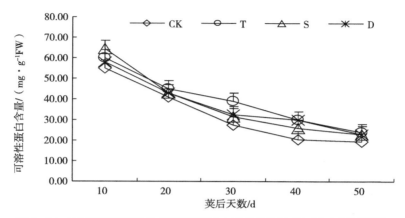

图 3-87　R3 期叶喷植物生长调节剂对大豆叶片可溶性蛋白含量的调控

3.4.5.4　R3 期叶面喷施调节剂对大豆叶片硝态氮含量的调控

图 3-88 所示为 R3 期叶面喷施植物生长调节剂对大豆叶片硝态氮含量的影响。R3 期叶面喷施植物生长调节剂后，大豆叶片硝态氮含量呈下降的趋势。整体上看，各处理硝态氮含量均高于 CK。荚后 10 d，各处理硝态氮含量显著高于 CK；荚后 20 d，各处理及对照硝态氮含量大小表现为 TIBA ＞ DTA-6 ＞ S3307 ＞ CK；荚后 50 d，TIBA、S3307 和 DTA-6 处理硝态氮含量分别比 CK 提高了 51.27%、29.05% 和 73.49%。可见，R3 期叶面喷施植物生长调节剂，提高了大豆叶片硝态氮含量，其中 TIBA 作用效果最佳，DTA-6 次之。

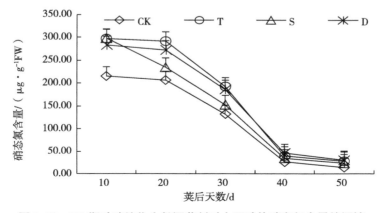

图 3-88　R3 期叶喷植物生长调节剂对大豆叶片硝态氮含量的调控

3.4.5.5 R3 期叶面喷施调节剂对大豆叶片游离氨基酸含量的调控

由图 3–89 可知，R3 期叶面喷施植物生长调节剂后，大豆叶片游离氨基酸含量呈下降 – 上升 – 下降的趋势变化。整体上看，除荚后 40 d 的 S3307 外，各处理游离氨基酸含量均高于 CK。其中荚后 20 d，TIBA、S3307 和 DTA-6 处理游离氨基酸含量分别比 CK 增加 23.97%、5.52% 和 8.10%；荚后 30 d，各处理及 CK 游离氨基酸含量大小表现为 TIBA > DTA-6 > S3307 > CK；荚后 50 d，TIBA、S3307 和 DTA-6 处理分别比 CK 增加 14.69%、3.43% 和 6.14%。方差分析可知，TIBA 处理在荚后 10 ～ 40 d 与 CK 差异达显著水平；DTA-6 处理游离氨基酸含量在荚后 10 d、30 d 和 40 d 显著高于 CK；S3307 处理游离氨基酸含量在荚后 10 d 和 30 d 时与对照差异显著。可见，R3 期叶面喷施植物生长调节剂可有效提高大豆叶片游离氨基酸含量，其中 TIBA 作用效果最佳，DTA-6 次之。

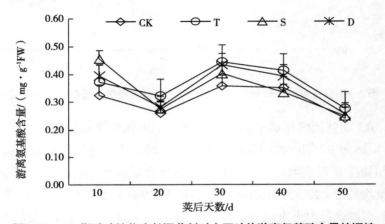

图 3–89　R3 期叶喷植物生长调节剂对大豆叶片游离氨基酸含量的调控

3.4.6　R3 期叶面喷施调节剂对大豆产量和品质的调控

3.4.6.1　R3 期叶面喷施调节剂对大豆产量的调控

由表 3–24 可以看出，R3 期叶面喷施植物生长调节剂提高了 K4 大豆产量，TIBA、S3307 和 DTA-6 处理分别比对照增加 18.01%、9.90% 和 15.12%。方差分析表明，TIBA、S3307 和 DTA-6 处理产量与 CK 相比差异达显著水平。R3 期叶面喷施植物生长调节剂对 H50 大豆产量的影响与 K4 大豆类似，3 种调节剂分别增产 18.16%、7.06% 和 11.45%，TIBA 处理产量显著高于 CK，而 S3307 和 DTA-6 与 CK 差异不显著。可见，R3 期叶面喷施植物生长调节剂对大豆产量的提高有促进作用，其中 TIBA 作用效果最佳，DTA-6 次之。

表 3–24　R3 期叶喷植物生长调节剂对大豆产量的调控

品种	处理	产量 / （kg·hm⁻²）			平均 / （kg·hm⁻²）	增产率 /%
		I	II	III		
K4	CK	2 206.40	2 032.40	2 012.69	2 083.83bA	—
	TIBA	2 481.46	2 489.30	2 406.71	2 459.16aA	18.01
	S3307	2 296.50	2 275.47	2 298.63	2 290.20aA	9.90
	DTA-6	2 421.50	2 519.43	2 256.00	2 398.98aA	15.12
H50	CK	2 070.28	1 891.92	1 930.31	1 964.17bA	—
	TIBA	2 452.60	2 236.96	2 272.78	2 320.78aA	18.16
	S3307	1 900.43	2 202.25	2 205.75	2 102.81abA	7.06
	DTA-6	2 357.76	2 122.82	2 086.86	2 189.15abA	11.45

3.4.6.2　R3 期叶面喷施调节剂对大豆籽粒蛋白和脂肪的调控

表 3–25 所示为 R3 期叶面喷施植物生长调节剂对 2 个品种大豆籽粒蛋白和脂肪含量的影响。由表可知，TIBA、S3307 和 DTA-6 处理均提高了 K4 大豆籽粒蛋白和脂肪含量。方差分析可知，各处理与 CK 间的差异不显著；S3307 和 DTA-6 处理显著提高了大豆籽粒的蛋脂总量，而 TIBA 处理与 CK 差异未达显著水平。H50 大豆与 K4 大豆相似，各处理普遍提高了大豆籽粒蛋白含量，但差异未达到显著水平；S3307 处理后籽粒脂肪含量有所增加，TIBA 和 DTA-6 处理后脂肪含量略有降低，3 个调节剂对 H50 脂肪含量的调控效果均不显著。TIBA 和 DTA-6 处理提高了大豆籽粒蛋脂总量，与 CK 差异显著，而 S3307 处理与 CK 差异未达到显著水平。可见，R3 期叶面喷施植物生长调节剂提高了大豆籽粒品质。

表 3–25　R3 期叶喷不同植物生长调节剂对大豆籽粒蛋白和脂肪含量的调控

处理	K4			H50		
	蛋白 /%	脂肪 /%	蛋脂总量 /%	蛋白 /%	脂肪 /%	蛋脂总量 /%
CK	40.65aA	20.20aA	60.85 bA	36.26aA	22.87aA	59.13bA
TIBA	40.99aA	20.83aA	61.82abA	37.48aA	22.67aA	60.15aA
S3307	41.93aA	20.43aA	62.36aA	36.61aA	23.17aA	59.78abA
DTA-6	42.01aA	20.35aA	62.36aA	38.19aA	22.53aA	60.72aA

3.4.6.3　R3 期叶面喷施调节剂对大豆收获指数的调控

表 3–26 所示为 R3 期叶喷不同植物生长调节剂对大豆收获指数的影响。由表可知，TIBA、S3307 和 DTA-6 处理提高了 K4 大豆收获指数，整体上看，TIBA、S3307 和 DTA-6 处理与对照间的差异显著，各处理显著提高了大豆收获指数。H50 大豆与 K4 大豆相似，TIBA、S3307 和 DTA-6 处理均提高了大豆收获指数，且差异均达到显著水平。

可见，R3 期叶面喷施 TIBA、S3307 和 DTA-6 提高了大豆收获指数，2 个品种间效果基本相似。整体上看，TIBA 作用效果最佳。

表 3-26　R3 期叶喷不同植物生长调节剂对大豆收获指数的调控

品种	处理	收获指数			平均
		I	II	III	
K4	CK	0.39	0.40	0.38	0.39b
	TIBA	0.46	0.47	0.50	0.48a
	S3307	0.44	0.48	0.44	0.46a
	DTA-6	0.46	0.45	0.49	0.46a
H50	CK	0.43	0.44	0.46	0.44c
	TIBA	0.51	0.50	0.52	0.51a
	S3307	0.46	0.47	0.47	0.47b
	DTA-6	0.47	0.47	0.46	0.47b

3.5　不同时期叶面喷施植物生长调节剂对大豆花荚调控效应的比较分析

3.5.1　不同时期叶面喷施调节剂大豆花荚建成比较

由图 3-1、图 3-31 可知，V3 期和 R1 期叶喷植物生长调节剂后，大豆花数的增长规律基本相同，呈先上升后下降的趋势。TIBA、S3307 和 DTA-6 处理植株花数在喷施后大部分时间内高于 CK。V3 期叶喷 S3307 对大豆花数有一定促进作用；R1 期叶喷 DTA-6 处理作用效果最佳，S3307 处理次之。

由图 3-2、图 3-32 和图 3-61 可以看出，不同时期叶喷植物生长调节剂后，大豆植株荚数的增长规律基本相同，均呈先上升后下降的趋势。V3、R1 和 R3 期叶喷植物生长调节剂对大豆植株荚数都有一定促进作用，其中 V3 期叶喷调节剂前期作用效果最佳的为 S3307 处理，后期最好的为 DTA-6 处理；R1 期叶喷调节剂前期作用效果最佳的为 DTA-6 处理，后期最好的为 S3307 处理；R3 期叶喷调节剂前期作用效果最佳的为 TIBA 处理，后期最好的为 DTA-6 处理。

由表 3-2 和表 3-11 可知，R1 期叶喷植物生长调节剂后，总花数和总荚数低于 V3 期；在成熟荚数上，TIBA 和 S3307 处理在 V3 期高于 R1 期，DTA-6 处理在 R1 期高于 V3 期；整体上看，S3307 处理在 V3 期作用效果较好，而 DTA-6 处理在 R1 期表现最佳。

3.5.2　不同时期叶面喷施调节剂大豆花荚建成相关酶活性比较

3.5.2.1　不同时期叶面喷施调节剂对大豆花荚纤维素酶活性的调控

由表 3–3、表 3–12 可知，V3 期和 R1 期叶喷植物生长调节剂后，TIBA、S3307 和 DTA-6 处理大豆花及落花纤维素酶活性均小于 CK，花中纤维素酶活性整体上小于落花。就花纤维素酶活性而言，V3 期降低的幅度要小于 R1 期，且 V3 期差异未达显著水平，作用效果不大，而 R1 期处理与 CK 差异极显著，说明 R1 期喷施调节剂对花中纤维素酶活性起到了较好的调控作用。对于落花纤维素酶活性，V3 期降低的幅度也小于 R1 期，V3 期 S3307 和 DTA-6 处理落花纤维素酶活性显著低于 CK，而 R1 期各处理与 CK 差异极显著，间接说明调节剂在 V3 期及 R1 期对落花纤维素酶活性均起到了调控作用。

由图 3–3、图 3–33 和图 3–62 可以看出，V3 期叶喷植物生长调节剂后，大豆荚纤维素酶活性呈上升的趋势，R1 期叶喷调节剂大豆荚纤维素酶活性呈先下降后升高的趋势，R3 期叶喷调节剂大豆荚纤维素酶活性则为先上升后下降的趋势。V3、R1 和 R3 期叶喷植物生长调节剂对大豆植株纤维素酶活性都有一定抑制作用。

由图 3–4、图 3–34 和图 3–63 可知，不同时期叶喷植物生长调节剂后，大豆落荚纤维素酶活性变化规律不同，V3 期各处理落荚纤维素酶活性呈升高 – 降低 – 升高的趋势，R1 期各处理落荚纤维素酶活性总体呈逐渐升高的趋势，R3 期大豆落荚纤维素酶活性则为先上升后下降的趋势，S3307 处理在 V3 期显著降低了落荚纤维素酶活性，DTA-6 处理在 R1 期对纤维素酶活性的作用效果好于其他处理，TIBA 在 R3 期喷施作用效果最佳。

整体上看，V3 期作用效果最佳的为 S3307 处理；R1 期作用效果最佳的为 DTA-6 处理；R3 期作用效果最佳的为 TIBA 处理。

3.5.2.2　不同时期叶面喷施调节剂对大豆花荚 PG 活性的调控

由表 3–4、表 3–13 可知，V3 期和 R1 期叶喷植物生长调节剂后，TIBA、S3307 和 DTA-6 处理大豆花及落花 PG 活性均小于 CK，花 PG 活性整体上小于落花。就花 PG 活性而言，V3 期降低的幅度要小于 R1 期，V3 期及 R1 期处理与 CK 差异极显著，说明在 V3 期和 R1 期喷施调节剂对花中 PG 活性均起到了较好的调控作用；对于落花 PG 活性，V3 期降低的幅度也小于 R1 期，V3 期 TIBA 和 S3307 处理落花 PG 活性高于 R1 期，而 DTA-6 处理则低于 R1 期，间接说明调节剂在 V3 期及 R1 期对落花 PG 活性均起到了调控作用。

由表 3–5、表 3–14 和表 3–21 可以看出，各时期叶喷植物生长调节剂后，大豆荚 PG 活性变化规律不同，TIBA、S3307 和 DTA-6 处理大豆荚 PG 活性在 V3、R1 和 R3 期表现不同。V3、R1 和 R3 期叶喷植物生长调节剂对大豆植株 PG 活性都有一定抑制作用，在部分时期差异达显著水平，说明不同时期叶喷植物生长调节剂对大豆荚 PG 活性均起到了调控作用。

由表 3-6、表 3-15 和表 3-22 可知，不同时期叶喷植物生长调节剂后，大豆落荚 PG 活性变化规律不同，V3 期各处理落荚 PG 活性呈升高 – 降低 – 升高的趋势，R1 期各处理落荚 PG 活性总体呈先降低后升高的趋势，R3 期大豆落荚 PG 活性则为降低 – 升高 – 降低的趋势；S3307 在 V3 期降低了落荚 PG 活性，DTA-6 在 R1 期对 PG 活性的作用效果好于其他处理，TIBA 在 R3 期喷施作用效果最佳。

整体上看，V3 期作用效果最佳的为 S3307；R1 期作用效果最佳为 DTA-6；R3 期作用效果最佳的为 TIBA。

3.5.3 不同时期叶面喷施调节剂大豆植株生长发育比较

3.5.3.1 不同时期叶面喷施调节剂对大豆株高的调控

不同时期叶喷植物生长调节剂后，随着生育期的推进，与对照相比，TIBA、S3307 和 DTA-6 处理 2 个品种大豆植株高度均呈升高趋势，V3 期和 R1 期 DTA-6 处理株高有促进作用，而 TIBA 和 S3307 处理对株高有抑制作用，R3 期叶喷植物生长调节剂，DTA-6 处理对 K4 和 H50 2 个品种大豆植株的生长高度均有促进作用，而 TIBA 和 S3307 处理在 K4 大豆上表现为抑制作用，R1 期及 R3 期 3 种调节剂的作用效果不及 V3 期明显。

3.5.3.2 不同时期叶面喷施调节剂对大豆干物质积累的调控

如图 3-7 至图 3-16 所示，V3 期叶喷植物生长调节剂后，对 2 个品种大豆各部位干重产生了不同程度的影响，S3307 和 DTA-6 处理促进了叶片、叶柄、茎、根及荚的干物质积累，有利于植株的生长发育，TIBA 处理抑制了叶片、叶柄、茎及荚的干物质积累，促进了根的干物质积累，对植株的生长产生了负面影响。

由图 3-37 至图 3-46 可知，R1 期叶喷植物生长调节剂后，对 2 个品种大豆各部位干重产生了不同程度的影响，S3307 和 DTA-6 处理明显促进了叶片、叶柄、茎、根及荚的干物质积累，有利于植株的生长发育，而 TIBA 处理促进作用不大。

如图 3-66 至图 3-75 所示，R3 期叶喷植物生长调节剂后，对 2 个品种大豆各部位干重产生了不同程度的影响，TIBA、S3307 和 DTA-6 处理明显促进了叶片、叶柄、茎、根及荚的干物质积累，有利于植株的生长发育，作用效果最佳的为 TIBA。

整体上看，V3 期作用效果最佳的为 S3307；R1 期作用效果最佳为 DTA-6；R3 期作用效果最佳的为 TIBA。

3.5.4 不同时期叶面喷施调节剂大豆碳代谢相关指标比较

3.5.4.1 不同时期叶面喷施调节剂对大豆光合性状的调控

（1）不同时期叶面喷施调节剂对大豆叶绿素含量的调控

图 3-17、图 3-47 和图 3-76 所示为 V3、R1 和 R3 期叶喷植物生长调节剂对大豆

叶绿素含量的影响情况。V3、R1 及 R3 期 H50 大豆叶绿素含量均呈单峰曲线变化，分别喷施调节剂后 50 d、40 d 和 30 d 达到最高峰，之后开始下降，调节剂在 K4 大豆的作用效果与 H50 大豆相同。V3 期 TIBA 和 S3307 处理叶绿素含量一直高于对照，花后 30 d，DTA-6 处理稍微低于对照，其他时期均高于对照；R1 期各处理叶绿素含量均高于对照，其中 DTA-6 处理始终高于其他处理和对照；R3 期各处理叶绿素含量均高于对照，喷施调节剂前期，DTA-6 处理作用效果明显，喷施调节剂后期，TIBA 处理优势明显。不同时期叶面喷施植物生长调节剂可提高大豆鼓粒期叶绿素含量，有利于促进籽粒灌浆时的光合物质生产能力。

（2）不同时期叶面喷施调节剂对大豆光合速率的调控

由表 3-7、表 3-16 和表 3-23 可知，V3 和 R1 期叶喷植物生长调节剂后不同处理大豆光合速率变化规律相同，TIBA、S3307 和 DTA-6 处理呈现先升高后降低的趋势，V3 期 S3307、DTA-6 处理及 CK 光合速率的高峰出现在花后 30 d，而 TIBA 处理则出现在花后 40 d，叶喷前期，DTA-6 处理作用效果较好，后期 S3307 光合速率增加得最快，后期较高的光合速率有利于荚的建成；而 R1 期光合速率高峰出现在花后 30 d，而且 DTA-6 处理与 CK 差异达显著水平。

R3 期叶喷 TIBA、S3307 和 DTA-6 后，大豆光合速率呈降低 - 升高 - 降低趋势。从整个测定时期来看，R3 期 3 种调节剂处理均提高了大豆光合速率，增加幅度为 TIBA > DTA-6 > S3307 > CK，花后 10 ～ 20 d，DTA-6 处理作用效果较好，后期 TIBA 光合速率增加得最快。

整体上看，V3 期作用效果最佳的为 S3307 处理；R1 期作用效果最佳为 DTA-6 处理；R3 期作用效果最佳的为 TIBA 处理。

（3）不同时期叶面喷施调节剂对大豆 LAI、LAR 的调控

图 3-18、图 3-48 和图 3-77 所示为 V3、R1 和 R3 期叶喷植物生长调节剂对大豆 LAI 的影响情况。V3、R1 和 R3 期叶喷植物生长调节剂后大豆叶面积指数呈单峰曲线变化，V3 期花后 50 d 达到最高峰，R1 期花后 40 d 达到最大值，之后开始下降，R3 期 LAI 荚后 10 ～ 30 d 迅速上升，荚后 30 ～ 50 d 缓慢下降。V3、R1 和 R3 期叶面喷施植物生长调节剂可提高大豆的 LAI，保持较大的 LAI，为光合作用提供光能截获，为产量的提高提供了重要的保证。

由图 3-19、图 3-49 和图 3-78 可以看出，V3、R1 和 R3 期叶喷植物生长调节剂后 LAR 均呈逐渐下降的趋势。V3 期 S3307 和 DTA-6 处理 LAR 一直高于对照，花后 50 d，TIBA 处理稍微高于对照，其他时期均低于对照；R1 期 S3307 和 DTA-6 处理 LAR 一直高于对照，除花后 30 d 外，TIBA 处理 LAR 均高于对照；R3 期 TIBA、S3307 和 DTA-6 处理 LAR 曲线一直处于对照上方。V3、R1 和 R3 期叶面喷施植物生长调节剂可提高大豆的 LAR，保持较大的 LAR，为产量的提高提供了重要的保证。

整体上看，分析调节剂对 LAI 的调控可知，V3 期作用效果最佳的为 S3307；R1

期作用效果最佳为 DTA-6；R3 期作用效果最佳的为 TIBA。分析调节剂对 LAR 的调控可知，V3 期作用效果最佳的为 S3307；R1 期和 R3 期作用效果最佳为 DTA-6。

3.5.4.2 不同时期叶面喷施调节剂对大豆碳氮同化物代谢调控

（1）不同时期叶面喷施调节剂对大豆 C/N 的调控

图 3-20、图 3-50 和图 3-79 所示为 V3、R1 和 R3 期叶喷植物生长调节剂对大豆 C/N 的影响情况。V3、R1 期叶喷植物生长调节剂后，大豆叶片 C/N 呈缓慢下降又逐渐升高的趋势；R3 期喷施植物生长调节剂后，大豆叶片 C/N 呈逐渐升高又缓慢下降的趋势。V3、R1 和 R3 期叶面喷施植物生长调节剂可提高大豆叶片 C/N，保持较大的 C/N，说明叶喷植物生长调节剂对大豆叶片 C/N 起到了调控作用，有利于减少大豆荚的脱落。

整体上看，V3 期作用效果最佳的为 S3307；R1 期作用效果最佳为 DTA-6；R3 期作用效果最佳的为 TIBA。

（2）不同时期叶面喷施调节剂对大豆碳代谢的调控

①不同时期叶面喷施调节剂对大豆蔗糖含量的调控

由图 3-21、图 3-51 和图 3-80 可以看出，V3 期和 R1 期叶面喷施植物生长调节剂后，大豆各处理与 CK 蔗糖含量呈上升-下降-上升的趋势。V3 期和 R1 期花后 20～50 d，各处理蔗糖含量一直高于对照；R3 期叶面喷施调节剂后，各调节剂处理和 CK 蔗糖含量呈下降-上升-下降的趋势，其中 R3 期荚后 10～50 d，各处理蔗糖含量一直高于对照。V3、R1 和 R3 期叶面喷施 TIBA、S3307 和 DTA-6 可提高大豆蔗糖含量，可能是叶喷植物生长调节剂后大豆叶片光合性能增强所致。

整体上看，V3 期作用效果最佳的为 S3307；R1 期和 R3 期作用效果最佳为 DTA-6。

②不同时期叶面喷施调节剂对大豆可溶性糖含量的调控

图 3-22、图 3-52 和图 3-81 所示为 V3、R1 和 R3 期叶面喷施植物生长调节剂对大豆可溶性糖含量的影响。可以看出，V3 期和 R1 期各处理与 CK 可溶性糖含量呈上升-下降-上升的趋势，R3 期各处理与 CK 呈下降-上升-下降的趋势。各处理可溶性糖含量均高于 CK。可见，不同时期叶喷 TIBA、S3307 和 DTA-6 增加了大豆可溶性糖含量，增强了叶片代谢能力。

整体上看，V3 期作用效果最佳的为 S3307；R1 期和 R3 期作用效果最佳为 DTA-6。

③不同时期叶面喷施调节剂对大豆淀粉含量的调控

由图 3-23、图 3-53 和图 3-82 可知，V3 期叶面喷施 S3307 和 DTA-6 处理后，大豆叶片淀粉含量大体呈上升-下降-上升-下降的趋势，而 TIBA 处理和 CK 在 V3 期呈单峰曲线变化。R1 期叶面喷施植物生长调节剂后，各处理与 CK 呈下降-上升-下降趋势。R3 期叶面喷施植物生长调节剂后，TIBA、S3307、DTA-6 处理与 CK 大豆叶片淀粉含量大体呈下降-上升-下降-上升的趋势。S3307 在 V3 期喷施表现出最佳的作用效果，DTA-6 在 R1 期喷施作用效果最佳，而 S3307 在 R3 期喷施作用效果优于其他处理。

④不同时期叶面喷施调节剂对大豆总糖含量的调控

图 3-24、图 3-54 和图 3-83 所示为 V3、R1 和 R3 期叶喷植物生长调节剂对大豆总糖含量的影响情况。整体上看，V3 和 R1 期喷施后总糖含量呈逐渐下降又缓慢上升的趋势。在 V3 期和 R1 期整个取样时期内，TIBA、S3307 和 DTA-6 处理总糖含量一直高于 CK。R3 期喷施后，各处理总糖含量普遍高于 CK。说明不同时期叶面喷施 TIBA、S3307 和 DTA-6，提高了大豆叶片总糖含量。有利于提高大豆叶片 C/N，也为大豆产量提高打下了良好的基础。

整体上看，V3 期作用效果最佳的为 S3307；R1 期作用效果最佳为 DTA-6；R3 期作用效果最佳的为 TIBA。

⑤不同时期叶面喷施调节剂对大豆转化酶活性的调控

由图 3-25、图 3-55 和图 3-84 可知，不同时期叶喷植物生长调节剂后，转化酶活性均呈倒 "V" 形曲线变化。V3 期喷施调节剂后 30 d 后，TIBA、S3307 和 DTA-6 处理转化酶活性一直低于 CK；R1 期各处理转化酶活性在花后 30 d 达到最大值，而 CK 则在花后 20 d 达到最大值，除花后 30 d 外，TIBA、S3307 和 DTA-6 处理转化酶活性一直低于 CK；R3 期各处理与 CK 转化酶活性在喷施调节剂后 20 d 达到最大值。除荚后 20 d 外，TIBA、S3307 和 DTA-6 处理转化酶活性一直低于 CK。可见，各时期叶面喷施植物生长调节剂可降低大豆生长后期转化酶活性，有利于大豆植株光合产物向花荚的运输，有利于减少植株花荚的脱落，为产量和品质的提高奠定了基础。

整体上看，V3 期作用效果最佳的为 S3307；R1 期作用效果最佳为 DTA-6；R3 期作用效果最佳的为 TIBA。

3.5.5 不同时期叶面喷施调节剂大豆氮代谢相关指标比较

3.5.5.1 不同时期叶面喷施调节剂对大豆叶片硝酸还原酶含量的调控

如图 3-26、图 3-56 和图 3-85 所示，不同时期叶面喷施植物生长调节剂后，TIBA、S3307 和 DTA-6 处理大豆 NR 活性呈逐渐降低的趋势，在取样的整个时期内，TIBA、S3307 和 DTA-6 处理的 NR 活性均高于 CK，叶面喷施植物生长调节剂可不同程度地提高了大豆 NR 活性，提高了叶片的氮代谢能力。

3.5.5.2 不同时期叶面喷施调节剂对大豆叶片全氮含量的调控

由图 3-27、图 3-57 和图 3-86 可知，不同时期叶面喷施植物生长调节剂后，TIBA、S3307 和 DTA-6 处理大豆叶片全氮含量大体呈逐渐下降的趋势。V3 期叶面喷施植物生长调节剂，提高了大豆叶片全氮含量，S3307 处理在此时期喷施表现出最佳的作用效果，DTA-6 次之；R1 期叶面喷施植物生长调节剂，DTA-6 和 S3307 处理提高了大豆叶片全氮含量，而 TIBA 则有所抑制；R3 期喷施后，能够提高大豆叶片全氮含量，DTA-6 处理在前期表现出最佳的作用效果，S3307 处理在后期表现最佳。

3.5.5.3 不同时期叶面喷施调节剂对大豆叶片可溶性蛋白含量的调控

图 3-28、图 3-58 和图 3-87 所示为不同时期叶面喷施 TIBA、S3307 和 DTA-6 对大豆叶片可溶性蛋白含量的影响。V3 期和 R1 期叶面喷施植物生长调节剂后，大豆叶片可溶性蛋白含量呈先升高后降低的趋势，V3 期除花后 40 d 的 TIBA 处理外，各处理可溶性蛋白含量均高于对照。R1 期除喷施调节剂后 30 d 的 TIBA 处理及花后 50 d 的 S3307 处理外，各处理在各个时期的可溶性蛋白含量均高于对照。R3 期叶面喷施调节剂后，随着生育期的推进，各调节剂和对照叶片可溶性蛋白呈下降趋势。R3 期各调节剂处理在各个时期的可溶性蛋白含量均高于对照。说明，V3、R1 和 R3 期叶面喷施 TIBA、S3307 和 DTA-6 可以不同程度提高大豆叶片可溶性蛋白含量。

整体上看，V3 期作用效果最佳的为 S3307；R1 期作用效果最佳为 DTA-6；R3 期作用效果最佳的为 TIBA。

3.5.5.4 不同时期叶面喷施调节剂对大豆叶片硝态氮含量的调控

由图 3-29、图 3-59 和图 3-88 可知，V3 和 R1 期叶面喷施植物生长调节剂后，大豆叶片硝态氮含量呈先升高后降低的趋势，R3 期喷施后呈下降的趋势。整体上看，V3 期除喷施调节剂后 30 d TIBA 处理外，各处理硝态氮含量均高于 CK；R1 期除花后 30 d、40 d 的 S3307 处理及花后 50 d 的 TIBA 处理外，各处理硝态氮含量均高于 CK；R3 期各处理在取样的整个时期硝态氮含量均高于 CK。可见，叶面喷施植物生长调节剂，提高了大豆叶片硝态氮含量。其中 V3 期 S3307 作用效果最佳；R1 期 DTA-6 作用效果最佳；R3 期 TIBA 作用效果最佳。

3.5.5.5 不同时期叶面喷施调节剂对大豆叶片游离氨基酸含量的调控

如图 3-30、图 3-60 和图 3-89 所示，V3 期叶面喷施 TIBA、S3307 和 DTA-6 处理后，大豆叶片游离氨基酸含量呈降低 – 升高 – 降低的趋势，R1 和 R3 期叶面喷施植物生长调节剂后，大豆叶片游离氨基酸含量呈 "S" 形曲线变化。整体上看，V3 期除花后 40 d 外，各处理游离氨基酸含量均高于 CK；R1 期除花后 20 d 外，各处理游离氨基酸含量曲线均高于 CK；R3 期除荚后 40 d 的 S3307 外，各处理游离氨基酸含量均高于 CK。V3、R1 和 R3 期叶面喷施植物生长调节剂，普遍提高了大豆叶片游离氨基酸含量。其中 V3 期 S3307 作用效果最佳；R1 期 DTA-6 作用效果最佳；R3 期 TIBA 作用效果最佳。

3.5.6 不同时期叶面喷施调节剂大豆产量和品质比较

3.5.6.1 不同时期叶面喷施调节剂对大豆产量的调控

由表 3-27 和表 3-28 可以看出，不同时期叶喷 S3307 和 DTA-6 对 2 个品种大豆产量均有不同程度的提高，V3 期叶喷 TIBA 降低了大豆产量。整体上看，K4 大豆 R1 期喷施 S3307 和 DTA-6 产量高于 V3 期和 R3 期，比 V3 期分别高 8.81% 和 34.47%，比 R3 期分别高 7.44% 和 10.51%，R3 期喷施 TIBA 产量高于 V3 期和 R1 期，分别高

36.54% 和 7.38%。H50 大豆 R1 期喷施 TIBA、S3307 和 DTA-6 产量高于 V3 期和 R3 期喷施。就调节剂对 H50 品种的增产率而言，不同调节剂最佳调控效果表现在不同叶面喷施时期。其中 R1 期喷施 DTA-6 的调控效果最好，增产率达 18.87%；V3 期喷施 S3307 的调控效果最好，增产率达 18.83%；R3 期喷施 TIBA 的调控效果最好，增产率达 18.16%。各时期对照的产量差异较大，可能与地力基础条件存在差异有关。

整体上看，V3 期作用效果最佳的为 S3307；R1 期作用效果最佳为 DTA-6；R3 期作用效果最佳的为 TIBA。

表 3-27　不同时期叶喷植物生长调节剂对 K4 大豆产量的调控

处理	产量 / (kg·hm^{-2})			增产率 /%		
	V3	R1	R3	V3	R1	R3
CK	1 857.16	2 143.83	2 083.83	—	—	—
TIBA	1 801.11	2 290.25	2 459.16	−3.02	6.83	18.01
S3307	2 261.20	2 460.49	2 290.20	21.76	14.77	9.90
DTA-6	1 971.63	2 651.16	2 398.98	6.16	23.66	15.12

表 3-28　不同时期叶喷植物生长调节剂对 H50 大豆产量的调控

处理	产量 / (kg·hm^{-2})			增产率 /%		
	V3	R1	R3	V3	R1	R3
CK	1 997.50	2 230.84	1 964.17	—	—	—
TIBA	1 946.42	2 466.11	2 320.78	−2.56	10.55	18.16
S3307	2 373.66	2 567.23	2 102.81	18.83	15.08	7.06
DTA-6	2 072.40	2 651.88	2 189.15	3.75	18.87	11.45

3.5.6.2　不同时期叶面喷施调节剂对大豆蛋白和脂肪的调控

表 3-29 和表 3-30 所示为不同时期叶喷植物生长调节剂对 2 个品种大豆籽粒蛋白和脂肪的影响。整体上看，K4 大豆，V3 期喷施 TIBA、S3307 和 DTA-6 籽粒蛋白含量普遍高于 R1 期和 R3 期，R1 期喷施 TIBA、S3307 和 DTA-6 的脂肪含量高于 V3 期和 R3 期，但是差别不大。就蛋脂总量而言，V3 期喷施 TIBA、S3307 和 DTA-6 最高。H50 大豆，R3 期喷施 TIBA、S3307 和 DTA-6 籽粒蛋白含量高于 V3 期和 R1 期，R1 期喷施 TIBA、S3307 和 DTA-6 的脂肪含量高于 V3 期和 R3 期，但是差别很小。就蛋脂总量而言，R3 期喷施 TIBA 和 DTA-6、R1 期喷施 DTA-6 最高，R1 期喷施 TIBA 和 S3307、R3 期喷施 S3307 次之。

整体上看，V3 期作用效果最佳的为 S3307 处理；R1 期作用效果最佳为 DTA-6 处理；R3 期作用效果最佳的为 DTA-6 处理。

表 3–29　不同时期叶喷植物生长调节剂对 K4 大豆蛋白和脂肪含量的调控

处理	蛋白 /%			脂肪 /%			蛋脂总量 /%		
	V3	R1	R3	V3	R1	R3	V3	R1	R3
CK	40.65	39.58	40.65	20.20	20.20	20.20	60.85	59.68	60.85
TIBA	42.33	40.61	40.99	20.10	20.97	20.83	62.44	61.58	61.82
S3307	41.62	40.30	41.93	21.13	21.63	20.43	62.75	61.93	62.36
DTA-6	42.97	40.65	42.01	20.50	21.07	20.35	63.17	61.72	62.37

表 3–30　不同时期叶喷植物生长调节剂对 H50 大豆蛋白和脂肪含量的调控

处理	蛋白 /%			脂肪 /%			蛋脂总量 /%		
	V3	R1	R3	V3	R1	R3	V3	R1	R3
CK	36.26	36.26	36.26	22.87	22.87	22.87	59.13	59.13	59.13
TIBA	36.03	36.99	37.48	22.70	23.10	22.67	58.73	59.54	60.15
S3307	36.33	36.50	36.61	23.23	23.40	23.17	59.57	59.90	59.78
DTA-6	36.36	36.38	38.19	23.13	23.17	22.53	59.49	60.09	60.73

3.5.6.3　不同时期叶面喷施调节剂对大豆收获指数的调控

表 3–31 所示为不同时期叶面喷施植物生长调节剂对 2 个品种大豆收获指数的影响情况。整体上看，K4 大豆，R3 期喷施 TIBA 和 S3307 收获指数高于 R1 期和 R3 期，R1 期喷施 DTA-6 大豆收获指数高于 V3 期和 R3 期，但是差别不大。H50 大豆，V3 期喷施 S3307，R1 期喷施 DTA-6 及 S3307，R3 期喷施 TIBA 后收获指数均高于其他时期，但是差别很小。V3 期喷施 TIBA 降低了大豆收获指数，而其他时期没有这种效果。

由上述结果可知，V3 期作用效果最佳的为 S3307；R1 期作用效果最佳为 DTA-6；R3 期作用效果最佳的为 TIBA。

表 3–31　不同时期叶喷植物生长调节剂对大豆收获指数的调控

品种	处理	收获指数		
		V3	R1	R3
K4	CK	0.40b	0.39c	0.39b
	TIBA	0.39b	0.45b	0.48a
	S3307	0.44a	0.45b	0.46a
	DTA-6	0.42ab	0.48a	0.46a
H50	CK	0.47a	0.44b	0.44c
	TIBA	0.44b	0.47ab	0.51a
	S3307	0.48a	0.48a	0.47b
	DTA-6	0.47a	0.48a	0.47b

3.6 本章小结

V3 期叶面喷施 S3307 和 DTA-6 显著增加了大豆花荚数，S3307 可以有效降低花荚脱落率，增加成熟荚数；R1 期叶面喷施 S3307 和 DTA-6 显著增加了大豆花数和成熟荚数，DTA-6 可以有效地降低荚的脱落；R3 期叶面喷施 3 种调节剂均可显著增加大豆荚数、成熟荚数，可以有效降低脱落率，以 TIBA 的作用效果最佳。

V3 期叶面喷施 S3307、DTA-6 降低了大豆花荚及脱落花荚纤维素酶和 PG 活性，但对花的作用效果不显著，TIBA 处理后荚 PG 活性升高；R1 期喷施植物生长调节剂显著降低了大豆花荚和脱落花荚纤维素酶和 PG 活性，以 DTA-6 调控效果最佳，S3307 次之；R3 期植物生长调节剂降低了大豆荚和脱落荚纤维素酶和 PG 活性。

不同时期叶面喷施植物生长调节剂后，DTA-6 处理大豆植株的株高均有促进作用，而 TIBA 和 S3307 处理对株高有抑制作用；不同时期叶面喷施 S3307 和 DTA-6 对大豆叶干重、叶柄干重、茎干重、根系干重及荚干重的影响规律几乎一致，均有促进作用，说明各时期 S3307 和 DTA-6 均能增加大豆干物质的积累，从而增加大豆产量；而 V3 期叶面喷施 TIBA 对大豆叶干重及茎干重均有抑制作用。

V3 期叶面喷施 S3307、DTA-6 对大豆叶绿素含量、光合速率、蒸腾速率、LAI、LAR 都起到了增加作用，而叶面喷施 TIBA 降低了大豆光合速率、LAI 和 LAR。其中 V3 期作用显著效果的是 S3307 和 DTA-6 处理；R1 期作用效果显著的是 DTA-6 处理，其次是 S3307；R3 期作用效果显著的主要是 TIBA 和 DTA-6 处理。

V3 期叶面喷施 S3307 提高了 C/N，而 TIBA 和 DTA-6 处理降低了 C/N；R1 期和 R3 期叶面喷施调节剂均提高了 C/N。V3 期叶面喷施 S3307、DTA-6 可以有效增加蔗糖、可溶性糖及总糖的含量降低转化酶活性，TIBA 降低了蔗糖和淀粉含量，DTA-6 降低了淀粉含量；R1 期叶喷调节剂增加了蔗糖、可溶性糖及总糖的含量，降低了淀粉含量和转化酶活性；R3 期叶面喷施调节剂增加了碳代谢相关指标的含量，有效降低了转化酶活性，提升了叶片碳代谢水平，为减少大豆植株花荚脱落提供了较多的碳代谢同化物供应。

V3 期叶面喷施各调节剂增加了全氮、可溶性蛋白、硝态氮及游离氨基酸的含量，提高了硝酸还原酶活性；R1 期叶面喷施 S3307、DTA-6 可以有效增加全氮、可溶性蛋白、硝态氮及游离氨基酸的含量，TIBA 降低了全氮含量；R3 期叶面喷施调节剂增加了氮代谢相关指标的含量。提升了叶片氮代谢水平，为减少大豆植株花荚脱落提供了较多的氮代谢同化物供应。

V3 期喷施 S3307 处理可显著提高大豆产量和收获指数，而 TIBA 则降低了大豆产量和收获指数；R1 期叶面喷施 DTA-6 处理对产量和收获指数作用效果最明显；R3 期喷施 TIBA 处理调控效果最佳。品质方面，V3 期叶面喷施 S3307 和 DTA-6 提高了大豆籽粒品质，而 TIBA 处理未见效果；R1 期叶面喷施 S3307 和 DTA-6 提高了大豆籽粒品质，而 TIBA 处理效果不明显；R3 期叶面喷施 S3307 提高了大豆籽粒品质，而 DTA-6 和 TIBA 对两品种籽粒品质的调控存在差异。

综合比较而言，V3 期叶面喷施调节剂对花荚的调控效应以 S3307 处理效果最佳；R1 期叶面喷施以 DTA-6 调控效果最佳；R3 期叶面喷施以 TIBA 调控效果最佳。

参考文献

郝建军，康宗利，于洋，2007. 植物生理学实验技术 ［M］. 北京：化学工业出版社.

郝建军，刘延吉，2001. 植物生理学实验技术 ［M］. 沈阳：辽宁科学技术出版社.

何钟佩，1993. 农作物化学控制实验指导 ［M］. 北京：北京农业大学出版社.

苗以农，姜艳秋，朱长甫，等，1988. 大豆不同节位叶片全氮含量的变异性 ［J］. 大豆科学，7（2）：113-118.

张宪政，1992. 作物生理研究法 ［M］. 北京：农业出版社.

张永成，田丰，2007. 马铃薯试验研究方法 ［M］. 北京：中国农业科学技术出版社.

张志良，2003. 植物生理学实验指导 ［M］. 北京：高等教育出版社.

周培根，罗祖友，1991. 桃成熟期间果实软化与果胶及有关酶的关系 ［J］. 南京农业大学学报，14（2）：33-37.

朱保葛，柏惠侠，张艳，等，2000. 大豆叶片净光合速率、转化酶活性与籽粒产量的关系 ［J］. 大豆科学，19（4）：346-350.

邹琦，1995. 植物生理生化实验指导 ［M］. 北京：中国农业出版社.

邹琦，2000. 植物生理实验指导 ［M］. 北京：中国农业出版社.

DI TOMAS M, 1989. Membrane-Mediated putrescine transport and its role in stress-induced phytooxicity ［J］. Plant Physiology, 86：338-340.

4 无限结荚习性品种大豆花荚建成及产量品质形成的化学调控

近年来，我国大豆需求量大幅度升高，提高大豆单位面积的产量是弥补我国大豆供应不足的首要途径。大豆的花荚脱落是普遍存在的一种生理现象，异常脱落常常给农业生产带来重大损失，直接影响到大豆的产量。

无限结荚习性品种大豆的营养生长与生殖生长交错的时期长，且开花期与结荚期分散，遇到逆境的生长条件有较强的抵抗能力，故此类品种适应性较强，在较低温、干旱、肥力较差的条件下栽培，仍能保持一定的产量水平，所以在我国北部地区多种植无限型大豆品种（孙培乐等，2008）。吉林省农业科学院农作物新品种引育中心早期研究得出（田佩占，1975），大豆生育期间降水量为 350 ～ 600 mm 时，稳产性强弱的顺序依次为无限结荚习性＞亚有限结荚习性＞有限结荚习性。不同结荚习性的大豆品种花荚脱落率有一定的差异，有研究表明（付艳华等，2002；吴奇峰等，2005），无限结荚习性大豆品种花荚脱落率明显低于有限结荚习性的品种。因此，研究无限结荚习性大豆品种花荚建成的规律，具有十分重要的意义。

近年来，作物化学控制技术已在作物基础理论研究、植物生长调节剂的开发与应用、化学控制技术体系及技术原理的形成和完善等方面取得了很大的进展。化控技术主要以应用植物生长调节剂为手段，具有显著、高效、快速的调节效应，且有提高抗逆性的功能，植物生长调节剂的理论研究及其在生产上的应用越来越多，已成为大豆优质、高产、高效栽培中的一项重要技术措施，增加了经济效益（赵双进等，2013）。本章通过研究化控技术对无限结荚习性品种大豆花荚建成的调控效应，揭示化控技术对大豆花荚建成调控的内在机理，以促进大豆单产提高。

4.1 试验设计方案

4.1.1 试验地基本条件

试验田位于黑龙江省大庆市林甸县宏伟乡吉祥村，土壤类型为草甸黑钙土，地势平坦、肥力均匀，0～20 cm 耕层土壤基础养分状况如表 4–1 所示。

表 4–1　0～20 cm 耕层土壤基本养分状况

项目	碱解氮 / ($mg \cdot kg^{-1}$)	有效磷 / ($mg \cdot kg^{-1}$)	速效钾 / ($mg \cdot kg^{-1}$)	pH 值	有机质 / ($g \cdot kg^{-1}$)
含量	136	13.82	205	7.90	33.0

4.1.2 供试材料

试验选用无限结荚习性品种嫩丰 18 和抗线 6 为试验材料。

选用的 2 种植物生长调节剂分别是：延缓型植物生长调节剂烯效唑（uniconazole，S3307）和促进型植物生长调节剂胺鲜酯（diethyl aminoethyl hexanoate，DTA-6），以上 2 种调节剂由黑龙江八一农垦大学化控实验室提供。

4.1.3 试验设计

试验于 2012—2014 年进行。试验采用大田叶面喷施方式，前期通过药剂浓度初筛试验，选用 DTA-6 浓度为 60 mg·L^{-1}、S3307 浓度为 50 mg·L^{-1}，以喷施清水为对照（CK）。于初花期（R1 期）选择晴天无风 17 时左右进行叶面喷施，用液量为 225 L·hm^{-2}。小区为 6 行区，行长 5 m，行距 0.65 m，区间过道宽 1 m，小区面积为 19.5 m^2。随机区组设计，4 次重复，在整个生育期间，适时除草和防治病虫。

4.1.4 测定项目及方法

形态指标的测定：采用直接测量法。

花荚形成率：采用铺纱布网法。

可溶性糖、蔗糖和淀粉含量的测定：采用蒽酮比色法（张志良，2003）。

转化酶活性的测定：采用 3,5- 二硝基水杨酸法（何钟佩，1993）。

过氧化物酶、超氧化物歧化酶活性以及丙二醛含量的测定：采用刘祖祺等（1994）的方法。

多聚半乳糖醛酸酶活性的测定：采用张飞等（2004）的方法。

纤维素酶活性的测定：采用郝建军等（2007）的方法。

脱落纤维素酶调控基因（*GmAC*）的测定：采用 RT–PCR 方法。

产量计算：产量（kg·hm^{-2}）= 单株粒数 × 百粒重（g）× 公顷株数 /100 000。

品质：采用瑞典 foss 公司生产的近红外分析仪测定粗脂肪、粗蛋白质含量。

4.1.5　数据分析与绘图

试验原始数据处理采用 Excel 软件；方差分析采用 SPSS17.0 软件处理。

4.2　化控技术对无限结荚习性大豆植株性状及花荚建成的调控

4.2.1　植物生长调节剂对大豆花荚建成的调控

如表 4–2 所示，R1 期叶面喷施植物生长调节剂后，两处理均增加了大豆植株荚的数量，提高了大豆植株的坐荚率，作用效果表现为 S3307 > DTA-6 > CK。方差分析可知，对于嫩丰 18 来说，DTA-6 和 S3307 处理的坐荚率与对照之间差异达到了极显著水平，对于抗线 6 来说，S3307 处理与对照之间差异达到了极显著水平。

表 4–2　植物生长调节剂对大豆花荚建成的调控

品种	处理	坐荚率 /%	落花落荚率 /%
嫩丰 18	S3307	52.13±4.11aA	47.87±4.11bB
	DTA-6	49.76±1.55aA	50.24±1.55bB
	CK	37.16±2.27bB	62.84±2.27aA
抗线 6	S3307	61.70±4.32aA	38.30±4.32bB
	DTA-6	56.67±0.97abAB	43.33±0.97abAB
	CK	49.99±4.48bB	50.01±4.48aA

4.2.2　植物生长调节剂对大豆形态指标的调控

如表 4–3 所示，植物生长调节剂对大豆形态指标有一定的调控作用。S3307 处理降低了大豆株高，增加了大豆植株抗倒伏的能力，DTA-6 处理显著增加了大豆株高，有利于增加大豆有效荚数。两处理对嫩丰 18 大豆和抗线 6 大豆茎粗有一定促进作用，从而有利于大豆体内同化物的运输，但方差分析可知两处理与对照之间无显著性差异。两处理均降低了大豆植株的底荚高度，这有利于大豆单株荚数的增加。

表 4-3　植物生长调节剂对大豆形态指标的调控

品种	处理	株高 /cm	茎粗 /cm	底荚高度 /cm
嫩丰 18	S3307	123.47±0.89cB	0.62±0.01aA	18.46±0.28aA
	DTA-6	131.46±1.07aA	0.63±0.01aA	18.36±0.50aA
	CK	129.24±1.60bA	0.61±0.01aA	18.52±0.21aA
抗线 6	S3307	131.98±1.81bB	0.72±0.02aA	23.86±0.61aA
	DTA-6	137.21±1.46aA	0.73±0.01aA	23.89±1.40aA
	CK	132.87±2.39bAB	0.71±0.01aA	24.31±0.99aA

4.3　化控技术对无限结荚习性大豆产量和品质形成的调控

4.3.1　植物生长调节剂对大豆产量构成因素及产量的调控

从表 4-4 可以看出，不同年份、不同植物生长调节剂对大豆产量性状及产量的影响不同。在两年大田试验中，两处理均增加了嫩丰 18 大豆单株荚数，其中 S3307 处理调控效果较好，对于抗线 6 来说，在 2013 年两处理增加了其单株荚数，综合两年试验来看，DTA-6 处理对抗线 6 大豆的单株荚数调控效果较好；2012 年 DTA-6 处理极显著增加了 2 个品种的荚粒数，2013 年两处理均增加了 2 个品种的荚粒数；2012 年 S3307处理增加了 2 个品种的百粒重，2013 年两处理均增加了 2 个品种的百粒重，其中S3307 处理调控效果最佳。两处理均不同程度地增加了 2 个品种的产量，对于嫩丰 18来说，方差分析可知在 2012 年 DTA-6 处理与对照之间达到差异极显著水平，在 2013年 S3307 处理与对照之间差异显著。

表 4-4　植物生长调节剂对大豆产量构成因素和产量的调控

年份	品种	处理	单株荚数 /个	荚粒数 /个	百粒重 /g	产量 /（kg·hm^{-2}）
2012	嫩丰 18	S3307	24.99±1.64aA	2.61±0.16bB	15.46±0.52aA	2 899.13±150.33abAB
		DTA-6	23.51±2.43aA	3.17±0.20aA	14.46±0.62bA	3 091.01±183.52aA
		CK	22.36±1.47aA	2.79±0.11bB	14.97±0.43abA	2 684.21±141.19bB
	抗线 6	S3307	24.55±1.47aA	2.28±0.13aA	19.95±0.36aA	3 212.06±84.27aA
		DTA-6	25.78±1.58aA	2.43±0.03aA	18.66±0.38bB	3 364.70±177.99aA
		CK	25.57±0.98aA	2.36±0.09aA	18.24±0.68bB	3 167.32±172.07aA

续表

年份	品种	处理	单株荚数/个	荚粒数/个	百粒重/g	产量/（kg·hm⁻²）
2013	嫩丰18	S3307	36.95±0.23aA	2.33±0.03aA	16.41±0.87aA	3 524.48±136.93aA
		DTA-6	36.48±0.36A	2.31±0.01aA	15.53±0.38aA	3 255.26±91.84abA
		CK	36.38±0.20A	2.25±0.07aA	15.51±0.64aA	3 165.56±150.66bA
	抗线6	S3307	28.05±1.18aA	2.20±0.04aA	19.71±0.60aA	3 029.67±133.97aA
		DTA-6	28.15±0.58aA	2.18±0.02aA	19.70±0.29aA	3 016.37±33.95aA
		CK	27.53±0.35aA	2.16±0.02aA	19.37±0.26aA	2 877.30±86.86aA

4.3.2　植物生长调节剂对大豆品质的调控

不同调节剂对嫩丰18和抗线6 2个品种大豆籽粒品质的影响如表4–5所示。对于嫩丰18来说，两处理在2013年显著增加了大豆籽粒中蛋白质含量，降低了籽粒中脂肪含量，其中S3307处理在2012年增加了大豆籽粒中蛋白质含量，降低了籽粒中脂肪含量。对于抗线6来说，在2012年两处理均提高了大豆脂肪含量，其效果依序为DTA-6 ＞ S3307 ＞ CK，DTA-6和S3307处理的籽粒脂肪含量分别比对照增加1.90%和0.87%。在2013年两处理均提高了籽粒中的蛋白质含量，其中S3307与对照之间的差异达到了显著水平。2种调节剂在两品种之间对品质的调控效果存在着一定差异，这可能是由于种植当年的气候条件不同和品种特性等所致。

表4–5　植物生长调节剂对大豆籽粒品质的调控

年份	品种	处理	蛋白质/%	脂肪/%
2012	嫩丰18	S3307	36.50±0.29aA	18.96±0.19bA
		DTA-6	36.33±0.15aA	19.34±0.16aA
		CK	36.40±0.16aA	19.03±0.18bA
	抗线6	S3307	34.70±0.28bA	19.63±0.15abAB
		DTA-6	35.13±0.14abA	19.83±0.17aA
		CK	35.48±0.13aA	19.46±0.12bB
2013	嫩丰18	S3307	35.78±0.28aA	18.10±0.18aA
		DTA-6	35.88±0.25aA	18.08±0.25aA
		CK	35.28±0.22bA	18.28±0.20aA
	抗线6	S3307	36.50±0.27aA	17.15±0.19bA
		DTA-6	35.63±0.21abA	17.68±0.20aA
		CK	35.48±0.15bA	17.73±0.20aA

4.4 化控技术对无限结荚习性大豆碳代谢的调控

4.4.1 植物生长调节剂对大豆可溶性糖含量的调控

4.4.1.1 植物生长调节剂对大豆叶片可溶性糖含量的调控

植物叶片中的可溶性糖含量反映了植物体内作为有效态营养物的碳水化合物和能量水平，体现了植物体内同化物的合成及运输情况，大豆叶片可溶性糖含量高低，反映了叶片合成光合产物的能力（赵黎明等，2008；宋春艳等，2011）。调节剂对嫩丰 18 大豆叶片可溶性糖含量的调控作用如图 4-1 所示，两处理叶片的可溶性糖含量与对照基本保持一致。喷施调节剂后第 7 d，两处理及对照的可溶性糖含量依序为 DTA-6 > CK > S3307，方差分析表明 DTA-6 处理与对照之间的差异达到了极显著水平，S3307处理与对照之间差异显著。喷施调节剂后第 14 d，两处理与对照的可溶性糖含量都达到最高值，此时顺序为 S3307 > DTA-6 > CK，经方差分析可知，S3307 处理与对照之间的差异达到了显著水平。喷施调节剂后第 28 d，两处理与对照可溶性糖含量最低，高低顺序为 DTA-6 > CK > S3307，其中 DTA-6 处理与对照之间的差异达到了极显著水平。从喷施调节剂后 35 d 直到取样末期两处理与对照都表现为先上升后下降的趋势，可溶性糖含量大小表现为 S3307 > DTA-6 > CK，方差分析表明在喷施调节剂后 35 d、49 d、56 d，S3307 处理与对照之间达到差异极显著水平，DTA-6 处理在喷施调节剂后 49 d 与对照之间达到了差异极显著水平。

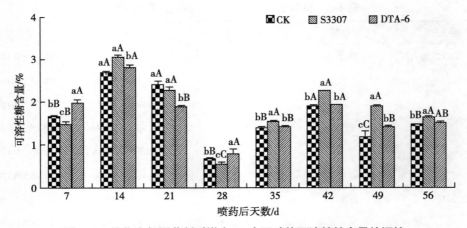

图 4-1　植物生长调节剂对嫩丰 18 大豆叶片可溶性糖含量的调控

由图 4-2 可知，植物生长调节剂对抗线 6 大豆叶片可溶性糖含量具有一定的调控作用，两处理与对照的变化规律大体相同，表现为上升 - 下降 - 上升 - 下降的变化趋势。喷施调节剂后 7 d，两处理的可溶性糖含量均高于对照，但两处理与对照之间无显著性差异。喷施调节剂后 14 d，两处理及对照的可溶性糖含量达到了峰值。喷施调节剂后 21 d，两处理及对照可溶性糖含量高低依序为 DTA-6 > S3307 > CK，DTA-6 处理与对照之间差异达到了极显著水平，S3307 处理与对照之间的差异达到了显著水平。喷施调节剂后 28 d，DTA-6 和 S3307 处理显著高于对照。喷施调节剂后 35 d，S3307 处理的可溶性糖含量比对照增加 6.93%，而 DTA-6 处理达到最低值。喷施调节剂后 42 ～ 49 d，两处理及对照可溶性糖含量表现为 S3307 > DTA-6 > CK，喷施调节剂后 42 d，方差分析表明 S3307 处理与对照之间的差异达到了极显著水平，喷施调节剂后 49 d，两处理与对照之间的差异达到了显著水平。喷施调节剂后 56 ～ 63 d，对照中可溶性糖含量下降幅度较大，而两处理可溶性糖含量变化较小，且均高于对照。在喷施调节剂后 63 d，两处理与对照之间均达到差异极显著水平。整体来看，2 种植物生长调剂对抗线 6 大豆叶片可溶性糖含量的调控效果与嫩丰 18 相同，其中 S3307 处理对大豆可溶性糖含量调控效果较好。

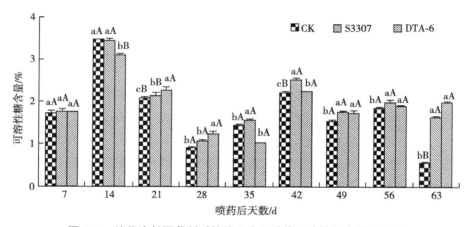

图 4-2 植物生长调节剂对抗线 6 大豆叶片可溶性糖含量的调控

4.4.1.2 植物生长调节剂对大豆荚皮可溶性糖含量的调控

如图 4-3 所示，植物生长调节剂对嫩丰 18 大豆荚皮可溶性糖含量的调控作用与叶片中规律相反，在整个取样时期，两处理的可溶性糖含量均低于对照。方差分析表明，喷施调节剂后 28 d，S3307 处理极显著低于对照。喷施调节剂后 35 d，两处理极显著低于对照。喷施调节剂后 42 ～ 56 d，两处理及对照可溶性糖含量呈下降趋势，到喷施调节剂后 56 d，两处理及对照可溶性糖含量达到最低值。此时期高低顺序为 CK > S3307 > DTA-6，经方差分析可知两处理均与对照之间差异达到极显著水平。

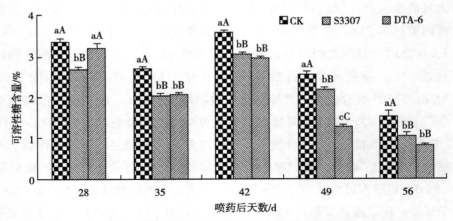

图 4-3　植物生长调节剂对嫩丰 18 大豆荚皮可溶性糖含量的调控

　　植物生长调节剂对抗线 6 大豆荚皮可溶性糖含量的调控作用如图 4-4 所示。除喷施调节剂后 35 d，DTA-6 处理可溶性糖含量高于对照外，其余取样时期两处理的可溶性糖含量均低于对照。喷施调节剂后 35 d，方差分析可知 S3307 处理极显著低于对照。喷施调节剂后 42 d，两处理与对照荚皮中可溶性糖含量大小表现为 CK > DTA-6 > S3307，方差分析可知两处理与对照之间差异达到了极显著水平。喷施调节剂后 49 d，两处理中荚皮的可溶性糖含量均低于对照，大小表现为 CK > S3307 > DTA-6，并且两处理与对照之间的差异达到了极显著水平。喷施调节剂后 56 d，方差分析表明两处理与对照之间达到差异显著水平。综上所述，植物生长调节剂处理可降低荚皮中可溶性糖含量，促进植物生长调节剂处理后源器官中可溶性糖转化到库器官中，有利于籽粒中糖类物质的积累。

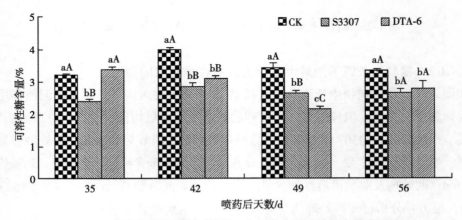

图 4-4　植物生长调节剂对抗线 6 大豆荚皮可溶性糖含量的调控

4.4.1.3　植物生长调节剂对大豆籽粒可溶性糖含量的调控

　　植物生长调节剂对嫩丰 18 大豆籽粒可溶性糖含量的调控如图 4-5 所示，大体上呈先下降后上升的变化。在喷施调节剂后 35 d，两处理及对照的可溶性糖含量表现为 CK ＞ S3307 ＞ DTA-6，其中 DTA-6 处理与对照之间的差异达到了显著水平。喷施调节剂后 42 d，S3307 处理的可溶性糖含量略高于对照，DTA-6 处理则显著低于对照。喷施调节剂后 49 d，籽粒中可溶性糖含量逐渐升高，两处理和对照的变化顺序为 S3307 ＞ DTA-6 ＞ CK，方差分析表明 S3307 处理与对照之间的差异达到极显著水平，DTA-6 处理与对照之间差异显著。喷施调节剂后 56 d，S3307 处理的可溶性糖含量显著高于对照，而 DTA-6 处理极显著低于对照。

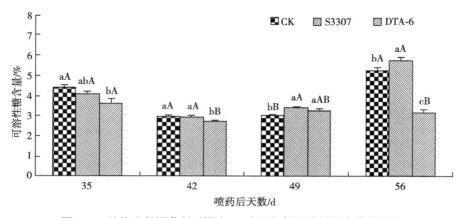

图 4-5　植物生长调节剂对嫩丰 18 大豆籽粒可溶性糖含量的调控

如图 4-6 所示，植物生长调节剂对抗线 6 大豆籽粒可溶性糖含量具有一定的调控作用，两处理及对照大体上呈先下降后升高的趋势。喷施调节剂后 35 d，方差分析表明 DTA-6 处理可溶性糖含量极显著高于对照，S3307 处理与对照之间无显著性差异。喷施调节剂后 42 d，两处理及对照可溶性糖含量的高低顺序为 S3307 ＞ DTA-6 ＞ CK，方差分析可知两处理与对照之间均达到了极显著性差异。喷施调节剂后 49 d，两处理可溶性糖含量达到最低值，大小表现 S3307 ＞ CK ＞ DTA-6，但两处理与对照之间无显著性差异。喷施调节剂后 56 d，方差分析表明 S3307 处理极显著低于对照，DTA-6 处理与对照之间无显著性差异。到喷施调节剂后 63 d，两处理与对照可溶性糖含量达到峰值，大小顺序为 CK ＞ DTA-6 ＞ S3307，但处理与对照之间无显著性差异。综上所述可知，调节剂对抗线 6 大豆籽粒可溶性糖含量的调控作用与嫩丰 18 略有不同，在喷施调节剂后 35 ～ 42 d，DTA-6 处理极显著高于对照，在喷施调节剂后 56 ～ 63 d，S3307 处理低于对照。

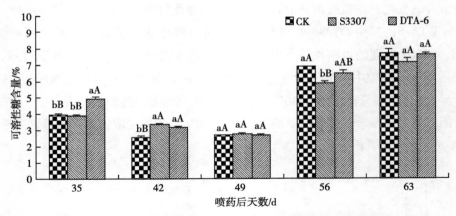

图 4-6　植物生长调节剂对抗线 6 大豆籽粒可溶性糖含量的调控

4.4.2　植物生长调节剂对大豆蔗糖含量的调控

4.4.2.1　植物生长调节剂对大豆叶片蔗糖含量的调控

刘晓冰等（1996）认为叶片中合成的光合产物主要以蔗糖的形式通过韧皮部运输到籽粒，并在籽粒中降解为合成淀粉的原料，所以叶片中蔗糖的合成反映了此阶段源器官同化物的供应能力。植物生长调节剂对嫩丰 18 大豆叶片的蔗糖含量的调控作用如图 4-7 所示，两处理叶片蔗糖含量变化规律相同，都表现出下降 – 上升 – 下降 – 上升的趋势，对照叶片蔗糖含量呈上升 – 下降 – 上升 – 下降的趋势。喷施调节剂后 7 d，两处理与对照叶片蔗糖含量变化大小为 S3307 > DTA-6 > CK，其中 S3307 处理与对照之间差异达到了极显著水平。喷施调节剂后 14 d，DTA-6 处理极显著高于对照。喷施调节剂后 21 d，两处理与对照可溶性糖含量均达到峰值，其中 S3307 处理极显著高于对照。喷施调节剂后 35 d 和 42 d，蔗糖含量依序为 S3307 > DTA-6 > CK，且 S3307 和 DTA-6 处理的大豆叶片中蔗糖积累量分别较对照增加了 64.9% 和 39.82%。方差分析表明，喷施调节剂后第 35 d，S3307 处理与对照达到了极显著性差异，DTA-6 处理与对照之间无显著性差异。喷施调节剂后第 42 d，两处理极显著高于对照。喷施调节剂后 49 d，两处理及对照蔗糖含量迅速增加至较大值。在喷施调节剂后 56 d，S3307 处理的蔗糖含量继续升高，CK 和 DTA-6 处理的蔗糖含量略有降低，此时各处理蔗糖含量为 S3307 > DTA-6 > CK，经方差分析可知两处理与对照之间无显著性差异。总体来看，S3307 处理对嫩丰 18 大豆叶片的蔗糖含量调控效果较好。

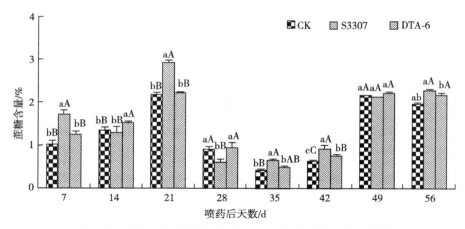

图 4-7 植物生长调节剂对嫩丰 18 大豆叶片蔗糖含量的调控

植物生长调节剂对抗线 6 大豆叶片蔗糖含量的调控作用如图 4-8 所示，两处理的蔗糖含量变化趋势与对照保持一致，总体呈下降 – 上升 – 下降 – 上升 – 下降的变化趋势。具体来看，喷施调节剂后 7 d，两处理叶片蔗糖含量低于对照。喷施调节剂后 14 d，S3307 处理叶片蔗糖含量高于对照，DTA-6 处理低于对照。喷施调节剂后 21 d，两处理叶片蔗糖含量均高于对照且与对照之间达到差异极显著水平。喷施调节剂后 28 d，两处理及对照叶片中蔗糖含量逐渐降低，其中 S3307 处理叶片蔗糖含量显著高于对照。到喷施调节剂后第 35 d，两处理及对照蔗糖含量达到了最低值，大小依序为 CK > S3307 > DTA-6。喷施调节剂后 42 d，两处理的蔗糖含量显著高于对照。在喷施调节剂后第 49 d，S3307 处理的蔗糖含量极显著高于对照，而 DTA-6 处理极显著低于对照。喷施调节剂后第 56 d，两处理及对照蔗糖含量达到最大值，S3307 和 DTA-6 处理分别比对照高 6.42% 和 1.20%。整体来看，除喷施调节剂后第 7 d 及 35 d，全取样时期内，S3307 处理的蔗糖含量都高于对照，说明 S3307 处理对抗线 6 叶片蔗糖含量具有明显的调控效应。由此可见，合理应用调节剂可以提高代谢源中同化物的积累，为籽粒中干物质的积累奠定了基础。

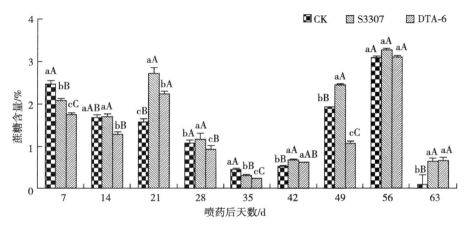

图 4-8 植物生长调节剂对抗线 6 大豆叶片蔗糖含量的调控

4.4.2.2　植物生长调节剂对大豆荚皮蔗糖含量的调控

荚皮是大豆主要的源器官，其蔗糖含量的高低反映了其运输同化产物的能力。如图 4–9 所示，两处理与对照荚皮中的蔗糖含量的总体变化大致呈下降 – 上升 – 下降规律。在喷施调节剂后 35～42 d，两处理荚皮中的蔗糖含量均高于对照，喷施调节剂后第 42 d，S3307 和 DTA-6 处理荚皮中蔗糖含量分别较 CK 增加 48.49% 和 30.64%，方差分析表明 S3307 处理与对照之间的差异达到极显著水平，DTA-6 处理与对照之间的差异达到显著水平。在喷施调节剂后 49～56 d，两处理及对照的蔗糖含量呈下降趋势，此期间两处理及对照的蔗糖含量表现为 CK ＞ S3307 ＞ DTA-6，喷施调节剂后 56 d 达到最低值。可见，叶面喷施 DTA-6 和 S3307 促进了嫩丰 18 鼓粒始期荚皮内蔗糖的积累，利于鼓粒盛期荚皮内同化产物的卸出，有利于产量的形成。

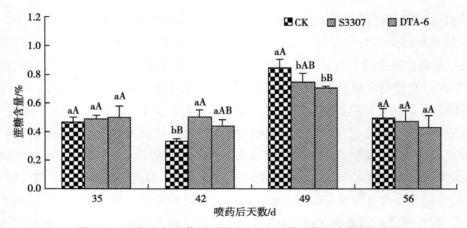

图 4–9　植物生长调节剂对嫩丰 18 大豆荚皮蔗糖含量的调控

如图 4–10 所示，两处理对抗线 6 大豆荚皮蔗糖含量大体呈先下降后上升的趋势，在喷施调节剂后 35～49 d，两处理荚皮中的蔗糖含量均低于对照。在喷施调节剂后 42～49 d，DTA-6 和 S3307 显著降低了荚皮内蔗糖含量。在喷施调节剂后 56 d，两处理与对照的蔗糖含量快速增加，其中 S3307 与对照相比达到差异显著水平，DTA-6 与对照相比达到差异极显著水平。由此可见，在鼓粒期大部分时间内，该品种的两处理荚皮蔗糖含量普遍低于对照，这与嫩丰 18 的变化截然不同，推断这可能是该品种荚皮内的蔗糖合成较多、合成后迅速运输到产品器官或被分解转化所致。因此，两处理对不同大豆品种荚皮内蔗糖含量的调控表现出不同的作用效果。

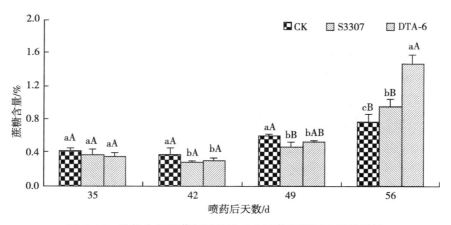

图 4-10　植物生长调节剂对抗线 6 大豆荚皮蔗糖含量的调控

4.4.2.3　植物生长调节剂对大豆籽粒蔗糖含量的调控

植物的光合作用和库强度决定蔗糖向籽粒输入的多少，但是蔗糖的输出主要取决于库器官的库强度。因此，籽粒中蔗糖含量的多少反映出植物生长、物质能量转化的高低。调节剂处理对嫩丰 18 大豆籽粒蔗糖含量的调控效应如图 4-11 所示，各处理籽粒蔗糖含量总体呈上升趋势，在喷施调节剂后 35 d，两处理蔗糖含量均低于对照。在喷施调节剂后 42 ～ 56 d，各处理及对照蔗糖含量都表现为升高趋势，在喷施调节剂后 56 d，两处理与对照的蔗糖含量表现为 DTA-6 > CK > S3307，DTA-6、S3307 对籽粒蔗糖含量的调控效果与 CK 相比差异不显著。整体来看 DTA-6 处理对大豆嫩丰 18 的籽粒蔗糖含量的积累调控效应较为明显，而 S3307 处理籽粒中蔗糖含量在 49 d 达到最大值，在 56 d 有所降低，这可能是由于调节剂促进了籽粒内部蔗糖分解转化所致。

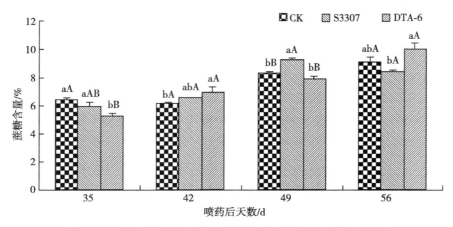

图 4-11　植物生长调节剂对嫩丰 18 大豆籽粒蔗糖含量的调控

如图 4-12 所示，在整个取样时期抗线 6 籽粒的蔗糖含量总体呈上升趋势，在喷施调节剂后 35 ～ 42 d，S3307 和 DTA-6 处理及对照的蔗糖含量大体趋于平缓，两处理蔗糖含量极显著高于 CK，这说明喷施调节剂后籽粒接收源器官中的蔗糖量大于对照，这与此时期两处理中荚皮内的蔗糖含量较低相符合。在喷施调节剂后 49 ～ 56 d，两处理及对照的蔗糖含量急剧上升，在喷施调节剂后 56 ～ 63 d，蔗糖含量依序为 CK ＞ DTA-6 ＞ S3307，两处理籽粒中的蔗糖含量极显著低于对照，这可能是由于调节剂能够促进大豆籽粒中的蔗糖转化成淀粉、蛋白质、脂类等物质。由此可知，调节剂增加了抗线 6 大豆鼓粒盛期籽粒内蔗糖的转化，从而有利于获得较高的产量。

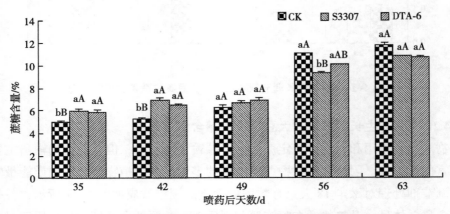

图 4-12　植物生长调节剂对抗线 6 大豆籽粒蔗糖含量的调控

4.4.3　植物生长调节剂对大豆淀粉含量的调控

4.4.3.1　植物生长调节剂对大豆叶片淀粉含量的调控

由图 4-13 可知，植物生长调节剂对嫩丰 18 大豆叶片淀粉含量具有一定的调控作用，两处理及对照在不同取样时期叶片中淀粉含量大小不同。喷施调节剂后 7 d，两处理及对照叶片中淀粉含量依序为 S3307 ＞ CK ＞ DTA-6，方差分析表明 S3307 与对照之间达到差异极显著水平。喷施调节剂后 14 d，两处理叶片中淀粉含量显著低于对照，这说明在始花期和盛花期叶片光合作用产生的淀粉主要用于大豆花器官的形成，因此，在调节剂作用下大豆叶片中贮存的淀粉含量较低。喷施调节剂后 21 d，两处理及对照叶片中淀粉含量迅速升高并达到峰值，且两处理与对照之间差异不显著。喷施调节剂后 28 ～ 35 d，DTA-6 处理叶片中淀粉含量显著低于对照。喷施调节剂后 42 d，两处理叶片中淀粉含量均高于对照，方差分析可知两处理与对照之达到差异极显著水平。喷施调节剂后 49 ～ 56 d，DTA-6 处理的淀粉含量高于对照，源器官中含有较高的淀粉含量，为鼓粒期大豆籽粒品质形成奠定了很好的基础。

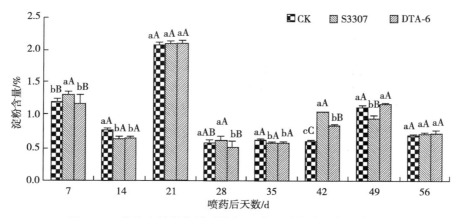

图 4-13　植物生长调节剂对嫩丰 18 大豆叶片淀粉含量的调控

植物生长调节剂对抗线 6 大豆叶片淀粉含量的调控作用如图 4-14 所示，两处理淀粉含量的变化规律与对照大体上保持一致，呈下降 – 上升 – 下降 – 上升规律。喷施调节剂后 7 d，两处理叶片中淀粉含量均低于对照，方差分析表明两处理与对照之间的差异达到了极显著水平。喷施调节剂后 14～21 d，两处理与对照淀粉含量急剧上升，喷施调节剂后 21 d 达到最大值，两处理及对照淀粉含量大小差别较大，方差分析可知 DTA-6 处理极显著高于对照，S3307 处理与对照之间差异不显著。喷施调节剂后 28～35 d，两处理及对照叶片中淀粉含量依序为 CK > S3307 > DTA-6，方差分析表明两处理与对照之间达到差异极显著水平。从喷施调节剂后 35 d 开始，两处理及对照叶片中淀粉含量再次升高，喷施调节剂后 42～49 d，方差分析结果表明 S3307 处理极显著高于对照，DTA-6 处理极显著低于对照。喷施调节剂后 56～63 d，DTA-6 处理淀粉含量高于对照，而 S3307 处理低于对照，方差分析可知在喷施调节剂 56 d 后，S3307 处理与对照之间达到差异极显著水平。总体来看，两处理在大豆初花期、盛花期、始荚期和盛荚期有利于叶片中淀粉的转运，在始粒期 DTA-6 处理有利于叶片中淀粉向库器官转运，而 S3307 属于延缓型植物生长调节剂，在大豆生长后期叶片光合作用产生的淀粉向籽粒等库器官合成较多，从而使叶片中贮存的淀粉含量较少。

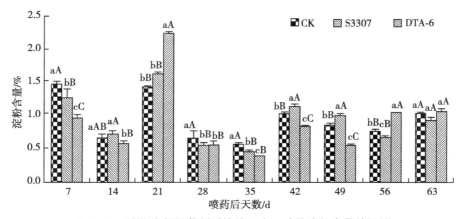

图 4-14　植物生长调节剂对抗线 6 大豆叶片淀粉含量的调控

4.4.3.2　植物生长调节剂对大豆荚皮淀粉含量的调控

如图 4-15 所示，两处理及对照对嫩丰 18 大豆荚皮淀粉含量大体上呈先升高后下降的趋势。喷施调节剂后 28 d，S3307 处理淀粉含量极显著高于对照，DTA-6 处理显著高于对照。喷施调节剂后 35 d，两处理及对照淀粉含量大小依序为 S3307 > DTA-6 > CK，方差分析可知两处理与对照之间差异达到极显著水平。到喷施调节剂后 42 d，两处理与对照荚皮淀粉含量达到了最大值，高低顺序为 DTA-6 > CK > S3307，方差分析表明 DTA-6 处理与对照之间达到差异显著水平，而 S3307 处理与对照之间差异不显著。喷施调节剂后 42～49 d，淀粉含量呈下降趋势，喷施调节剂后 49 d，两处理与对照荚皮中淀粉含量降到最低值，方差分析可知 DTA-6 处理显著低于对照。喷施调节剂后 56 d，两处理及对照淀粉含量有所升高，此时淀粉含量依序为 S3307 > DTA-6 > CK，方差分析表明 S3307 与对照之间差异达到极显著水平。整体来看 S3307 处理有利于大豆荚皮内淀粉含量的积累。

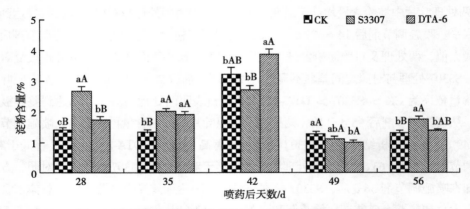

图 4-15　植物生长调节剂对嫩丰 18 大豆荚皮淀粉含量的调控

植物生长调节剂对抗线 6 大豆荚皮淀粉含量的变化趋势如图 4-16 所示，大体上呈先升高后下降的趋势。喷施调节剂后 35 d，两处理及对照荚皮淀粉含量表现为 DTA-6 > S3307 > CK，方差分析可知两处理与对照之间达到差异极显著水平。喷施调节剂后 42 d，两处理及对照荚皮中淀粉含量达到最大值，DTA-6 处理淀粉含量比对照高 5.73%，而 S3307 处理比对照低 1.26%。喷施调节剂后 49 d，方差分析可知两处理均极显著高于对照。喷施调节剂后 56 d，方差分析表明 DTA-6 处理极显著高于对照，而 S3307 处理与对照之间差异不显著。总体来看，整个取样时期内植物生长调节剂处理增加了荚皮中淀粉含量，从而为更好地向籽粒运输同化物奠定基础。

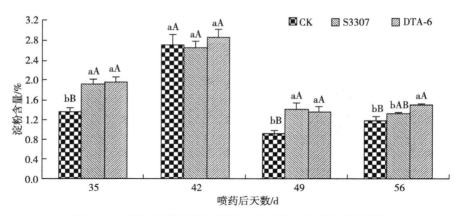

图 4-16 植物生长调节剂对抗线 6 大豆荚皮淀粉含量的调控

4.4.3.3 植物生长调节剂对大豆籽粒淀粉含量的调控

植物生长调节剂对嫩丰 18 大豆籽粒中淀粉含量变化规律如图 4-17 所示，喷施调节剂后 35 d，两处理和对照籽粒中淀粉含量次序为 CK > DTA-6 > S3307，方差分析表明两处理均与对照之间达到了极显著性差异，这与前文中此时期调节剂处理荚皮中有较高的淀粉含量相对应，说明调节剂对始粒期大豆籽粒中同化物的再分配有一定的调控作用。喷施调节剂后 42 ~ 49 d，两处理和对照籽粒中淀粉含量顺序为 S3307 > CK > DTA-6，方差分析可知在喷施调节剂后 42 d，S3307 处理与对照之间的差异达到了极显著水平。在喷施调节剂后 49 d，DTA-6 处理与对照之间达到极显著性差异。喷施调节剂后 56 d，方差分析可知，两处理淀粉含量均极显著低于对照。

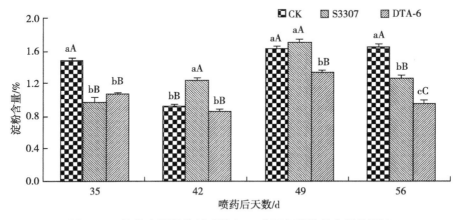

图 4-17 植物生长调节剂对嫩丰 18 大豆籽粒淀粉含量的调控

植物生长调节剂对抗线 6 大豆籽粒中淀粉含量变化规律如图 4-18 所示，两处理和对照籽粒淀粉含量变化趋势一致，呈先上升后下降的趋势。喷施调节剂后 35 d，两处理和对照籽粒中淀粉含量次序为 CK > DTA-6 > S3307，方差分析可知 S3307 处理与对照之间达到了差异显著水平。喷施调节剂后 42 d，两处理籽粒中淀粉含量均极显著高于对照，说明此时期两处理对大豆籽粒中淀粉含量的积累有一定促进作用，且 DTA-6 处理调控作用较好。喷施调节剂后 49 ~ 56 d，S3307 处理籽粒中淀粉含量有所下降，而大豆莢皮中淀粉含量高于对照，这可能是由于在大豆生育后期源器官逐渐衰老从而使淀粉等同化物向籽粒中输送缓慢的原因。喷施调节剂后 56 d，两处理和对照籽粒中淀粉含量次序为 DTA-6 > CK > S3307，方差分析可知，两处理与对照之间均无显著性差异。

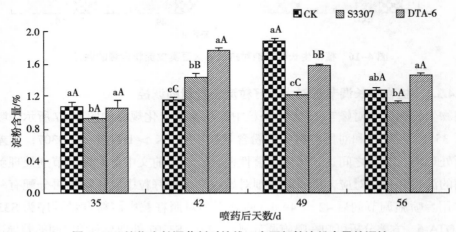

图 4–18   植物生长调节剂对抗线 6 大豆籽粒淀粉含量的调控

4.4.4   植物生长调节剂对大豆转化酶活性的调控

4.4.4.1   植物生长调节剂对大豆叶片转化酶活性的调控

在高等植物体中，转化酶是蔗糖代谢积累循环中的重要酶类，对蔗糖的转运、贮藏和分配起着重要作用（Krishnan et al., 1990; Xu et al., 1989）。植物生长调节剂对嫩丰 18 大豆叶片转化酶活性的调控作用如图 4–19 所示，两处理及对照叶片转化酶活性大体上呈下降 – 升高 – 下降趋势。喷施调节剂后第 7 d，两处理及对照转化酶活性极显著低于对照。喷施调节剂后 14 d，两处理及对照转化酶活性的高低顺序为 S3307 > CK > DTA-6，方差分析可知两处理与对照之间达到了差异极显著水平。喷施调节剂后 21 d，两处理及对照转化酶活性的高低顺序为 S3307 > DTA-6 > CK，方差分析可知两处理与对照之间达到差异极显著水平。喷施调节剂后 28 d，两处理及对照转化酶活性的高低顺序变为 DTA-6 > S3307 > CK。喷施调节剂后第 35 d，两处理与对照的转化酶活性出现第二次峰值，两处理及对照转化酶活性的高低顺序为 DTA-6 > CK > S3307，从喷施调节剂后第 42 d 开始，除 DTA-6 处理在喷施调节剂后第 56 d 略有上升外，S3307 处理及对照都表现出下降的变化规律。喷施调节剂后第 56 d，S3307 处理转化酶活性最低，S3307 处理比 CK 降低了 26.52%。分析可知，喷施调节剂后 35 ~ 42 d

是籽粒建成关键期，S3307 处理叶片转化酶活性一直低于 DTA-6 处理，尤其在喷施调节剂后 35 d，S3307 处理叶片转化酶活性极显著低于对照。可见，S3307 处理较 DTA-6 处理更有利于叶片中蔗糖含量的积累。

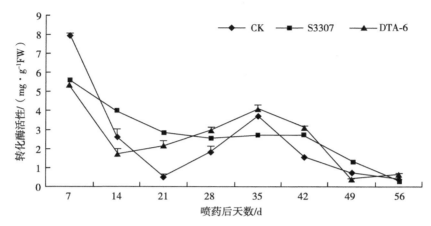

图 4-19 植物生长调节剂对嫩丰 18 大豆叶片转化酶活性的调控

如图 4-20 所示，植物生长调节剂对抗线 6 大豆叶片转化酶活性具有一定的调控效应，大体上呈下降 - 升高 - 下降趋势。喷施调节剂后 7 d，两处理及对照转化酶活性的高低顺序为 CK > S3307 > DTA-6，方差分析可知两处理与对照之间达到了极显著性差异。喷施调节剂后 14 d，两处理及对照转化酶活性的高低顺序为 DTA-6 > CK > S3307，但方差分析可知两处理与对照之间无显著性差异。喷施调节剂后 21 d，两处理叶片转化酶活性降到第一个低谷期，此时期两处理叶片蔗糖的大量积累为后期大豆花期的发育做准备，方差分析表明两处理与对照之间的差异达到了极显著水平。喷施调节剂后 28 d，两处理叶片转化酶活性均高于对照，但处理间差异不显著。喷施调节剂后 35 d，DTA-6 和 S3307 处理的转化酶活性分别比对照增加了 27.13% 和 9.00%，方差分析可知 DTA-6 处理与对照之间达到差异极显著水平，S3307 处理与对照之间差异不显著，说明 DTA-6 处理在鼓粒始期更有利于抗线 6 叶片中蔗糖的卸载和转运。在喷施调节剂后 49 ~ 56 d，各处理的转化酶活性均急剧下降，喷施调节剂后第 56 d，处理和对照转化酶活性均降低到最小值。其中喷施调节剂后 42 ~ 49 d 正处于抗线 6 品种的籽粒灌浆关键期，两处理的叶片转化酶活性均低于对照，可以保障叶片中有足够的蔗糖向籽粒中运输和分配。

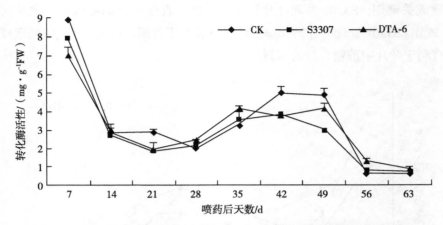

图 4-20　植物生长调节剂对抗线 6 大豆叶片转化酶活性的调控

4.4.4.2　植物生长调节剂对大豆荚皮转化酶活性的调控

由图 4-21 所示，嫩丰 18 在鼓粒期荚皮中的转化酶活性呈先上升后下降的趋势。喷施调节剂后第 35 d，S3307 处理荚皮中的转化酶活性极显著性高于对照。喷施调节剂后42 d，两处理与 CK 的转化酶活性表现为 S3307 ＞ CK ＞ DTA-6。自喷施调节剂后 42 d直到取样末期，两处理及对照的转化酶活性呈下降趋势，且两处理的转化酶活性均低于对照。在喷施调节剂后 56 d，转化酶活性达到最低值，此时 S3307 和 DTA-6 处理均显著低于 CK。随着器官的成熟，荚皮中的转化酶活性越来越少，更有利于其积累同化物来满足籽粒生长发育的需要。比较可知，在籽粒发育后期 S3307 的调控效果优于DTA-6。

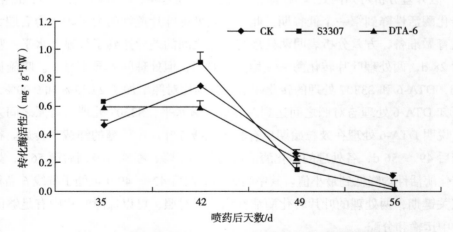

图 4-21　植物生长调节剂对嫩丰 18 大豆荚皮转化酶活性的调控

如图 4-22 所示，抗线 6 品种在鼓粒期荚皮中的转化酶活性大体呈先升高后降低的规律。在喷施调节剂后 35 ～ 42 d 这 1 周内，S3307 和 DTA-6 处理的转化酶活性积累量分别较 CK 增加 79.26% 和 27.40%。在喷施调节剂后第 42 d，两处理与对照的转化酶活性均达到最大值，且 S3307 ＞ DTA-6 ＞ CK，在喷施调节剂后第 42 d 后，两处理及对照的转化酶活性均开始下降，方差分析表明 S3307 处理极显著高于对照。整体来看，两处理能够增加抗线 6 鼓粒期荚皮内的转化酶活性，其中 S3307 处理调控效果最好，DTA-6 处理次之。

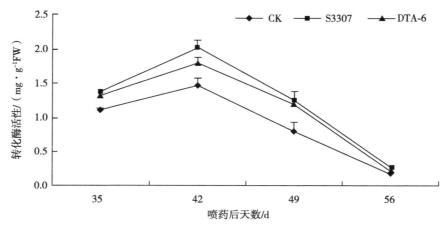

图 4-22　植物生长调节剂对抗线 6 大豆荚皮转化酶活性的调控

4.4.4.3　植物生长调节剂对大豆籽粒转化酶活性的调控

如图 4-23 所示，植物生长调节剂对嫩丰 18 大豆籽粒转化酶活性的调控大体呈下降趋势，在喷施调节剂后 35 ~ 42 d，两处理的转化酶活性高于 CK，大量的转化酶将籽粒中的蔗糖转化为葡萄糖和果糖，进而为三羧酸循环提供底物和能量，供籽粒的生长发育需要，其中 DTA-6 处理的调控效果较为明显，S3307 次之。在喷施调节剂后 49 d，两处理的转化酶活性低于 CK，喷施调节剂后 56 d，籽粒转化酶活性依序为 DTA-6 < CK < S3307。分析可知，喷施调节剂后 56 d 籽粒转化酶活性的变化恰好与籽粒蔗糖含量的变化相呼应。调节剂 DTA-6 和 S3307 对抗线 6 大豆籽粒中转化酶活性的变化规律如图 4-24 所示，除喷施调节剂后 42 d DTA-6 处理的转化酶活性低于 CK 外，全取样时期两处理均高于 CK，这说明两处理对抗线 6 大豆籽粒蔗糖的转化有一定的促进作用。

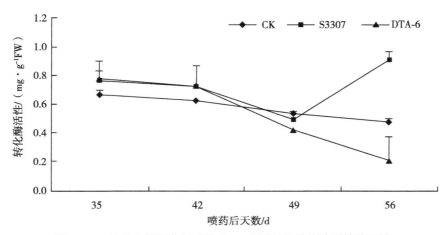

图 4-23　植物生长调节剂对嫩丰 18 大豆籽粒转化酶活性的调控

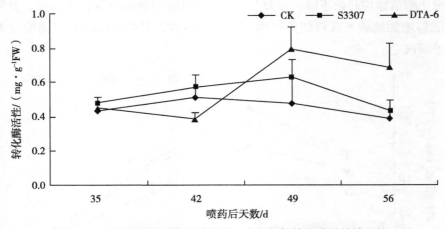

图 4-24　植物生长调节剂对抗线 6 大豆籽粒转化酶活性的调控

4.5　化控技术对无限结荚习性大豆花荚脱落相关指标及关键酶活性的调控

4.5.1　植物生长调节剂对大豆 MDA 含量的调控

4.5.1.1　植物生长调节剂对大豆叶片 MDA 含量的调控

如图 4-25 所示，植物生长调节剂对嫩丰 18 大豆叶片 MDA 含量的调控大体上呈先升高后下降的趋势。喷施调节剂后 7 ~ 14 d，两处理及对照叶片中 MDA 含量为 S3307 > DTA-6 > CK，方差分析可知两处理与对照之间的差异达到极显著水平。喷施调节剂后 21 d，两处理叶片中 MDA 含量极显著低于对照。喷施调节剂后 28 d，S3307 处理的 MDA 含量极显著高于对照，DTA-6 处理极显著低于对照。喷施调节剂后 35 ~ 42 d，两处理 MDA 含量极显著高于对照。喷施调节剂后 49 d，两处理及对照叶片中 MDA 含量为 DTA-6 > CK > S3307，方差分析可知 S3307 处理与对照之间的差异达到极显著水平，而 DTA-6 处理与对照之间无显著性差异。喷施调节剂后 56 d，两处理叶片中 MDA 含量均低于对照，其中 S3307 处理与对照之间达到差异极显著水平，DTA-6 处理与对照之间的差异不显著。

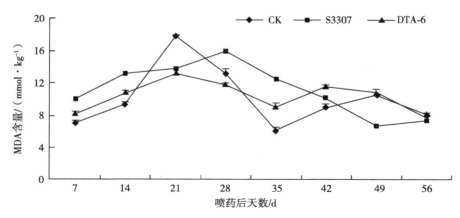

图4-25 植物生长调节剂对嫩丰18大豆叶片MDA含量的调控

如图4-26所示，植物生长调节剂对抗线6大豆叶片MDA含量的调控大体上呈升高-下降-升高-下降的趋势。喷施调节剂后7～14 d，两处理及对照叶片中MDA含量为DTA-6 > S3307 > CK，方差分析可知DTA-6处理与对照之间达到差异极显著水平。喷施调节剂后21 d，两处理及对照叶片中MDA含量为CK > DTA-6 > S3307，方差分析可知S3307处理与对照之间的差异达到极显著水平。喷施调节剂后28～35 d，S3307处理叶片中MDA含量低于对照，而DTA-6处理极显著高于对照。喷施调节剂后42 d，两处理及对照叶片中MDA含量达到第二个高峰值，两处理均高于对照。喷施调节剂后49～56 d，两处理及对照叶片中MDA含量表现为CK > S3307 > DTA-6，方差分析可知两处理与对照之间达到差异极显著水平。总体来看，S3307处理降低了大豆叶片中MDA含量，因此S3307处理增加了抗线6大豆对逆境条件的抵抗能力。

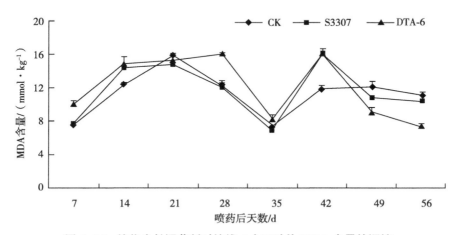

图4-26 植物生长调节剂对抗线6大豆叶片MDA含量的调控

4.5.1.2 植物生长调节剂对大豆荚皮MDA含量的调控

如图4-27所示，植物生长调节剂对嫩丰18大豆荚皮MDA含量的调控大体上呈先下降后上升的规律。喷施调节剂后28 d，两处理及对照荚皮中MDA含量的高低顺序为 CK > DTA-6 > S3307，方差分析可知两处理均与对照之间达到差异极显著水平。喷施调节剂后 35 d，两处理 MDA 含量低于对照，方差分析表明 DTA-6 处理与对照之间达到显著性差异，但 S3307 处理与对照之间差异不显著。而到了喷施调节剂后 42～49 d，两处理荚皮中 MDA 含量高于对照，方差分析可知在喷施调节剂后 42 d，两处理与对照之间的差异达到极显著水平。喷施调节剂后 56 d，S3307 处理荚皮中 MDA 含量极显著高于对照，DTA-6 处理极显著低于对照。

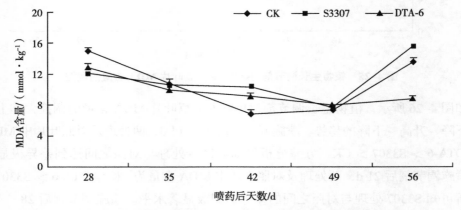

图 4-27 植物生长调节剂对嫩丰 18 大豆荚皮 MDA 含量的调控

植物生长调节剂对抗线 6 大豆荚皮 MDA 含量的调控如图 4-28 所示。喷施调节剂后 28 d，S3307 处理 MDA 含量极显著低于对照，DTA-6 处理极显著高于对照。喷施调节剂后 35 d，两处理 MDA 含量均低于对照，但方差分析表明两处理与对照之间差异不显著。喷施调节剂后 42 d，两处理与对照 MDA 含量表现为 S3307 > DTA-6 > CK，方差分析可知 S3307 处理与对照之间差异显著。喷施调节剂后 49 d，两处理与对照 MDA 含量表现为 CK > DTA-6 > S3307，方差分析可知两处理与对照之间差异不显著。喷施调节剂后 56 d，两处理 MDA 含量均低于对照。总体来看，两处理均降低了大豆荚皮中 MDA 含量，说明植物生长调节剂增强了大豆抵抗逆境的能力。

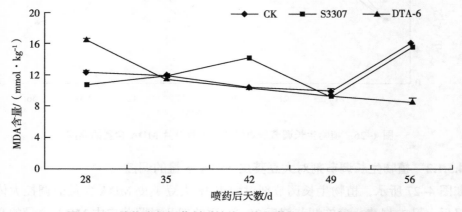

图 4-28 植物生长调节剂对抗线 6 大豆荚皮 MDA 含量的调控

4.5.1.3　植物生长调节剂对大豆落荚 MDA 含量的调控

如图 4–29 所示，植物生长调节剂对嫩丰 18 大豆落荚 MDA 含量的调控大体上呈先升高后下降的趋势。喷施调节剂后 35 d，两处理及对照 MDA 含量为 DTA-6 ＞ S3307 ＞ CK，方差分析可知两处理均与对照之间达到差异极显著水平。喷施调节剂后 42 d，S3307 处理 MDA 含量极显著低于对照，而 DTA-6 处理极显著高于对照。喷施调节剂后 49 ～ 56 d，两处理 MDA 含量均极显著低于对照，方差分析可知两处理与对照之间达到差异极显著水平。

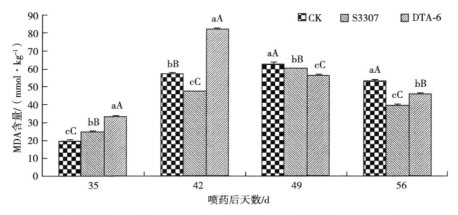

图 4–29　植物生长调节剂对嫩丰 18 大豆落荚 MDA 含量的调控

如图 4–30 所示，植物生长调节剂对抗线 6 大豆落荚 MDA 含量的调控大体上呈先升高后下降的趋势。喷施调节剂后 35 d，S3307 处理 MDA 含量极显著低于对照，而 DTA-6 处理极显著高于对照。喷施调节剂后 42 d，两处理及对照 MDA 含量表现为 S3307 ＞ CK ＞ DTA-6，方差分析可知两处理与对照之间的差异均达到极显著水平。喷施调节剂后 49 ～ 56 d，两处理 MDA 含量极显著低于对照。总体来看，两处理在多个取样时间内均降低了落荚中 MDA 含量。

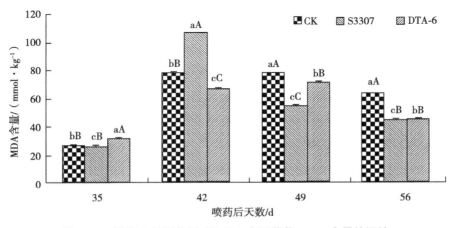

图 4–30　植物生长调节剂对抗线 6 大豆落荚 MDA 含量的调控

4.5.2 植物生长调节剂对大豆过氧化物酶（POD）活性的调控

4.5.2.1 植物生长调节剂对大豆叶片 POD 活性的调控

如图 4-31 所示，植物生长调节剂调控了嫩丰 18 大豆叶片 POD 活性，喷施调节剂后 7～35 d，POD 活性基本保持不变，两处理和对照叶片 POD 活性差异不大。喷施调节剂后 35 d 开始，两处理及对照 POD 活性急剧升高。喷施调节剂后 42 d，两处理及对照 POD 活性表现为 S3307 > DTA-6 > CK，方差分析可知两处理与对照之间的差异均达到极显著水平。喷施调节剂后 49 d，S3307 处理 POD 活性显著高于对照。喷施调节剂后 56 d，两处理 POD 活性均极显著高于对照。

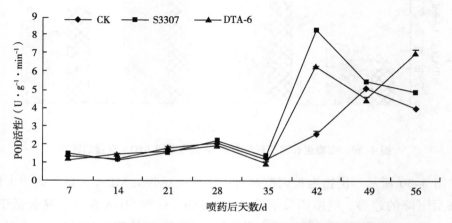

图 4-31　植物生长调节剂对嫩丰 18 大豆叶片 POD 活性的调控

如图 4-32 所示，植物生长调节剂调控了抗线 6 大豆叶片 POD 活性。喷施调节剂后 7 d，两处理 POD 活性均高于对照。喷施调节剂后 14 d，S3307 处理高于对照，DTA-6 处理极显著低于对照。喷施调节剂后 21 d，两处理 POD 活性低于对照。喷施调节剂后 28 d，两处理及对照 POD 活性大小表现为 DTA-6 > CK > S3307，方差分析可知 DTA-6 处理与对照之间达到了极显著性差异。喷施调节剂后 35 d，两处理 POD 活性均降到最低值，方差分析可知两处理均极显著低于对照。喷施调节剂后 42 d，S3307 处理极显著高于对照，DTA-6 处理极显著低于对照。喷施调节剂后 49 d，两处理及对照 POD 活性表现为 DTA-6 > CK > S3307，方差分析可知 DTA-6 处理与对照之间差异不显著，S3307 处理与对照之间的差异达到极显著水平。

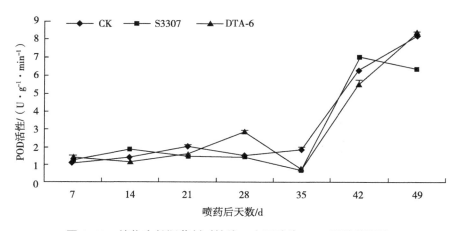

图4-32　植物生长调节剂对抗线6大豆叶片POD活性的调控

4.5.2.2　植物生长调节剂对大豆荚皮POD活性的调控

如图4-33所示，植物生长调节剂调控了嫩丰18大豆荚皮POD活性。喷施调节剂后35 d，S3307处理荚皮中的POD活性极显著高于对照。喷施调节剂后42 d，两处理及对照POD活性表现为DTA-6 > S3307 > CK，两处理与对照之间达到差异显著水平。喷施调节剂后49 d，S3307和DTA-6处理的POD活性分别比对照高7.96%和8.67%。喷施调节剂后56 d，两处理及对照POD活性表现为S3307 > CK > DTA-6。总体来看，S3307处理增加了整个取样时期荚皮内的POD活性。

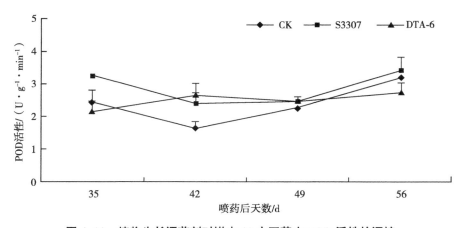

图4-33　植物生长调节剂对嫩丰18大豆荚皮POD活性的调控

如图4-34所示，植物生长调节剂调控了抗线6大豆荚皮POD活性。喷施调节剂后28 d，两处理及对照POD活性表现为DTA-6 > CK > S3307，方差分析可知DTA-6处理与对照之间达到了极显著性差异，S3307处理与对照之间差异不显著。喷施调节剂后35 d，两处理荚皮POD活性均高于对照，方差分析表明DTA-6处理与对照之间的差异达到极显著水平，而S3307处理与对照之间无显著性差异。喷施调节剂后42 d，两处理及对照 POD 活性表现为 S3307 > DTA-6 > CK，方差分析可知两处理与对照之间差异不显著。喷施调节剂后 49 d，两处理 POD 活性均低于对照，方差分析可知两处理与对照之间达到极显著性差异。喷施调节剂后 56 d，两处理荚皮 POD 活性均极显著高于对照。

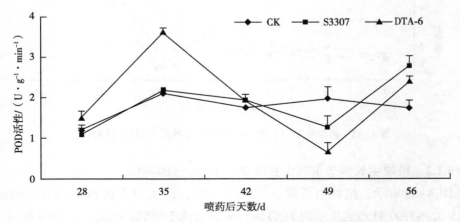

图 4-34　植物生长调节剂对抗线 6 大豆荚皮 POD 活性的调控

4.5.2.3　植物生长调节剂对大豆落荚 POD 活性的调控

如图 4-35 所示，植物生长调节剂对嫩丰 18 大豆落荚 POD 活性具有调控作用。喷施调节剂后 35 d，S3307 和 DTA-6 处理落荚中 POD 活性依序为 S3307 > DTA-6 > CK。喷施调节剂后 42 d，S3307 和 DTA-6 处理 POD 活性极显著低于对照。喷施调节剂后 49 d，此期间两处理及对照的 POD 活性表现为 CK > S3307 > DTA-6。喷施调节剂后 56 d，S3307 和 DTA-6 处理的 POD 活性分别比对照高 74.02% 和 193.97%，且两处理与对照之间均达到极显著差异水平。

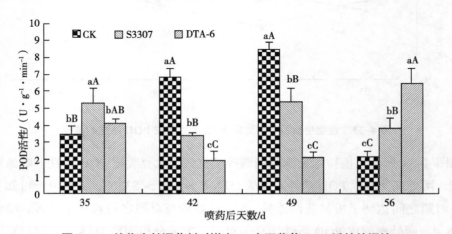

图 4-35　植物生长调节剂对嫩丰 18 大豆落荚 POD 活性的调控

植物生长调节剂对抗线 6 大豆落荚 POD 活性的调控如图 4–36 所示，喷施调节剂后 35 d，两处理落荚中 POD 活性依序为 DTA-6 > CK > S3307，方差分析可知 DTA-6 处理与对照之间达到差异极显著水平。喷施调节剂后 42 d，两处理落荚中 POD 活性均高于对照，其中 DTA-6 处理与对照之间差异显著。喷施调节剂后 49 d，两处理落荚中 POD 活性均极显著高于对照。喷施调节剂后 56 d，两处理落荚中 POD 活性依序为 CK > S3307 > DTA-6，方差分析可知两处理与对照之间的差异均达到极显著水平。

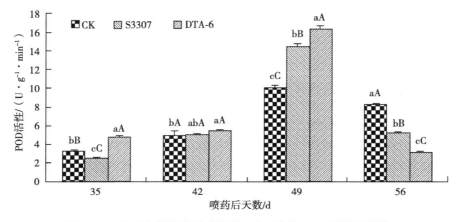

图 4–36　植物生长调节剂对抗线 6 大豆落荚 POD 活性的调控

4.5.3　植物生长调节剂对大豆超氧化物歧化酶（SOD）活性的调控

4.5.3.1　植物生长调节剂对大豆叶片 SOD 活性的调控

超氧化物歧化酶（SOD）是植物体内清除和减少破坏性氧自由基的保护酶，其活性大小常被用作评价植株抗氧化能力强弱的指标（章秀福等，2006）。图 4-37 所示为植物生长调节剂对嫩丰 18 大豆叶片 SOD 活性的影响，大体上呈先下降后上升的趋势。喷施调节剂后 7 d，两处理叶片中 SOD 活性均高于对照，方差分析可知两处理均与对照之间达到差异极显著水平。喷施调节剂后 14 d，两处理及对照叶片中 SOD 活性均降低到最小值，活性依序为 DTA-6 > CK > S3307。喷施调节剂后 21 d，两处理及对照叶片中 SOD 活性依序为 S3307 > CK > DTA-6。喷施调节剂后 28 d，两处理 SOD 活性均极显著高于对照，活性依序为 S3307 > DTA-6 > CK。喷施调节剂后 35 ～ 49 d，两处理及对照叶片中 SOD 活性依序为 S3307 > CK > DTA-6，方差分析可知在此时期 S3307 处理与对照之间的差异达到极显著水平。喷施调节剂后 56 d，两处理 SOD 活性均高于对照。总体来看，DTA-6 处理在大豆 R2、R3 和 R4 期增加了叶片中 SOD 活性，S3307 处理增加了整个取样时期内大豆叶片中 SOD 活性。

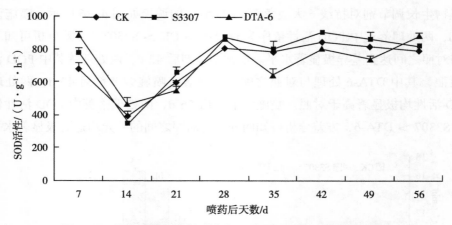

图 4-37　植物生长调节剂对嫩丰 18 大豆叶片 SOD 活性的调控

如图 4-38 所示，植物生长调节剂对抗线 6 大豆叶片 SOD 活性具有一定调控作用。喷施调节剂后 7 d，两处理叶片中 SOD 活性均极显著高于对照，活性依序为 DTA-6 ＞ S3307 ＞ CK。喷施调节剂后 14 d，DTA-6 和 S3307 处理 SOD 活性分别比对照高 9.96% 和 11.00%，方差分析可知两处理与对照之间无显著性差异。喷施调节剂后 21 d，两处理及对照叶片中 SOD 活性依序为 DTA-6 ＞ CK ＞ S3307。喷施调节剂后 28 d，两处理及对照叶片中 SOD 活性依序变为 S3307 ＞ CK ＞ DTA-6，方差分析可知 S3307 处理与对照之间的差异达到极显著水平。喷施调节剂后 35 d，两处理叶片中 SOD 活性均高于对照，方差分析可知 S3307 处理与对照之间达到差异极显著水平，而 DTA-6 处理与对照之间无显著性差异。喷施调节剂后 42 d，两处理叶片中 SOD 活性均低于对照。喷施调节剂后 49 d，两处理叶片中 SOD 活性极显著高于对照，方差分析可知 DTA-6 处理与对照之间的差异达到极显著水平，S3307 处理与对照之间的差异达到显著水平。喷施调节剂后 56 d，两处理及对照叶片中 SOD 活性依序为 DTA-6 ＞ CK ＞ S3307，其中 DTA-6 处理与对照之间达到差异极显著水平。

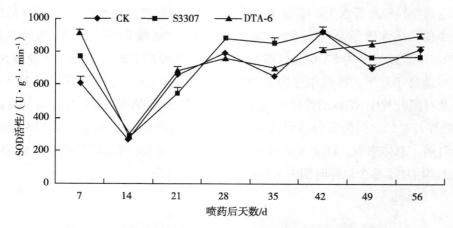

图 4-38　植物生长调节剂对抗线 6 大豆叶片 SOD 活性的调控

4.5.3.2　植物生长调节剂对大豆荚皮 SOD 活性的调控

如图 4–39 所示，植物生长调节剂对嫩丰 18 大豆荚皮 SOD 活性具有一定调控作用，大致呈先升高后降低的趋势。喷施调节剂后 35 d，两处理荚皮 SOD 活性低于对照。喷施调节剂后 42 d，两处理荚皮 SOD 活性均高于对照，方差分析可知 DTA-6 处理与对照之间的差异达到极显著水平。喷施调节剂后 49 d，两处理及对照荚皮 SOD 活性依序为 S3307 ＞ DTA-6 ＞ CK，方差分析可知两处理与对照之间差异不显著。喷施调节剂后 56 d，两处理及对照荚皮 SOD 活性依序为 S3307 ＞ DTA-6 ＞ CK。

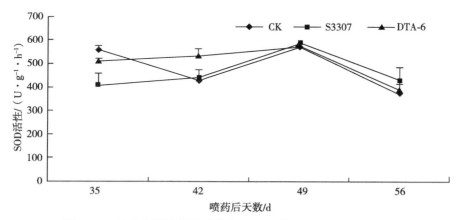

图 4–39　植物生长调节剂对嫩丰 18 大豆荚皮 SOD 活性的调控

如图 4–40 所示，植物生长调节剂对抗线 6 大豆荚皮 SOD 活性具有一定调控作用。喷施调节剂后 28 d，两处理及对照荚皮 SOD 活性依序为 CK ＞ S3307 ＞ DTA-6，方差分析可知 DTA-6 处理与对照之间达到差异显著水平。喷施调节剂后 35 d，两处理荚皮中 SOD 活性均低于对照。喷施调节剂后 42 d，两处理及对照荚皮 SOD 活性依序为 DTA-6 ＞ CK ＞ S3307，方差分析可知 DTA-6 处理与对照之间达到差异显著水平。喷施调节剂后 49 ～ 56 d，两处理 SOD 活性均高于对照，其中 S3307 处理调控效果较好。总体来看，调节剂增加了大豆鼓粒期荚皮内 SOD 活性。

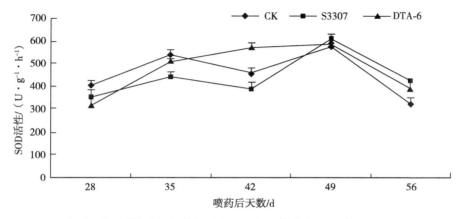

图 4–40　植物生长调节剂对抗线 6 大豆荚皮 SOD 活性的调控

4.5.3.3　植物生长调节剂对大豆落荚 SOD 活性的调控

如图 4–41 所示，嫩丰 18 大豆两处理及对照落荚内的 SOD 活性随着取样时期的推进大体上呈下降趋势。喷施调节剂后 35 d，落荚 SOD 活性表现为 S3307 > DTA-6 > CK，其中 S3307 处理与对照之间达到差异极显著水平。喷施调节剂后 49 d，两处理落荚 SOD 活性均高于对照，但两处理与对照之间无显著性差异。喷施调节剂后 56 d，两处理落荚 SOD 活性均高于对照，其中 DTA-6 处理与对照之间达到了差异极显著水平。整个取样时期内，S3307 和 DTA-6 处理落荚的 SOD 活性大部分情况下高于对照，因此两处理增加了大豆落荚的 SOD 活性，有效地提高了大豆的抗逆性。

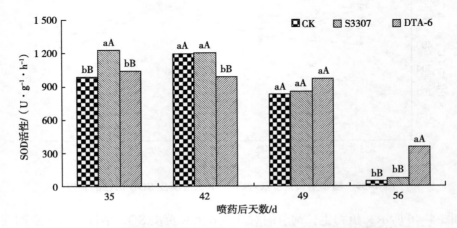

图 4–41　植物生长调节剂对嫩丰 18 大豆落荚 SOD 活性的调控

如图 4–42 所示，植物生长调节剂对抗线 6 大豆落荚 SOD 活性的影响大致呈下降趋势。喷施调节剂后 35 d，落花落荚内 SOD 活性表现为 S3307 > DTA-6 > CK，方差分析可知 S3307 处理与对照之间达到差异极显著水平，DTA-6 处理与对照之间的差异达到显著水平。喷施调节剂后 42 d，两处理 SOD 活性显著高于对照。喷施调节剂后 49 d，两处理及对照落荚 SOD 活性依序为 DTA-6 > CK > S3307，方差分析可知 DTA-6 处理与对照之间达到差异极显著水平，S3307 处理与对照之间差异不显著。喷施调节剂后 56 d，两处理落荚 SOD 活性均低于对照，其中 DTA-6 处理与对照之间差异显著。

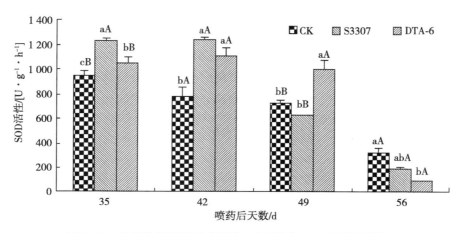

图4-42 植物生长调节剂对抗线6大豆落荚SOD活性的调控

4.5.4 植物生长调节剂对大豆多聚半乳糖醛酸酶（PG）活性的调控

4.5.4.1 植物生长调节剂对大豆荚皮PG活性的调控

如图4-43所示，嫩丰18大豆两处理及对照荚皮中PG活性大致呈先升高后下降再升高的趋势。喷施调节剂后35 d，PG活性处于整个取样时期最低值，活性表现为CK＞DTA-6＞S3307。喷施调节剂后42 d，两处理PG活性显著低于对照。喷施调节剂后49 d，两处理PG活性极显著低于对照。喷施调节剂后56 d，两处理PG活性均低于对照，方差分析可知S3307处理与对照之间达到差异极显著水平，DTA-6与对照之间差异不显著。整个取样时期两处理的荚皮PG活性均低于对照，可减少大豆花荚脱落。

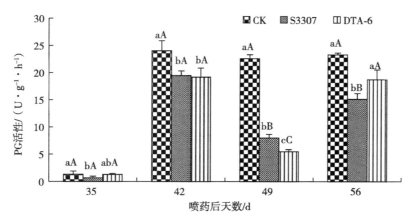

图4-43 植物生长调节剂对嫩丰18大豆荚皮PG活性的调控

如图4-44所示，植物生长调节剂对抗线6大豆荚皮中PG活性具有调控作用，两处理及对照荚皮中PG活性大致呈先升高再降低再升高的趋势。喷施调节剂后35 d，两处理和对照荚皮中PG活性为取样时期最低值。喷施调节剂后42 d，两处理及对照荚皮中 PG 活性依序为 CK > S3307 > DTA-6，方差分析可知 DTA-6 处理与对照之间达到差异极显著水平。喷施调节剂后 49 d，两处理及对照荚皮中 PG 活性再次降低，且两处理均低于对照，方差分析表明 S3307 处理与对照之间达到差异显著水平，DTA-6 处理与对照之间达到差异极显著水平。喷施调节剂后 56 d，两处理及对照荚皮中 PG 活性依序为 CK > DTA-6 > S3307，方差分析可知两处理与对照之间无显著性差异。

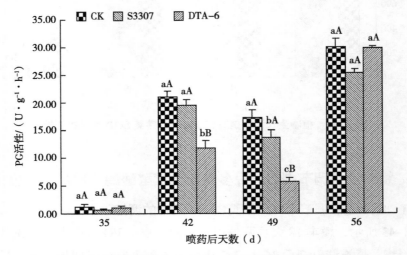

图 4-44　植物生长调节剂对抗线 6 大豆荚皮 PG 活性的调控

4.5.4.2　植物生长调节剂对大豆落荚 PG 活性的调控

从图 4-45 可以看出，喷施调节剂后 35 d，S3307 处理落荚中 PG 活性极显著低于对照；喷施调节剂后 42 d，S3307 和 DTA-6 处理分别比对照低 5.59% 和 4.78%；喷施调节剂后 49 d，S3307 处理极显著低于对照，而 DTA-6 处理与对照之间无显著性差异；喷施调节剂后 56 d，两处理极显著低于对照，而两处理之间无显著差异。总体来看，植物生长调节剂有效地降低了大豆落荚内的 PG 活性，S3307 处理调控效果较好。

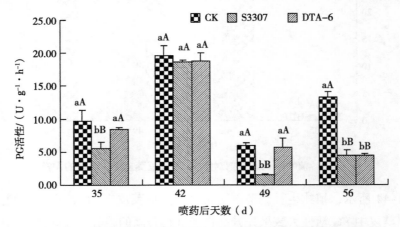

图 4-45　植物生长调节剂对嫩丰 18 大豆落荚 PG 活性的调控

如图 4–46 所示，植物生长调节剂对抗线 6 大豆落荚中 PG 活性具有调控作用。喷施调节剂后 35 d，两处理落荚中 PG 活性略低于对照。喷施调节剂后 42 d，两处理和对照落荚中 PG 活性达到最大值，活性依序为 CK > S3307 > DTA-6，方差分析可知两处理与对照之间达到差异极显著水平。喷施调节剂后 49 ～ 56 d，两处理和对照落荚中 PG 活性降低，依序为 CK > S3307 > DTA-6，方差分析可知两处理与对照之间差异不显著。

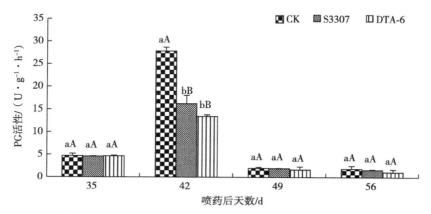

图 4–46　植物生长调节剂对抗线 6 大豆落荚 PG 活性的调控

4.5.5　植物生长调节剂对大豆脱落纤维素酶（AC）活性的调控

4.5.5.1　植物生长调节剂对大豆荚皮 AC 活性的调控

如图 4–47 所示，植物生长调节剂对嫩丰 18 大豆荚皮 AC 活性呈先升高后降低的趋势。喷施调节剂后 35 d，两处理与对照之间差异不显著。喷施调节剂后 42 d，两处理及对照 AC 活性大小表现为 S3307 > CK > DTA-6，S3307 处理极显著高于对照，而 DTA-6 处理极显著低于对照。喷施调节剂后 49 ～ 56 d，S3307 和 DTA-6 处理的 AC 活性极显著低于对照，在喷施调节剂后 49 d，DTA-6 处理极显著低于 S3307 处理。由此可知，DTA-6 处理对降低大豆荚皮 AC 活性效果较好。

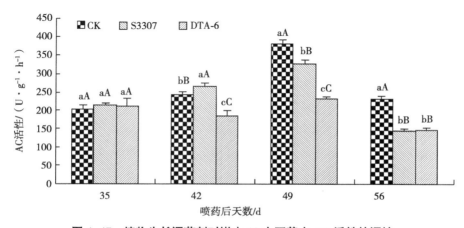

图 4–47　植物生长调节剂对嫩丰 18 大豆荚皮 AC 活性的调控

如图 4-48 所示，植物生长调节剂对抗线 6 大豆荚皮 AC 活性具有调控作用。喷施调节剂后 35 d，两处理及对照 AC 活性表现为 DTA-6 > CK > S3307，方差分析可知 DTA-6 处理与对照之间差异达到显著水平，而 S3307 处理与对照之间无显著性差异。喷施调节剂后 42 d，两处理及对照 AC 活性依序为 S3307 > CK > DTA-6，其中 DTA-6 处理与对照之间差异显著。喷施调节剂后 49 d，两处理 AC 活性均低于对照，方差分析可知其中 S3307 处理与对照之间达到极显著性差异。喷施调节剂后 56 d，两处理及对照 AC 活性变为 DTA-6 > CK > S3307，方差分析可知两处理均与对照之间的差异达到极显著水平。由此可知 S3307 处理降低了大豆鼓粒期荚皮的 AC 活性。

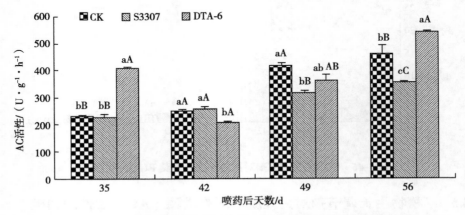

图 4-48 植物生长调节剂对抗线 6 大豆荚皮 AC 活性的调控

4.5.5.2 植物生长调节剂对大豆落荚 AC 活性的调控

如图 4-49 所示，植物生长调节剂对嫩丰 18 大豆落荚 AC 活性的调控作用与荚皮相一致，呈单峰曲线变化。在喷施调节剂后 42 d 和 56 d，S3307 处理极显著低于对照和 DTA-6 处理。整个取样时期两处理的 AC 活性均极显著低于对照，说明 S3307 和 DTA-6 可有效地减少纤维素酶降解细胞壁的主要组成成分纤维素和半纤维素，从而利于减少大豆的落荚。

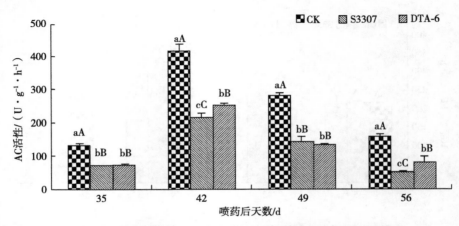

图 4-49 植物生长调节剂对嫩丰 18 大豆落荚 AC 活性的调控

如图 4–50 所示，植物生长调节剂对抗线 6 大豆落荚纤维素酶活性具有调控作用。喷施调节剂后 35 d，两处理落荚中 AC 活性高于对照。喷施调节剂后 42 d，两处理及对照 AC 活性大小表现为 CK > DTA-6 > S3307，方差分析可知两处理与对照之间达到了差异极显著水平。喷施调节剂后 49 d，两处理 AC 活性均高于对照。喷施调节剂后 56 d，两处理及对照 AC 活性大小表现为 CK > DTA-6 > S3307，方差分析可知两处理均与对照之间达到了差异极显著水平。

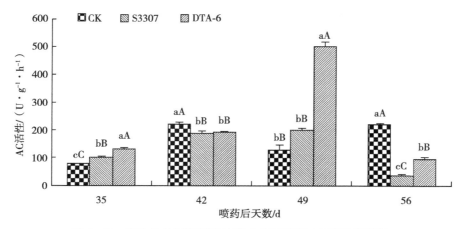

图 4–50　植物生长调节剂对抗线 6 大豆落荚 AC 活性的调控

4.6　化控技术对无限结荚习性大豆脱落纤维素酶基因（*GmAC*）表达的调控

4.6.1　植物生长调节剂对大豆离区 *GmAC* 基因特异性检验

由于脱落纤维素酶基因（*GmAC*）与大豆花荚离区脱落的功能相关，因此要测定经 DTA-6 和 S3307 处理后的大豆离区 *GmAC* 的相对表达量与对照之间的差异性。通过分析两处理及对照溶解曲线的质量来判断是否存在假阳性扩增，从而检测提取大豆离区 RNA 的特异性。如图 4–51 所示，两处理及对照的扩增的溶解曲线在同一温度下都存在单一的主峰，说明得到的大豆离区 RNA 产物中不存在假阳性扩增，试验结果准确。

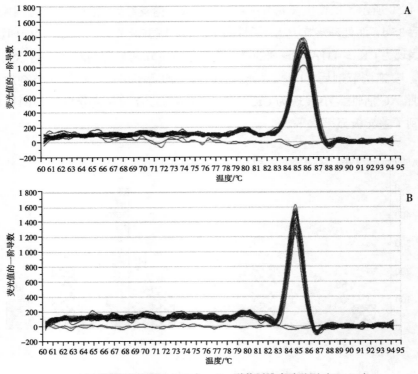

A—管家基因（*GmActin*）；B—脱落纤维素酶基因（*GmAC*）。

图 4-51　荧光定量 PCR 溶解曲线图

4.6.2　植物生长调节剂对嫩丰 18 大豆 *GmAC* 表达的调控

Clements 等（2001）和 Bonghi 等（1992）研究表明，纤维素酶等细胞壁降解酶活性与离区脱落进程有着密切的关系。如图 4-52 所示，本试验中 DTA-6 和 S3307 处理花荚离区脱落纤维素酶调控基因表达量与对照相比分别下调了 43% 和 72%，说明两处理的 *GmAC* 基因抑制了纤维素酶的合成，与前文中两处理荚皮和落荚纤维素酶活性低于对照的结果相一致。

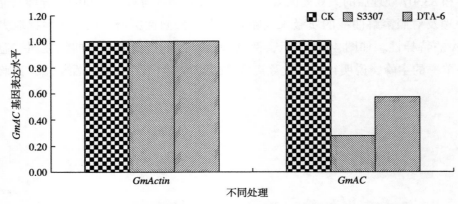

图 4-52　不同处理的嫩丰 18 大豆离区 *GmAC* 基因表达水平

4.6.3　植物生长调节剂对抗线 6 大豆 *GmAC* 表达的调控

植物生长调节剂对抗线 6 大豆 *GmAC* 表达的调控如图 4–53 所示，DTA-6 和 S3307 处理花荚离区脱落纤维素酶调控基因表达量的高低顺序为 S3307 ＞ CK ＞ DTA-6，DTA-6 处理比对照下调了 16%，S3307 处理与对照相比上调了 17%，这与预期的结果不太相符，可能是由于调控大豆花荚器官脱落是由许多与脱落相关酶共同作用的，而脱落纤维素酶只是其中之一，S3307 处理虽然增加了抗线 6 离区脱落纤维素酶调控基因表达量，增加了离区细胞内纤维素酶活性，但最终降低了抗线 6 落花落荚率，提高了大豆花荚的形成率，关于其他脱落相关基因的表达量还需要深入分析研究。

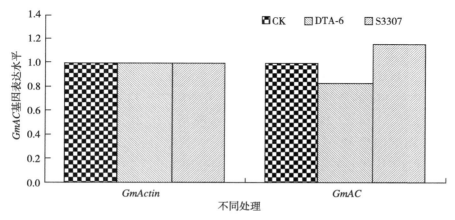

图 4–53　不同处理的抗线 6 大豆离区 *GmAC* 基因表达水平

4.7　本章小结

两调节剂处理同步增加了喷后 56d（嫩丰 18 和抗线 6）和 63d（抗线 6）大豆叶片可溶性糖和蔗糖含量；降低了喷施后期（喷施后 56 d）两品种大豆荚皮可溶性糖含量，降低了喷施后期（56 d）嫩丰 18 荚皮蔗糖含量，增加了抗线 6 荚皮蔗糖含量；增加了喷后 49 d 嫩丰 18 和喷后 42 d 抗线 6 籽粒可溶性糖含量；增加了喷后 42 d 嫩丰 18 和喷后 35 ～ 49 d 抗线 6 籽粒蔗糖含量。两处理同步提高了喷后 42 d 嫩丰 18 和喷后 21 d 抗线 6 大豆叶片淀粉含量；增加了多个取样时期内荚皮淀粉含量；DTA-6 处理降低了嫩丰 18 籽粒淀粉含量，增加了喷施调节剂后 42 d、56 d 抗线 6 籽粒淀粉含量；S3307 处理增加了喷后 42 d、49 d 嫩丰 18 籽粒淀粉含量，增加了喷后 42 d、56 d 抗线 6 籽粒淀粉含量。综合分析可知，两调节剂在不同品种、不同器官碳代谢指标的调控效果存在时间和程度上的差异。

S3307 处理在喷后 7 d、35 d 和 56 d，DTA-6 处理在喷后 7 d、14 d 和 49 d 降低了嫩丰 18 叶片转化酶活性；除喷后 14 d、28 d、35 d、56 d 和 63 d 外，S3307 处理和

DTA-6 处理显著降低了抗线 6 叶片转化酶活性；S3307 处理在喷后 49～56 d、DTA-6 处理在喷后 42～56 d 均降低了嫩丰 18 荚皮转化酶活性；两调节剂增加了整个取样时期抗线 6 荚皮转化酶活性。S3307 在喷后 35 d、42 d 和 56 d，DTA-6 在喷后 35 d 和 42 d 提高了嫩丰 18 籽粒转化酶活性；S3307 在喷后全部时间，DTA-6 在喷后 49 d 和 56 d 提高了抗线 6 籽粒转化酶活性。两调节剂调控了叶片、荚皮和籽粒的物质积累代谢，调控效果存在品种特性。

两调节剂处理均降低了 2 个品种大豆叶片（喷后 21 d 和 49～56 d）、荚皮（嫩丰 18 喷后 28 d 和抗线 6 喷后 56 d）和落荚（喷后 49～56 d）中 MDA 含量。两处理均增加了大豆叶片（嫩丰 18 两调节剂喷后 42 d、56 d，抗线 6 S3307 喷后 14 d 和 42 d，抗线 6 DTA-6 喷后 7 d、28 d）、荚皮（嫩丰 18 S3307 全部取样时期和 DTA-6 喷后 42～49 d，抗线 6 S3307 喷后 42 d、56 d 和 DTA-6 喷后 28～42 d、56 d）和落荚（嫩丰 18 两调节剂喷后 35 d 和 56 d，抗线 6 S3307 喷后 42～49 d 和 DTA-6 喷后 35～49 d）中 POD 活性。两处理均增加了 2 个品种大豆叶片 SOD 活性（嫩丰 18 品种 S3307 除喷后 14d 的全部取样时间及 DTA-6 喷后 7～14 d、28 d、56 d，抗线 6 品种 S3307 喷后 7～14 d、28～49 d 及 DTA-6 喷后 7～21 d、35 d、49～56 d），两处理在喷施调节剂后 42～56 d 增加了嫩丰 18 荚皮中 SOD 活性，在喷施调节剂后 49～56 d 增加了抗线 6 荚皮中 SOD 活性；两处理在喷后 35 d、49 d 和 56 d 增加了嫩丰 18 落荚中 SOD 活性，在喷施 S3307 后 35～42 d 和喷施 DTA-6 后 35～49 d 均增加了抗线 6 落荚中 SOD 活性。可见，两调节剂对不同品种、不同器官抗氧化代谢存在着调控时间和程度的差异。

两调节剂处理不同程度地降低了大豆荚皮和落荚内的 PG 活性。两调节剂降低了嫩丰 18 喷后 49 d、56 d 和抗线 6 喷后 49 d 荚皮 AC 活性，降低了嫩丰 18 喷后全部时间和抗线 6 喷后 42 d、56 d 落荚 AC 活性。对于嫩丰 18 来说，两处理花荚离区脱落纤维素酶调控基因表达量与对照相比均表现出不同程度的下调，且 S3307 处理 *GmAC* 基因的表达量低于 DTA-6 处理；对于抗线 6 来说，与对照相比，DTA-6 处理下调了脱落纤维素酶调控基因表达量，而 S3307 处理上调了脱落纤维素酶调控基因表达量。

两调节剂处理普遍增加了嫩丰 18 大豆籽粒中的蛋白质含量，降低了嫩丰 18 大豆籽粒中的脂肪含量。两处理均降低了大豆落花落荚率，增加了花荚形成率，其中 S3307 调控效果较好。两处理改善了大豆株高，增加了大豆茎粗，降低了底荚高度，一定程度上增加了大豆单株荚数、荚粒数和百粒重，最终提高大豆产量。

参考文献

付艳华，杜晓英，杨子红，等，2002. 大豆落花落荚率与品种生育阶段的关系［J］. 作物杂志（5）：12–13.

郝建军，康宗利，于洋，2007. 植物生理学实验技术［M］. 北京：化学工业出版社.

何钟佩，1993. 农作物化学控制实验指导［M］. 北京：北京农业大学出版社.

刘晓冰，李文雄，1996. 春小麦籽粒灌浆过程中淀粉和蛋白质积累规律的初步研究［J］. 作物学报（6）：736–740.

刘祖祺，张石诚，1994. 植物抗性生理学［M］. 北京：中国农业出版社.

宋春艳，冯乃杰，郑殿峰，等，2011. 植物生长调节剂对大豆叶片碳代谢相关生理指标的影响［J］. 干旱地区农业研究，29（3）：91–95.

孙培乐，宋兆华，2008. 不同结荚习性大豆品种生育特性的研究［J］. 大豆科技（5）：17–20.

田佩占，1975. 大豆育种的结荚习性问题［J］. 遗传学报（4）：337–343.

吴奇峰，何桂红，董志新，等，2005. 植物生长调节剂在我国大豆种植上的研究与应用［J］. 作物杂志（1）：12–15.

张飞，岳田利，费坚，等，2004. 果胶酶活力的测定方法研究［J］. 西北农业学报，13（4）：134–137.

张振华，刘志民，2009. 我国大豆供需现状与未来十年预测分析［J］. 大豆科技（4）：16–21.

张志良，2003. 植物生理学实验指导［M］. 北京：高等教育出版社.

章秀福，王丹英，储开富，等，2006. 镉胁迫下水稻 SOD 活性和 MDA 含量的变化及其基因型差异［J］. 中国水稻科学（2）：194–198.

赵黎明，郑殿峰，冯乃杰，等，2008. 植物生长调节剂对大豆叶片光合特性及糖分积累的影响［J］. 大豆科学（3）：442–446，450.

赵双进，唐晓东，赵鑫，等，2013. 大豆开花落花及时空分布的观察研究［J］. 中国农业科学，46（8）：1543–1554.

BONGHI C, RASCIO N, RAMINA A, et al., 1992. Cellulase and polygalacturonase involvement in the abscission of leaf and fruit explants of peach［J］. Plant Molecular Biology, 20（5）：839–848.

CLEMENTS J C, ATKINS C A, 2001. Characterization of a Non-abscission Mutant in Lupinus angustifolius L.: Physiological Aspects［J］. Annals of Botany,（4）：629–635.

KRISHNAN H, PUEPPKE S, 1990. Cherry Fruit Invertase: Partial Purification, Characterization and Activity during Fruit Development［J］. Journal of Plant Physiol, 135：662–666.

XU D P, SUNG S J, BLACK S C, 1989. Sucrose Metabolism in Lima Bean Seeds 1［J］. Plant Physiol, 89（4）：1106–1116.

5　亚有限结荚习性品种大豆花荚建成及产量品质形成的化学调控

　　大豆花荚脱落主要是指花蕾、花朵和幼荚的脱落，是生产上普遍存在的问题。落蕾一般发生在花轴末端及副芽花序上，落花多发生在开花后 3～5 d，落荚以开花后 7～15 d 的幼荚脱落最多。花荚脱落与品种类型有关，亚有限生长习性品种比有限生长习性品种脱落率高；长花序品种比短花序品种脱落严重。从脱落部位看，亚有限品种植株中上部花荚脱落严重；有限性品种则以下部脱落较多；在同一植株上，分枝的花荚比主茎脱落多；而在同一花轴上，又以顶部花荚脱落为多。脱落顺序与开花顺序相一致，即早开的花脱落也早。近年来生产上推广的亚有限大豆品种较多。因此，研究亚有限结荚习性品种的花荚脱落特性，深入研究提高大豆花荚建成的调控措施和机理，对大豆生产将具有重要的意义。很多农艺措施都将促花保荚、减少脱落作为增加产量的重要途径。化控技术作为栽培中的一项新技术措施，在大豆生产上越来越受到重视，通过施用外源植物生长物质，有目的地调控植物内源激素系统，进而提高产量。通过著者团队多年的试验研究，发现植物生长调节剂可以调控大豆花荚发育，降低花荚脱落率，对大豆叶片、茎和叶柄的显微结构和亚显微结构都有一定的调节作用，并且能显著增加产量。调节剂在调控大豆花荚发育过程中，最先是调控了大豆内源激素的变化。由此我们设想，叶面喷施调节剂减少花荚脱落率与其调控光合产物合成、花荚脱落关键酶的含量有着密切的关系，并且对离层细胞脱落纤维素酶的基因表达也具有一定的调控作用。

　　现有关于大豆花荚脱落的国内外研究中，大部分只是针对调节剂对存留花荚生理和分子生物学方面开展研究，关于脱落荚的生理指标研究较少。试想从蕾到荚成熟都存在脱落的可能性，其中部分花荚会自然发育到成熟，而相当一部分花荚在经历复杂的代谢变化后发生脱落。我们通过对存留荚和脱落荚生理代谢情况进行对比，研究二者的差别，可能会发现二者在生理上的差别，也许正是这种差别导致了花荚的脱落，目的是揭示花荚脱落的根本原因。因此，深入研究 DTA-6 和 S3307 减少花荚脱落的机制，对大豆花荚脱落过程中的内源激素作用机制、同化物代谢机制和脱落关键酶活性及其基因表达进行对比分析，并进一步探讨内源激素、同化物、酶及脱落基因表达之间的内在联系尤为必要。本章研究将从生理代谢、内源激素及分子生物学方面，揭示化控技术减少大豆花荚脱落的机理，对深化大豆花荚脱落的理论研究和提高我国大豆产量均具有重要的意义。

5.1 试验设计方案

5.1.1 试验地基本条件

试验地位于黑龙江省大庆市林甸县宏伟乡吉祥村，地势平整，地力均匀，土壤类型为草甸黑钙土，0 ~ 20 cm 耕层土壤基本农化性状见表 5–1。

表 5–1   土壤基本农化性状（0 ~ 20 cm 耕层）

项目	碱解氮 /（mg·kg⁻¹）	有效磷 /（mg·kg⁻¹）	速效钾 /（mg·kg⁻¹）	有机质 /（g·kg⁻¹）	pH 值	盐总量 /%
含量	178.5	25.4	257.4	30.8	7.88	0.1

5.1.2 供试材料

以当地主栽基因型差异较大的 3 个亚有限大豆品种为研究材料。

绥农 28：亚有限结荚习性，株高 110 cm 左右，生育日数 120 d 左右。长叶、紫花、灰毛。籽粒圆形、种皮黄色、脐无色。百粒重 21 g 左右，脂肪含量 22.20%，蛋白质含量 38.13%。

垦丰 16：亚有限结荚习性，株高 65 cm 左右，生育天数 120 d 左右。披针叶，白花，灰茸毛。籽粒圆形，种皮黄色，黄色脐。百粒重 18 g 左右，粗蛋白质含量 40.5%，粗脂肪含量 20.57%。

合丰 50：亚有限结荚习性，株高 90 cm 左右，该品种平均生育期 120 d 左右。长叶、紫花、灰白色茸毛。籽粒圆形，种皮黄色，淡脐。百粒重 20.1 g，平均粗蛋白质含量 38.48%，粗脂肪含量 22.26%。

选用的两种植物生长调节剂分别是：延缓型植物生长调节剂烯效唑（uniconazole，S3307）和促进型植物生长调节剂胺鲜酯（diethyl aminoethyl hexanoate，DTA-6），以上 2 种调节剂由黑龙江八一农垦大学化控实验室提供。

5.1.3 试验设计

2012 年大田栽培条件下，供试调节剂分别为 DTA-6 和 S3307。以基因型差异较大的绥农 28、垦丰 16 和合丰 50 为研究材料，种植密度 30 万株·hm^{-2}。以叶面喷施植物生长调节剂为处理，以喷施清水为对照（CK，在图表中调节剂应用浓度为 0 的处理，即为喷施清水的处理），试验采用随机区组设计，4 次重复，每个小区面积为 20 m^2。S3307 浓度设为 0、25 mg·L^{-1}、50 mg·L^{-1}、75 mg·L^{-1}、100 mg·L^{-1}。DTA-6 浓度设为 0、15 mg·L^{-1}、30 mg·L^{-1}、60 mg·L^{-1}、120 mg·L^{-1}。喷施时期为 R1 期（初花期），喷施溶液量 225 L·hm^{-2}，在 7 月 7 日晴朗、无风、阳光不强烈下午 4 时 30 分以后，用人工手持式喷壶喷施。喷施调节剂后，在每个小区随机选取面积为 1 m^2 的区域，在地上铺设纱布网，以准确调查花荚数目。定期收集脱落的花荚，至成熟期时统计花荚脱落率。

2013 年，以喷施清水为对照（CK），以喷施调节剂为处理，DTA-6 浓度为 60 mg·L^{-1}，S3307 浓度为 50 mg·L^{-1}（在前期调节剂喷施浓度筛选试验的基础上确定的最佳浓度）。R1期（初花期）叶面喷施清水或调节剂，小区 6 行，行长 5 m，垄宽 0.65 m，面积为 19.50 m^2，4 次重复，单因素随机区组设计。机器播种，出苗后人工间苗，密度 30.00 万株·hm^{-2}，人工除草，小区田间管理同常规。

5.1.4　测定项目及方法

5.1.4.1　取样部位和方法

在 R1 期喷施调节剂后 2 d 开始第 1 次取样，此后每隔 7 d 取样 1 次。每次处理和对照中采叶片、花和幼荚、荚皮和籽粒，叶喷后 35 d（R5 期）开始将荚皮与籽粒分开，在液氮中速冻 30 min，取出置于 –40 ℃低温冰柜中，待全部样品收集完毕，统一测定。

5.1.4.2　花荚脱落调查和考种

（1）花荚脱落调查

采用铺纱布网法进行（宋莉萍，2011）。

$$\text{花脱落率（％）}=\text{脱落花数}/（\text{脱落花数}+\text{脱落荚数}+\text{坐荚数}）×100 \qquad (5-1)$$

$$\text{荚脱落率（％）}=\text{脱落荚数}/（\text{脱落花数}+\text{脱落荚数}+\text{坐荚数}）×100 \qquad (5-2)$$

$$\text{花荚脱落率（％）}=（\text{脱落花数}+\text{脱落荚数}）/$$
$$（\text{脱落花数}+\text{脱落荚数}+\text{坐荚数}）×100 \qquad (5-3)$$

$$\text{坐荚率（％）}=\text{坐荚数}/（\text{脱落花数}+\text{脱落荚数}+\text{坐荚数}）×100 \qquad (5-4)$$

（2）考种

在大豆成熟期测产，每个处理收获 1 m，从每个处理中选长势均匀的 10 株，统计出株粒数、株有效荚数、单株粒重、百粒重等，按下列公式计算产量。

$$\text{产量（kg·hm}^{-2}）=\text{单株粒数}×\text{百粒重（g）}×\text{公顷株数}÷100\,000。 \qquad (5-5)$$

（3）SOD、POD、MDA、可溶性蛋白质和可溶性糖含量测定

采用刘祖祺等（1994）、李忠光等（2002）方法。

5.1.4.3　纤维素酶活性测定

采用郝建军等（2007）方法。

5.1.4.4 多聚半乳糖醛酸酶活性测定

采用张飞等（2004）方法。

5.1.4.5 内源激素含量测定

采用液相色谱法。

5.1.4.6 *GmAC* 基因相对表达量测定

GmAC 基因相对表达量：采用荧光定量 PCR 方法进行测定。于 R1 期喷施调节剂后 5 d，取花荚离区组织，用手术剪刀剥取同处理大豆花荚基部与茎相连离区组织，长 3 ~ 4 mm，迅速放入液氮速冻 30 min，用锡箔包好置 -70 ℃贮藏，取样所用器械均经高温灭菌。

采用 TRIzol 法提取总 RNA，以电泳检测 RNA 质量后，利用反转录合成 cDNA，以 *GmActin*（W. Shahri et al., 2014）定量 PCR，PCR 体系（25 μL）含 SYBR Premix Ex Taq Ⅱ（2×）12.5 μL、上下游引物（表 5-2）各 1 μL、RT 产物 2 μL、dH$_2$O 8.5 μL，扩增条件为 95 ℃ 30 s、95 ℃ 5 s、58 ℃ 60 s，40 个循环，在 72 ℃延伸时收集荧光信号。药品和仪器均来自于 TaKaRa 公司。

表 5-2　实时荧光定量 PCR 引物序列

基因名称	序列号	引物序列
GmAC-F	U34755	5′-TTGCCCGCCACCCAAAGA-3′
GmAC-R	U34755	5′-CGTTCCCATCTCCCACCT-3′
GmActin-F	V00450	5′-GGTGATGGTGTGAGTCACACTGTACC-3′
GmActin-R	V00450	5′-GTGGACAATGGATGGGCCAGACTC-3′

5.1.4.7 转化酶活性测定

采用 3,5- 二硝基水杨酸法（何钟佩，1993）。

5.1.4.8 可溶性糖、淀粉、蔗糖含量的测定

采用张志良（2003）和柳青松等（1993）的方法。

5.1.5 数据分析与绘图

本试验数据分析和制图通过 Excel 软件进行，差异显著性检测通过 SPSS19.0 软件进行。

5.2 化控技术对亚有限结荚习性大豆花荚建成的调控

5.2.1 DTA-6 对大豆花荚脱落的调控效应

5.2.1.1 DTA-6 对垦丰 16 花荚脱落的调控效应

5 个浓度梯度 DTA-6 处理对大豆花数的调控作用呈现出不同的变化效果，随着 DTA-6

浓度的增加，大豆（垦丰 16，KF16）花数变化呈抛物线状（图 5-1），最大值出现在叶喷浓度 30 mg·L^{-1}，与 CK 达到显著差异。可见，叶面喷施 DTA-6 能够显著增加大豆花数。

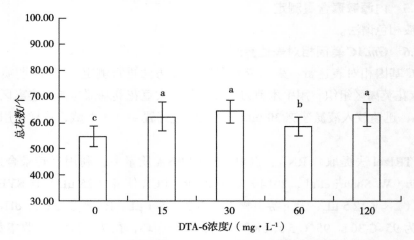

图 5-1　不同浓度 DTA-6 对 KF16 总花数的调控

由图 5-2 可知，不同浓度 DTA-6 对 KF16 总花荚脱落率的调控处理与 CK 存在差异但不显著，总体看除了浓度 60 mg·L^{-1} 的处理表现为降低，其他浓度处理均表现为增加总花荚脱落率。

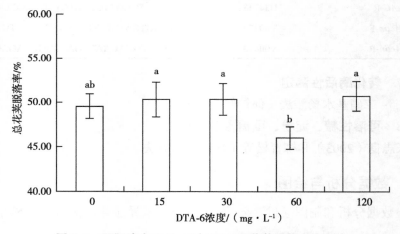

图 5-2　不同浓度 DTA-6 对 KF16 总花荚脱落率的调控

如图 5-3 所示，5 个浓度梯度 DTA-6 对 KF16 花脱落率的调控存在差异，随着 DTA-6 浓度的增大，花脱落率呈现升高再降低再升高的变化趋势，与 CK 相比没有达到差异显著水平。如图 5-4 所示，不同浓度 DTA-6 对 KF16 荚脱落率的调控存在差异，叶喷 DTA-6 降低了荚脱落率，仅浓度 30 mg·L^{-1} 处理与 CK 相比达到差异显著水平。如图 5-5 所示，坐荚率随着 DTA-6 浓度的增大，呈先降低再升高再降低的趋势，仅浓度 15 mg·L^{-1} 的坐荚率低于 CK，其他浓度处理坐荚率高于 CK 但差异不显著。

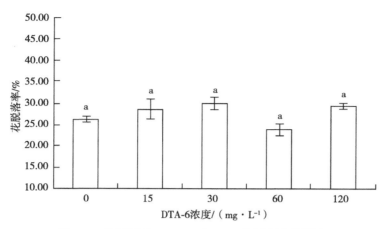

图 5-3 不同浓度 DTA-6 对 KF16 花脱落率的调控

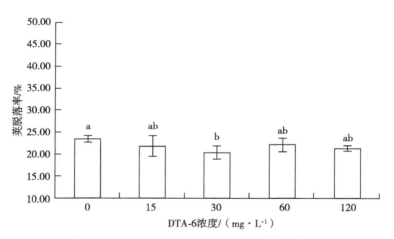

图 5-4 不同浓度 DTA-6 对 KF16 荚脱落率的调控

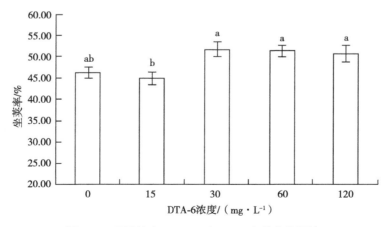

图 5-5 不同浓度 DTA-6 对 KF16 坐荚率的调控

如图 5-6 所示，5 个浓度 DTA-6 对 KF16 坐荚数的调控表现为：随着浓度的增大，坐荚数呈先升高再降低的趋势，浓度 30 mg·L⁻¹ 处理的坐荚数显著高于 CK，其他浓度 DTA-6 处理的坐荚数与 CK 相比未达到差异显著水平。

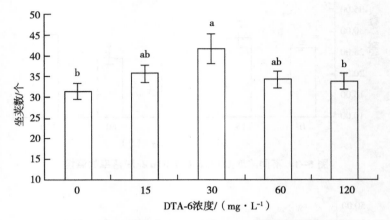

图 5-6　不同浓度 DTA-6 对 KF16 坐荚数的调控

如图 5-7 所示，随着 DTA-6 浓度的不断增加，KF16 品种的产量呈先降低再升高的趋势，浓度 30 mg·L⁻¹ 处理的产量低于 CK，与 CK 相比差异不显著，浓度 120 mg·L⁻¹ 处理的产量显著高于 CK。

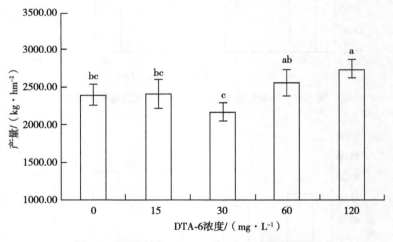

图 5-7　不同浓度 DTA-6 对 KF16 产量的调控

综上分析可知，DTA-6 能够调控 KF16 花荚脱落情况和产量，适宜的浓度 DTA-6 能够显著地调控 KF16 总花数、总脱落率、落荚率、坐荚率和产量，DTA-6 对落花率作用不显著。30 mg·L⁻¹ DTA-6 处理虽然坐荚数和坐荚率高，但是总花荚脱落率和花脱落率均高于 CK，最终产量却低于 CK。浓度为 60 mg·L⁻¹ DTA-6 处理后花数中等程度增加，总脱落率最低，花脱落率也低于其他处理，荚脱落率变化不大，产量仅次于最高浓度 120 mg·L^{-1} 处理的产量，而使用浓度是 120 mg·L^{-1} 的一半。综合 DTA-6 对产量和花荚的调控情况分析，浓度 60 mg·L^{-1} 调控效果最佳，是筛选出的适宜浓度。

5.2.1.2　DTA-6 对绥农 28 花荚脱落的调控效应

从表 5-3 可以看出，不同浓度 DTA-6 对绥农 28 花荚脱落的调控效果存在差异。随着 DTA-6 浓度的增大，各浓度处理均增加了花数，但对花数的调控效果不显著；对荚脱落率也产生一定影响，15 mg·L^{-1} 处理荚脱落率最高，60 mg·L^{-1} 处理荚脱落率最低，与 CK 相比均未达到差异显著水平；DTA-6 对花脱落率的调控效果较好，除 120mg·L^{-1} 处理外，其余处理的花脱落率均显著低于 CK，浓度 60 mg·L^{-1} 花脱落率和花荚总脱落率最低；浓度 60 mg·L^{-1} 坐荚率较高，产量显著高于 CK。总体分析，DTA-6 浓度为 60 mg·L^{-1} 的调控效果最好。

5.2.1.3　DTA-6 对合丰 50 花荚脱落的调控效应

如表 5-3 所示，5 个浓度 DTA-6 对合丰 50 花荚脱落的调控作用存在差异。随着浓度的增加，不同浓度 DTA-6 均增加了花数，浓度 120 mg·L^{-1} 处理的花数最多，且显著高于 CK，同步也降低了荚脱落率。浓度 60 mg·L^{-1} 处理的荚脱落率显著降低，浓度 120 mg·L^{-1} 有效降低荚脱落率，但与 CK 相比差异不显著。DTA-6 处理的花脱落率普遍低于 CK，没有达到显著差异。DTA-6 处理后花荚总脱落率表现为：浓度 30 mg·L^{-1}、60 mg·L^{-1}、120 mg·L^{-1} 处理的均低于 CK，浓度 15 mg·L^{-1} 处理高于 CK，均有差异但不显著。综合分析，DTA-6 浓度为 60 mg·L^{-1} 时降低大豆花荚脱落效果最佳。

表 5-3　DTA-6 对大豆花荚脱落和产量的调控

品种	处理	浓度 /(mg·L^{-1})	总花数 / 个	荚脱落率 /%	花脱落率 /%
绥农 28	SCK	0	61.85±4.75a	47.41±2.16ab	15.96±2.71a
	SD1	15	66.84±1.18a	49.71±0.93a	13.92±1.12b
	SD2	30	69.69±5.68a	46.67±2.35ab	14.24±1.26b
	SD3	60	64.50±4.30a	44.10±1.77b	13.86±1.74b
	SD4	120	62.20±5.95a	46.01±1.77b	14.79±0.54ab
合丰 50	HCK	0	45.83±5.75b	30.43±4.15ab	23.25±1.09a
	HD1	15	52.42±5.27ab	32.72±1.58a	22.45±3.56a
	HD2	30	49.60±6.77ab	27.11±9.03bc	20.99±5.81a
	HD3	60	51.51±8.99ab	24.77±7.67c	23.79±4.24a
	HD4	120	55.41±6.58a	25.94±5.08bc	23.22±4.28a

品种	处理	浓度 / $(mg \cdot L^{-1})$	总脱落率 /%	坐荚率 /%	坐荚数 / 个	产量 / $(kg \cdot hm^{-2})$
绥农 28	SCK	0	63.37±0.75a	42.04±0.75a	29.75±5.80ab	1 868.75±232.91bc
	SD1	15	63.63±1.09a	39.20±1.09ab	28.98±1.72b	1 817.77±117.96c
	SD2	30	60.91±3.41ab	39.09±3.41ab	35.01±4.66a	1 983.90±138.26c
	SD3	60	57.96±1.63b	36.63±1.63b	34.25±3.92ab	2 710.10±290.91a
	SD4	120	60.80±1.84ab	36.37±1.84b	33.76±3.79ab	2 338.89±131.00b
合丰 50	HCK	0	53.67±2.38ab	46.34±2.38ab	22.98±4.72b	1 715.71±197.96b
	HD1	15	55.16±2.47a	44.84±2.47b	26.33±2.05b	1 986.84±264.22ab
	HD2	30	48.11±4.71b	51.89±4.71a	27.86±3.70ab	2 029.55±219.53a
	HD3	60	48.56±5.36b	51.44±5.36a	29.48±4.25ab	2 241.66±178.64a
	HD4	120	49.16±1.92b	50.84±1.92a	34.28±3.62a	2 279.00±334.02a

5.2.2　S3307 对大豆花荚脱落的调控效应

5.2.2.1　S3307 对垦丰 16 花荚脱落的调控效应

如图 5-8 所示，不同浓度 S3307 对 KF16 花数的调控效果存在差异，随着叶喷浓度的增大，KF16 花数呈先升高后降低再升高的趋势，与 CK 相比没有达到显著差异。叶喷 S3307 增加大豆花数，没有达到显著差异。

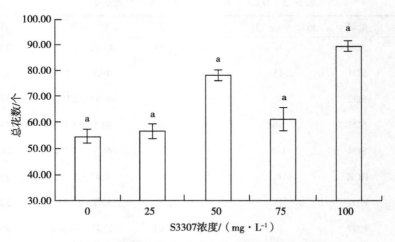

图 5-8　不同浓度 S3307 对 KF16 总花数的调控

不同浓度 S3307 对 KF16 总脱落率的调控如图 5-9 所示，随着浓度增加，总脱落率呈先升高后降低再升高的趋势，最大值出现在浓度 100 mg·L^{-1}，最小值出现在浓度 75 mg·L^{-1}，浓度 50 mg·L^{-1} 和 75 mg·L^{-1} 处理总脱落率达到了差异显著。不同浓度

S3307 处理的花荚总脱落率与 CK 存在差异，均未达到显著水平。

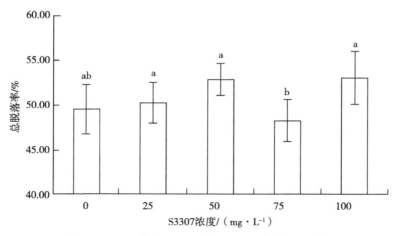

图 5–9　不同浓度 S3307 对 KF16 总脱落率的影响

图 5-10 所示为 S3307 对 KF16 花脱落率的调控，随着浓度的增大，花脱落率呈先升高后降低再升高的趋势，与 CK 没有达到显著差异。

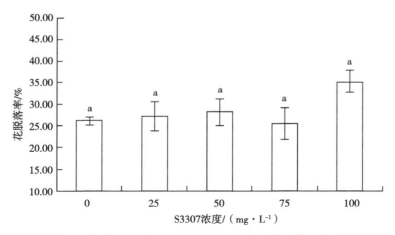

图 5–10　不同浓度 S3307 对 KF16 花脱落率的调控

如图 5-11 所示，不同浓度 S3307 对 KF16 荚脱落率的调控。随着浓度的增大，荚脱落率呈先缓慢增加再降低的趋势，其中 100 mg·L⁻¹ 处理的荚脱落率显著低于 CK，浓度 25 mg·L⁻¹、50 mg·L⁻¹ 和 75 mg·L⁻¹ 3 个处理的荚脱落率与 CK 相比差异不显著。

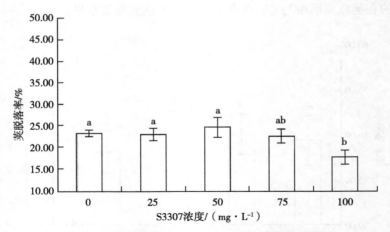

图 5-11　不同浓度 S3307 对 KF16 荚脱落率的调控

如图 5-12 所示，不同浓度 S3307 对 KF16 坐荚率存在调控作用，随着浓度的增大，坐荚率呈先降低后升高的趋势，仅浓度 25 mg·L^{-1} 时低于 CK，其他浓度处理坐荚率均高于 CK，但差异不显著。

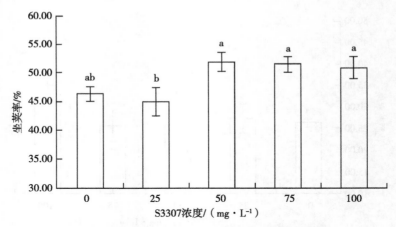

图 5-12　不同浓度 S3307 对 KF16 坐荚率的调控

如图 5-13 所示，不同浓度 S3307 对 KF16 坐荚数存在调控作用，随着浓度的增大，坐荚数呈先升高再降低的趋势，浓度 50 mg·L^{-1} 处理的坐荚数显著高于 CK，其他浓度与 CK 差异不显著。

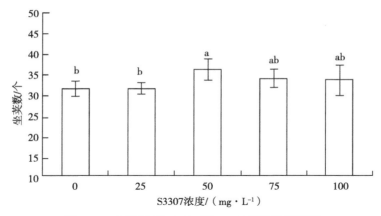

图 5-13 不同浓度 S3307 对 KF16 坐荚数的调控

如图 5-14 所示，产量是 S3307 调控花荚脱落最终表现，随着浓度的增加，KF16 产量呈先升高再降低的趋势，浓度 25 mg·L⁻¹ 处理的产量与 CK 相近，浓度 50 mg·L⁻¹ 和浓度 75 mg·L⁻¹ 的产量均高于 CK，在浓度 100 mg·L⁻¹ 时低于 CK，差异都不显著。

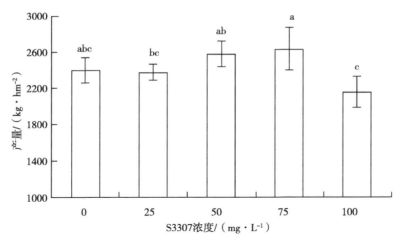

图 5-14 不同浓度 S3307 对 KF16 产量的调控

S3307 能够调控 KF16 花荚脱落情况和产量，适宜的浓度能够有效地调控 KF16 总花数、总脱落率、落花率、落荚率，坐荚率、坐荚数和产量，与 CK 相比上述多个指标的调控作用不显著。综合产量和脱落情况看最适宜的浓度为 50 mg·L⁻¹ 和 70 mg·L⁻¹，花数中等，花脱落率和荚脱落率变化不大，坐荚率较高，坐荚数较多，产量较高。综合考虑，S3307 浓度在 50 mg·L⁻¹ 和 70 mg·L⁻¹ 对降低 KF16 总脱落率和提高产量效果最佳。同等效果下尽量减少调节剂的用量，所以最终筛选 50 mg·L⁻¹ 为 S3307 最佳浓度。

5.2.2.2 S3307 对绥农 28 花荚脱落的调控效应

如表 5-4 所示，不同浓度 S3307 对绥农 28 花荚脱落具有一定调控作用。随着浓度的增大，不同浓度 S3307 均能够增加总花数，其中浓度为 25 mg·L^{-1} 处理较 CK 的总花数显著增加。除浓度为 75 mg·L^{-1} 处理外，其余 3 个浓度的处理均降低了荚脱落率，其中浓度 50 mg·L^{-1} 处理荚脱落率最低，与 CK 相比没有达到显著水平；不同浓度 S3307 对花脱落率影响不同，其中浓度 50 mg·L^{-1} 处理脱落率最低；总脱落率表现为浓度 50 mg·L^{-1} 时最低，同时对产量的调控效果最好，因此在绥农 28 品种上浓度 50 mg·L^{-1} 是筛选出的最佳应用浓度。

5.2.2.3 S3307 对合丰 50 花荚脱落的调控效应

表 5–4 所示为不同浓度 S3307 对合丰 50 花荚脱落的影响。随着浓度的增大，花数均比 CK 高但差异不显著，浓度 50 mg·L^{-1} 处理花数最多；不同浓度 S3307 均降低荚脱落率，其中 50 mg·L^{-1} 处理的荚脱落率显著低于 CK；各处理花脱落率均低于 CK，差异不显著；花荚总脱落率均显著低于 CK，浓度为 25 mg·L^{-1}、50 mg·L^{-1}、75 mg·L^{-1} 时降低效果明显。综合分析可知，50 mg·L^{-1} S3307 调控效果最佳。

表 5–4　S3307 对大豆花荚脱落和产量的调控

品种	处理	浓度 / (mg·L^{-1})	总花数 / 个	荚脱落率 /%	花脱落率 /%
绥农 28	SCK	0	61.85±4.75 c	47.41±2.16ab	15.96±2.71ab
	SS1	25	70.97±3.92a	45.96±2.84ab	17.62±1.04a
	SS2	50	62.07±1.71bc	43.83±1.04b	15.54±2.06b
	SS3	75	67.14±2.71abc	49.63±2.19a	16.61±3.19ab
	SS4	100	67.51±2.31ab	44.85±1.53b	16.37±2.23ab
合丰 50	HCK	0	45.83±5.75a	30.43±4.15a	23.25±1.09a
	HS1	25	46.04±3.31a	27.47±4.27bc	20.91±2.51a
	HS2	50	49.85±4.9a	26.46±3.81c	21.98±1.70a
	HS3	75	49.10±3.52a	27.43±2.88bc	21.23±0.65a
	HS4	100	49.22±3.99a	28.88±2.21ab	21.26±5.62a

品种	处理	浓度 / (mg·L^{-1})	总脱落率 /%	坐荚率 /%	坐荚数 / 个	产量 / (kg·hm^{-2})
绥农 28	SCK	0	63.37±0.75ab	40.63±0.75a	29.75±5.80ab	1 868.75±232.91b
	SS1	25	63.58±2.98ab	38.78±2.98a	31.21±3.90ab	2 051.73±212.27a
	SS2	50	59.37±2.96b	36.63±2.96ab	32.00±1.55ab	2 350.89±399.45a
	SS3	75	66.24±3.46a	36.42±3.46ab	27.73±2.31b	2 001.97±211.22a
	SS4	100	61.22±2.45ab	33.77±2.45b	35.21±2.32a	2 245.25±327.70a
合丰 50	HCK	0	53.67±2.38a	46.34±2.38b	22.98±4.72b	1 715.71±197.96b
	HS1	25	48.38±2.47b	51.62±2.47a	27.39±4.35ab	1 990.74±252.75ab
	HS2	50	48.44±2.33b	51.56±2.33a	28.78±3.61a	2 056.38±262.74ab
	HS3	75	48.66±1.39b	51.34±1.39a	30.38±1.99a	2 238.87±245.46a
	HS4	100	50.14±3.38b	49.86±3.38a	29.43±4.24a	2 247.69±180.46a

5.3　化控技术对亚有限结荚习性大豆存留荚和脱落荚生理指标调控的差异

5.3.1　DTA-6 和 S3307 作用下大豆存留荚和脱落荚氧自由基代谢差异

5.3.1.1　DTA-6 和 S3307 作用下大豆存留荚和脱落荚 MDA 含量的差异

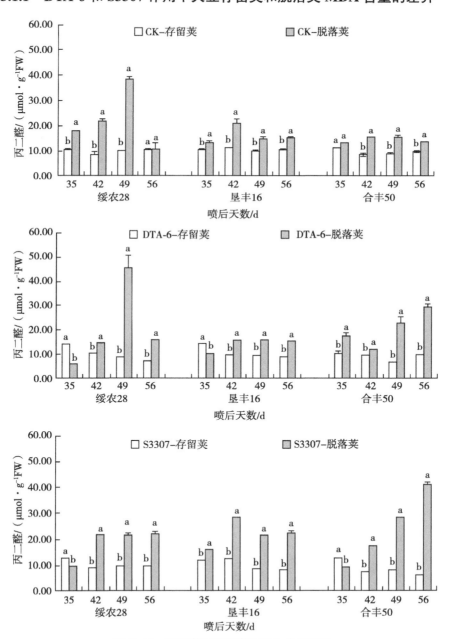

图 5-15　存留荚和脱落荚 MDA 含量差异

如图 5-15 所示，3 个品种 CK 存留荚 MDA 含量相对稳定。脱落荚 MDA 含量在喷后 35～56 d，呈先升高再降低的趋势，说明大豆脱落荚膜质过氧化程度显著高于存留荚。DTA-6 处理后存留荚 MDA 含量除了在喷后 35 d，绥农 28、垦丰 16 存留荚 MDA 含量均显著高于脱落荚，其他处理存留荚 MDA 含量均低于脱落荚。S3307 处理后存留荚 MDA 含量除喷后 35 d，绥农 28、合丰 50 存留荚 MDA 含量显著高于脱落荚外，其他处理 S3307 存留荚 MDA 含量均显著低于脱落荚。在喷后 35 d、42 d、49 d 多个时间点上 DTA-6 或 S3307 存留荚 MDA 含量低于 CK，推测 DTA-6 和 S3307 通过降低膜质过氧化程度从而促进荚建成。

5.3.1.2　DTA-6 和 S3307 作用下大豆存留荚和脱落荚 SOD 活性差异

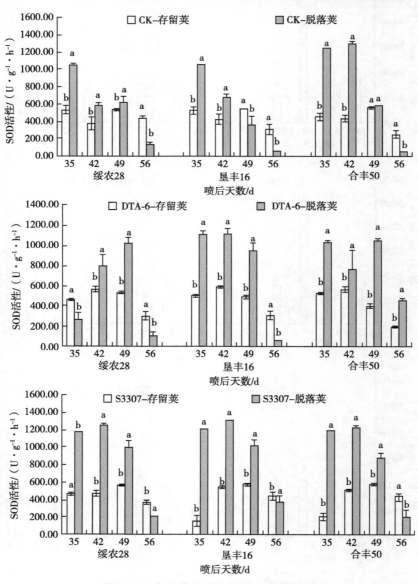

图 5-16　存留荚和脱落荚 SOD 活性差异

如图 5-16 所示，CK 存留荚 SOD 活性在喷后 35 ～ 42 d 显著低于脱落荚，在喷后 56 d 显著高于脱落荚，在喷后 49 d 3 个品种表现各不相同，3 个品种存留荚 SOD 活性表现出先降低后升高再降低的波动变化，CK 脱落荚 SOD 活性呈降低的趋势。DTA-6 和 S3307 存留荚 SOD 活性在喷后 42 d 显著低于脱落荚，在喷后 56 d 整体上表现为存留荚 SOD 活性显著高于脱落荚，其他时间品种不同存在差异。DTA-6 和 S3307 存留荚 SOD 活性呈 "抛物线" 形变化，脱落荚 SOD 活性大体呈持续下降的趋势。除喷后 56 d 个别处理外，存留荚 SOD 活性总体上显著低于脱落荚。与 CK 存留荚相比，DTA-6 和 S3307 在多个时间点提高了存留荚的 SOD 活性。

5.3.1.3 DTA-6 和 S3307 作用下大豆存留荚和脱落荚 POD 活性差异

如图 5-17 所示，CK 处理存留荚的 POD 活性在 3 个品种表现为先降低后升高再降低的趋势，CK 处理脱落荚 POD 活性变化趋势在 3 个品种上不完全一致，脱落荚的 POD 活性均显著高于存留荚。DTA-6 和 S3307 存留荚 POD 活性整体上显著低于脱落荚；脱落荚 POD 活性在品种绥农 28 和垦丰 16 呈 "抛物线" 形，合丰 50 POD 活性变化呈不断递增的趋势。部分品种 DTA-6 和 S3307 存留荚 POD 活性在喷后 42 ～ 49 d 显著提高，在此间 DTA-6 和 S3307 提高存留荚 POD 活性的效果较好。

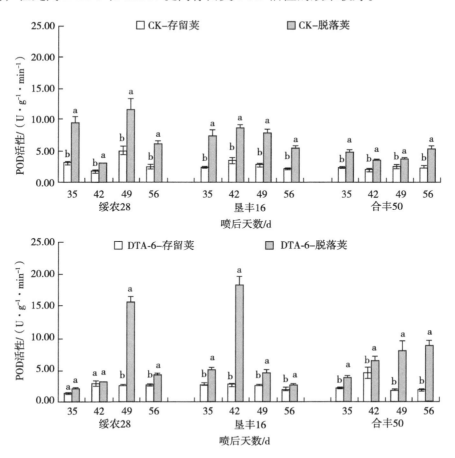

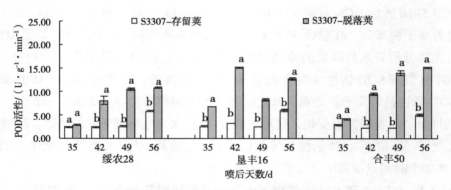

图 5-17　存留荚和脱落荚 POD 活性差异

5.3.2　DTA-6 和 S3307 作用下大豆存留荚和脱落荚脱落相关酶活性差异

5.3.2.1　DTA-6 和 S3307 作用下大豆存留荚和脱落荚 PG 活性差异

如图 5-18 所示，CK 存留荚 PG 活性在喷后 35 d，仅在绥农 28 和垦丰 16 表现为显著高于 CK 脱落荚，在喷后 42 d，3 个品种存留荚 PG 活性均显著高于 CK 脱落荚。DTA-6 存留荚 PG 活性呈先升高后降低再升高的趋势，在喷后 42 d 和 56 d 酶活性较高。脱落荚 PG 活性大致呈先升高再降低的趋势，最大值出现在喷后 42 d。S3307 存留荚在喷后 35 d 与脱落荚接近，差异不显著，仅在喷药后 42 d 显著低于脱落荚，之后显著高于脱落荚。S3307 存留荚和脱落荚 PG 活性也在喷后 42 d、56 d 有最大值。S3307 存留荚 PG 活性整体上高于 DTA-6 存留荚，低于 CK 存留荚。结合田间大豆花荚脱落调查，发现喷后 42 d 是花荚集中脱落的高峰阶段，PG 活性升高的生理状态与田间花荚脱落高峰出现时间的表现一致；喷后 56 d PG 活性比 42 d 高，此时田间未出现大量的花荚脱落现象，可能与大豆荚趋于成熟和植株自然衰老有关。在喷后 42 d 和 56 d，DTA-6 和 S3307 存留荚 PG 活性比 CK 存留荚低，表明 DTA-6 和 S3307 能够通过抑制 PG 活性来抑制大豆花荚的脱落。

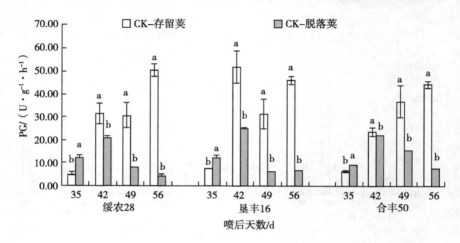

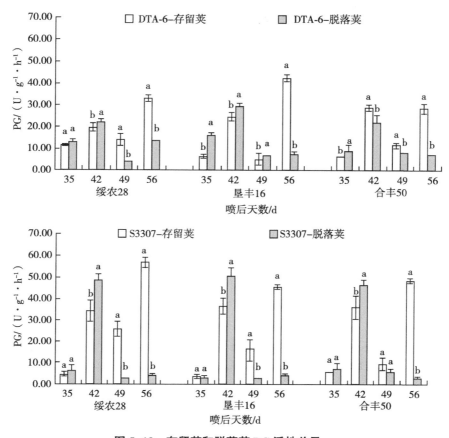

图 5-18 存留荚和脱落荚 PG 活性差异

5.3.2.2 DTA-6 和 S3307 作用下大豆存留荚和脱落荚 AC 活性差异

如图 5-19 所示，3 个品种 CK 处理的存留荚 AC 活性，在喷后 35 d（R5 期）显著高于脱落荚，其中绥农 28 和垦丰 16 存留荚 AC 活性在喷后 56 d 达到最大值，合丰 50 在喷后 49 d 达到最大值。绥农 28、垦丰 16 和合丰 50 的脱落荚 AC 活性分别在喷后 56 d、49 d 和 42 d 达到最大值。可见 3 个品种的荚发育规律存在差异。

DTA-6 处理的存留荚从喷后 35 d 开始，随着时间的推移，绥农 28 和垦丰 16AC 活性不断增加，至喷后 56 d 达最大值。合丰 50 存留荚 AC 活性在喷后 35 ~ 49 d 呈增加趋势，至喷后 49 d 达到最大值，此后开始下降。对 DTA-6 存留荚和脱落荚 AC 活性对比可知，仅在绥农 28 喷后 49 d 和合丰 50 喷后 56 d 存留荚显著低于脱落荚，其他品种和时间均高于脱落荚，并且 3 个品种的多个时间点存留荚的 AC 活性显著高于脱落荚 AC 活性。

S3307 处理 3 个品种存留荚 AC 活性在大部分测定时间显著高于脱落荚；脱落荚 AC 活性整体上在 3 个品种均表现为先升高再降低的趋势，且均在喷后 49 d 达到最大值。

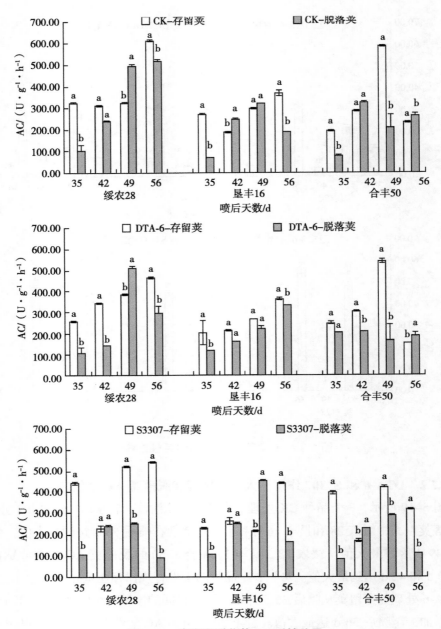

图 5-19 存留和脱落荚 AC 活性差异

5.3.3 DTA-6 和 S3307 作用下大豆存留荚和脱落荚营养代谢差异

5.3.3.1 DTA-6 和 S3307 作用下大豆存留荚和脱落荚可溶性糖含量差异

如图 5-20 所示，CK 清水处理的存留荚可溶性糖含量呈先降低再升高的趋势，最低点在喷后 42 d。CK 脱落荚中可溶性糖含量的变化从喷后 35 d（R5 期）呈先升高再降低的趋势，最高点在喷后 42～49 d。

DTA-6 和 S3307 处理整体上存留荚可溶性糖含量显著低于脱落荚；仅在喷后 35 d 存留荚可溶性糖比脱落荚高，差异显著。DTA-6 和 S3307 处理存留荚可溶性糖含量变化幅度不大，脱落荚可溶性糖含量变化曲线在绥农 28 和垦丰 16 上表现为先升高再降低，在合丰 50 上表现为持续增高，最大值出现在喷后 56 d。叶喷 DTA-6 和 S3307 改变了存留荚和脱落荚可溶性糖含量的变化趋势。

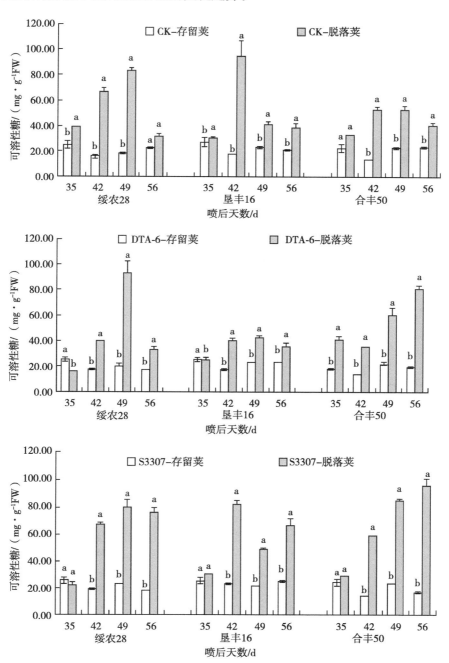

图 5-20 存留荚和脱落荚可溶性糖含量差异

5.3.3.2　DTA-6 和 S3307 作用下大豆存留荚和脱落荚可溶性蛋白质含量差异

如图 5-21 所示，CK 存留荚可溶性蛋白质含量呈先降低再升高的趋势，最低点出现在喷后 42 d。CK 脱落荚中可溶性蛋白质含量的变化，从喷后 35 d（R5 期）起大体呈先升高再降低的趋势。

DTA-6 和 S3307 处理除了在喷后 35 d，存留荚和脱落荚可溶性蛋白质含量相接近，整体上脱落荚可溶性蛋白质含量显著高于存留荚。S3307 处理的垦丰 16 和合丰 50 在喷后 35 d 存留荚可溶性蛋白质比脱落荚高，差异不显著。

DTA-6 和 S3307 改变了存留荚和脱落荚变化趋势。DTA-6 和 S3307 处理存留荚可溶性蛋白质含量变化幅度不大，DTA-6 处理脱落荚可溶性蛋白质含量变化曲线在绥农 28 和垦丰 16 上表现为先升高再降低，在合丰 50 上表现为不持续升高，最大值出现在喷后 56 d。

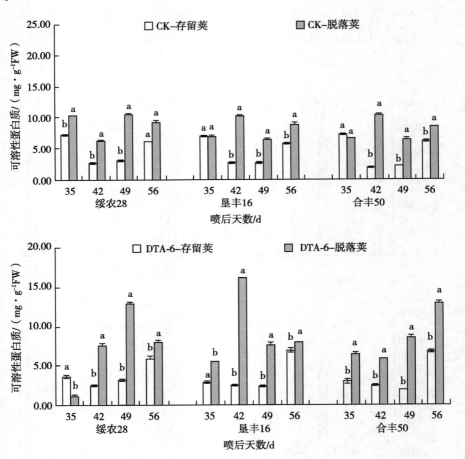

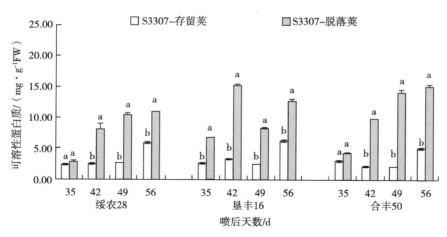

图 5–21 存留荚和脱落荚可溶性蛋白质含量差异

5.4 化控技术减少大豆花荚脱落的碳代谢机理

5.4.1 DTA-6 和 S3307 对大豆叶片和荚同源器官蔗糖含量的调控

5.4.1.1 DTA-6 和 S3307 对大豆叶片蔗糖含量的调控

如图 5–22 所示，整体看各个处理叶片蔗糖含量，从喷后 1 d（始花期）开始到 56 ～ 63 d（叶片全部枯黄前），蔗糖含量的变化出现 3 个峰值和 3 个低谷。绥农 28 和垦丰 16 峰值分别出现在喷后 1 d、21 d、56 d，低谷分别出现在 7 d、35 d、63 d。试验中发现，合丰 50 鼓粒期早于其他 2 个品种 7 d，CK 3 个品种叶片蔗糖含量变化趋势不同，是由于品种特性所致。

针对不同调节剂具体分析，DTA-6 处理蔗糖含量：绥农 28，喷后 21 d 高于 CK，56 d 低于 CK，都达到了差异显著，其他时间均接近 CK，差异不显著；垦丰 16，喷后 1 d 和 14 d 低于 CK，42 ～ 56 d 高于 CK，其余测定时间接近 CK；合丰 50，喷后 1 d 无差异，7 d 低于 CK，14 d 高于 CK，21 ～ 49 d 与 CK 接近，56 d 显著低于 CK。可知，DTA-6 阶段性改变了叶片蔗糖含量，分析 DTA-6 处理后蔗糖含量提高的时间点，可以表明 DTA-6 在大豆蕾、花、幼荚发育期能够增加叶片蔗糖在营养器官的积累，在鼓粒期促进叶片蔗糖向生殖器官的运输。

S3307 处理蔗糖含量：绥农 28，从喷后 1 d 高于 CK，35 ～ 49 d 接近 CK，56 d 显著高于 CK，之后接近 CK；垦丰 16，喷后 1 d 低于 CK，7 ～ 14 d 显著高于 CK，42 ～ 49 d 显著高于 CK，之后接近或低于 CK；合丰 50，喷后 1 ～ 7 d 低于 CK，14 ～ 28 d 高于 CK，35 d 以后低于或接近 CK。

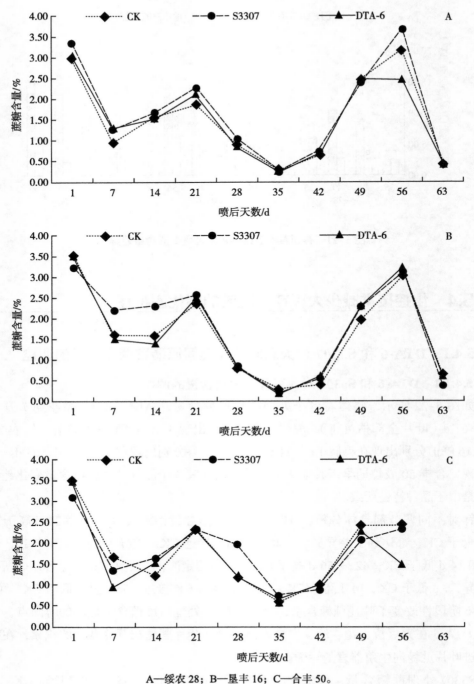

A—绥农 28；B—垦丰 16；C—合丰 50。

图 5–22　DTA-6 和 S3307 对大豆叶片蔗糖含量的调控

5.4.1.2　DTA-6 和 S3307 对大豆荚同源器官蔗糖含量的调控

蕾、花、幼荚、荚皮和籽粒是荚的同源器官。在收集样品时发现，喷后 1 ～ 7 d 主要是蕾和花，14 ～ 28 d 主要是蕾、花和未鼓粒的幼荚，从喷后 35 d 开始，鼓粒荚器官分荚皮和籽粒测定。为了便于比较蔗糖在荚同源器官发育过程中的变化，下面将荚的同源器官以时间为顺序进行比较分析。

如图 5-23 所示，与 CK 相比，DTA-6 和 S3307 对蕾、花、幼荚中总的蔗糖含量影响差异不大。

如图 5-23 所示，DTA-6 和 S3307 对荚皮蔗糖含量的影响为，DTA-6 处理与 CK 相比，绥农 28 表现为升高，垦丰 16 表现为接近或降低，合丰 50 在喷后 35 d 降低，49 d 升高。S3307 处理与 CK 相比，绥农 28 和垦丰 16 表现为降低或接近，合丰 50 表现为喷后 35 ~ 42 d 降低，56 d 升高。

如图 5-23 所示，DTA-6 和 S3307 对籽粒的蔗糖含量的影响为，DTA-6 处理与 CK 相比，绥农 28 籽粒发育前期升高、后期略有降低，垦丰 16 喷后持续升高，合丰 50 除喷后 49 d 外表现为降低。S3307 处理与 CK 相比，绥农 28 籽粒发育中期普遍降低，垦丰 16 在喷后 35 ~ 49 d 降低，56 d 升高，合丰 50 表现为籽粒发育前期接近，喷后 49 d 显著提高，56 d 显著降低。

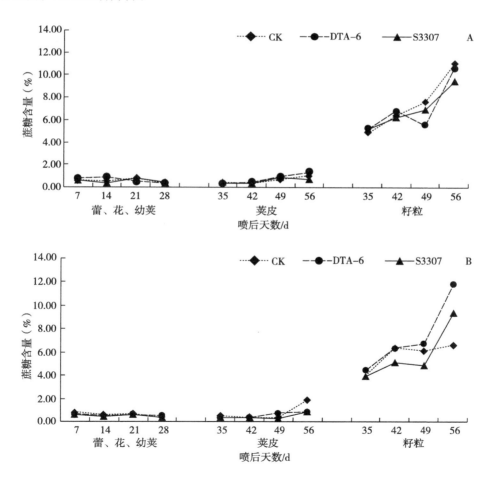

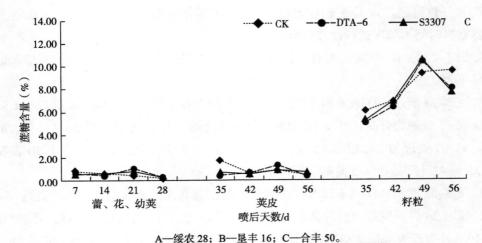

A—绥农 28；B—垦丰 16；C—合丰 50。

图 5-23　DTA-6 和 S3307 对大豆荚同源器官蔗糖含量的调控

5.4.2　DTA-6 和 S3307 对大豆叶片和荚同源器官可溶性糖含量的调控

5.4.2.1　DTA-6 和 S3307 对大豆叶片可溶性糖含量的调控

如图 5-24 所示，叶片可溶性糖含量呈双峰曲线变化。第一个峰值出现在喷后（花后）14 d，第二个峰值出现在喷后 42 d。在喷后（花后）1 ～ 7 d 可溶性糖急剧下降之后表明大豆进入生殖生长阶段初期，叶片积累的可溶性糖，有一部分流向花、荚满足其形成之需，还有一部转向其他器官积累贮存起来。在喷后 42 ～ 56 d，叶片可溶性糖保持在较高水平，结合田间调查发现，此期间大豆叶片开始变黄衰老，可能是叶片在衰老前将养分转移出来，再合成新的营养物质以抵御衰老进程，导致叶片可溶性糖含量增加，此外，环境温度的降低也可能导致叶片可溶性糖增加。

DTA-6 处理叶片可溶性糖含量与 CK 相比：绥农 28 在喷后 1 d 和 14 ～ 28 d、49 d 高于 CK，其他时间接近或低于 CK。垦丰 16 喷后 1 d 高于 CK，作用效果显著，7 ～ 14 d 接近和低于 CK，未达到差异显著，21 d 和 42 d 显著高于 CK，其余测定时间与 CK 接近。合丰 50 喷后 1 ～ 35 d 无显著差异，42 ～ 49 d 显著高于 CK，56 d 低于 CK，之后接近 CK。

S3307 处理叶片可溶性糖含量与 CK 相比：绥农 28 从喷后 1 d 至 49 d 高于或接近 CK，56 d 显著低于 CK。垦丰 16 喷后 1 ～ 35 d 接近 CK，42 d 显著高于 CK，56 ～ 63 d 显著低于 CK。合丰 50 喷后 1 d 和 14 d 低于 CK，42 ～ 49 d 显著高于 CK，其余测定时期接近 CK。

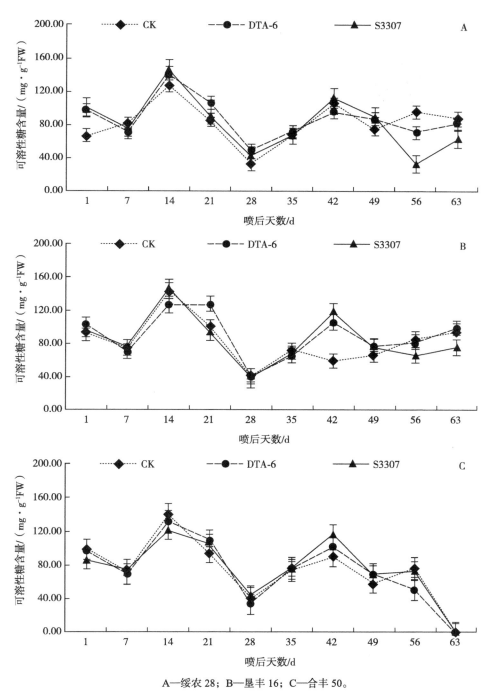

A—绥农 28；B—垦丰 16；C—合丰 50。

图 5-24 DTA-6 和 S3307 对大豆叶片可溶性糖含量的调控

5.4.2.2 DTA-6 和 S3307 对大豆荚同源器官可溶性糖含量的调控

如图 5-25 所示，从 DTA-6 和 S3307 对蕾、花和幼荚中可溶性糖含量的影响可知，DTA-6 与 CK 相比，喷后 7 d 3 个品种均显著降低；喷后 14 d 绥农 28 和合丰 50 表现为显著增加，垦丰 16 表现为降低；喷后 21 ～ 28 d 绥农 28 和垦丰 16 略有降低；合丰 50 在喷后 21 d 表现为增加、28 d 略有降低。S3307 与 CK 相比，喷后 7 d 3 个品种均显著降低；喷后 14 d 绥农 28 降低，垦丰 16 和合丰 50 表现为升高；喷后 21 ～ 28 d 绥农 28 与 CK 接近、垦丰 16 略有降低；合丰 50 在喷后 21 d 表现为增加、28 d 略有降低。从 DTA-6 和 S3307 对荚皮的可溶性糖含量的影响可知：DTA-6 处理与 CK 相比，绥农 28 除喷后 49 d 外表现为提高，垦丰 16 除喷后 42 d 表现为降低，合丰 50 表现为降低。S3307 处理与 CK 比，在喷后 42 d，均显著提高，56 d 表现为降低，合丰 50 品种上调控效果优于其他 2 个品种。

DTA-6 和 S3307 对籽粒的可溶性糖含量的影响：3 个品种表现不完全相同。其中，喷后 35 ～ 42 d，两处理籽粒可溶性糖与 CK 相比，含量接近，变化趋势基本一致，没有达到差异显著；喷后 49 ～ 56 d，籽粒可溶性糖含量绥农 28 表现为降低，垦丰 16 表现为先显著降低再显著升高，合丰 50 上表现为降低。

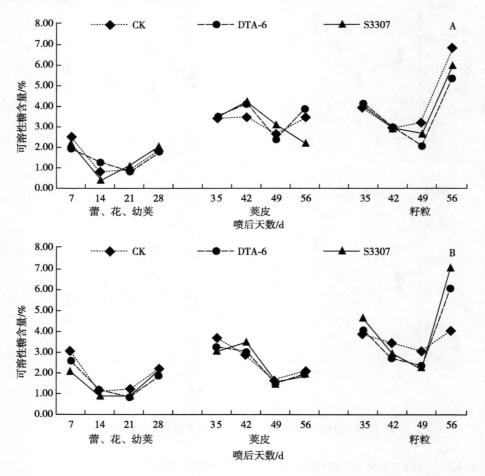

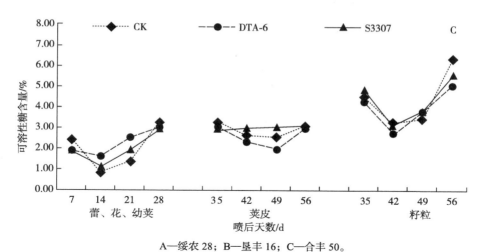

A—绥农 28；B—垦丰 16；C—合丰 50。

图 5-25 DTA-6 和 S3307 对大豆荚同源器官可溶性糖含量的调控

5.4.3 DTA-6 和 S3307 对大豆叶片和荚同源器官淀粉含量的调控

5.4.3.1 DTA-6 和 S3307 对大豆叶片淀粉含量的调控

如图 5-26 所示，3 个大豆品种处理和 CK 的叶片淀粉含量随着喷药后天数的增加，呈单峰曲线变化。在喷后 14 d、21 d、28 d 出现较大的转折点，先降低后升高再降低，之后保持平稳。叶片的淀粉含量在开花初期以后明显减少，到幼荚形成期回升，之后又下降，可能是叶片淀粉最先主要供给花朵发育和豆荚形成的需要。根据叶片淀粉含量的情况，可分为三个阶段：第一阶段在开花末期以前，以合成有机物养分为主，绝大部分同化产物供给营养器官；第二阶段在开花末期至幼荚形成期，有机物的合成与同化产物分配到生殖器官同时进行；第三阶段幼荚形成期以后，主要是把同化产物从营养器官送到生殖器官中去。

绥农 28，DTA-6 提高叶片淀粉含量效果主要在喷后 28 d 前，之后与 CK 相比差异不显著。垦丰 16，DTA-6 处理在喷后（开花初期）1 ~ 28 d 低于 CK，能够降低叶片淀粉含量，喷后 28 d 显著高于 CK，提高了叶片淀粉含量。合丰 50，DTA-6 处理与 CK 相比呈先降低后升高再降低的变化过程，在喷后 35 d 前低于或接近 CK，之后高于或接近 CK。

绥农 28，S3307 处理提高叶片淀粉含量效果主要表现在喷后 28 d 前，之后 CK 相比差异不显著。垦丰 16，S3307 处理在喷后（开花初期）1 ~ 14 d，低于 CK，14 d 高于或接近 CK，之后与 CK 相比交替升高和降低。S3307 在喷后 14 d 前和喷后 42 d 后都能够显著地影响叶片淀粉含量。合丰 50，S3307 处理与 CK 相比呈先升高再降低的变化过程，从喷后 7 d 开始低于或接近 CK。

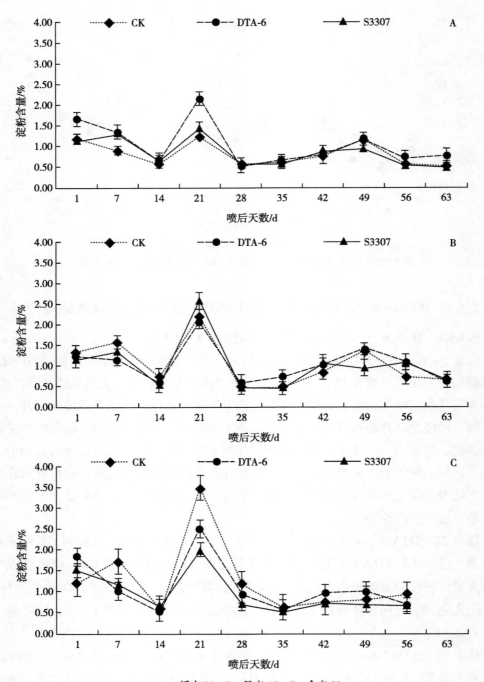

A—绥农 28；B—垦丰 16；C—合丰 50。

图 5-26　DTA-6 和 S3307 对大豆叶片淀粉含量的调控

5.4.3.2　DTA-6 和 S3307 对大豆荚同源器官淀粉的调控

如图 5-27 所示，DTA-6 和 S3307 能够降低蕾、花、幼荚的淀粉含量。

DTA-6 和 S3307 对荚皮的淀粉含量的影响：与 CK 相比，喷后 35 d，均表现为增加了淀粉含量。在喷后 49 ～ 56 d，DTA-6 表现为增加淀粉含量，S3307 大部分表现为降低淀粉含量。

DTA-6 和 S3307 对籽粒的淀粉含量的影响在 3 个品种中表现不一致。S3307 处理与 CK 相比，在喷后 35 d 绥农 28、垦丰 16 和合丰 50 均增加了籽粒淀粉含量，随后不同处理籽粒淀粉含量均呈降低趋势，喷后 42 d 合丰 50 籽粒淀粉含量低于 CK，绥农 28 和垦丰 16 籽粒淀粉含量与 CK 相当，至喷后 56 d 垦丰 16 和合丰 50 籽粒淀粉含量高于 CK，绥农 28 低于 CK。DTA-6 与 CK 相比，绥农 28 表现为喷后 35 ～ 49 d 降低了籽粒淀粉含量，直至喷后 56 d 增加了淀粉含量；垦丰 16 除喷后 49 d 籽粒淀粉含量高于对照外，其余时间表现为降低或与对照相当；合丰 50 在喷后 35 d 和 49 d 籽粒淀粉含量高于 CK，其余时间与 CK 接近。

综合以上可以看出，2 种调节剂在不同品种上对大豆花荚和籽粒建成存在很大差异，表现出品种特性。

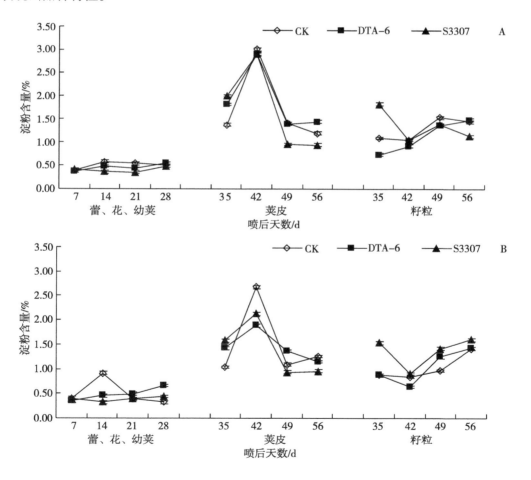

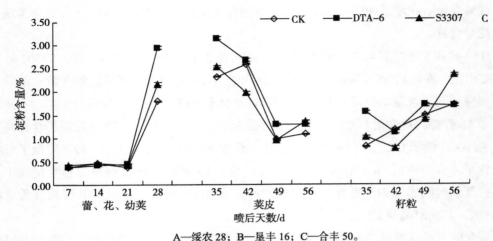

A—绥农 28；B—垦丰 16；C—合丰 50。

图 5-27　DTA-6 和 S3307 对大豆荚同源器官淀粉含量的调控

5.5　化控技术减少大豆花荚脱落的转化酶活性调控机理

5.5.1　DTA-6 和 S3307 对大豆叶片蔗糖酸性转化酶活性的调控

如表 5-5 所示，绥农 28 叶片转化酶活性大体呈升高 – 降低 – 升高 – 降低趋势，CK 和 DTA-6 处理的叶片转化酶活性峰值出现在喷后 7 d 和 42 d，S3307 峰值出现在喷后 7 d 和 35 d。除喷后 7 d、49 d 和 63 d 外，DTA-6 处理转化酶活性均高于 CK。S3307 处理的叶片转化酶活性在喷后 21 ～ 42 d 显著高于 CK，喷后 7 ～ 14 d、49 ～ 63 d 转化酶活性均显著低于 CK。DTA-6 和 S3307 处理均降低喷后 63 d 叶片的转化酶活性，此期正处于荚粒发育时期，两调节剂通过降低转化酶活性，促进叶片中蔗糖向产品器官运输。

垦丰 16 的叶片转化酶，调节剂喷后整体呈升高 – 降低 – 升高 – 降低的趋势，2 个峰值分别出现在喷后 7 d 和 42 d。DTA-6 处理叶片转化酶喷后 7 d、14 d 显著低于 CK，21 d、28 d 显著高于 CK，35 d 之后时而高于 CK、时而低于 CK。S3307 处理转化酶活性除喷后 35 d 显著高于 CK 外，其余时间均低于或接近 CK，且在多个时间点均与 CK 达到差异显著水平。

合丰 50 CK 叶片转化酶活性大体呈升高 – 降低 – 升高 – 降低的趋势。DAT-6 处理喷药后 1 d，降低了叶片中转化酶，与 CK 差异显著，随着时间的推移在喷后 7 d 这种差异幅度增大，由此表明 DTA-6 在喷后一周调控转化酶效果显著，从而降低蔗糖水解，有利于叶片中蔗糖向库器官运输。S3307 处理除喷后 35 ～ 56 d 高于 CK 外，均降低了叶片转化酶活性，有利于保持叶片中蔗糖不被分解，利于向荚粒运输蔗糖等光合产物。

比较可知，两调节剂在 3 个品种上叶片转化酶活性的调控规律存在很大差异，可能是不同品种对调节剂的敏感性不同所致。

表 5-5 DTA-6 和 S3307 对大豆叶片转化酶活性的调控

单位：$mg \cdot g^{-1}FW$

喷后天数		1 d	7 d	14 d	21 d	28 d
绥农 28	CK	6.13±0.06a	12.10±0.46a	2.53±0.40b	2.48±0.15b	2.55±0.05c
	DTA-6	6.96±0.23a	7.69±0.11b	3.44±0.47a	3.54±0.28a	3.62±0.08a
	S3307	6.13±0.82a	7.82±0.27b	0.98±0.24c	3.22±0.22a	4.42±0.11b
垦丰 16	CK	6.49±0.10a	9.69±0.23a	4.68±0.40a	2.81±0.66b	3.63±0.07b
	DTA-6	4.81±0.34a	7.40±0.07b	3.53±0.08b	4.62±0.30a	4.26±0.10a
	S3307	5.43±0.90a	6.94±0.10b	2.47±0.46b	1.18±0.04c	3.85±0.13b
合丰 50	CK	6.86±0.08a	13.51±0.32a	3.03±0.29a	3.95±0.35ab	5.04±0.12a
	DTA-6	6.72±0.25a	7.43±0.24b	2.67±0.44ab	4.74±0.35a	4.08±0.04b
	S3307	5.91±0.13b	6.52±0.56b	1.76±0.26b	3.37±0.40b	4.21±0.03b
喷后天数		35 d	42 d	49 d	56 d	63 d
绥农 28	CK	3.11±0.14c	3.60±0.33b	2.76±0.05a	0.86±0.2b	1.22±0.08a
	DTA-6	3.94±0.09b	5.35±0.09a	1.88±0.11b	1.32±0.06a	0.78±0.05b
	S3307	5.27±0.10a	4.22±0.07a	1.93±0.05b	0.27±0.06a	0.35±0.04c
垦丰 16	CK	3.72±0.04b	4.43±0.36a	3.36±0.07a	1.17±0.10a	0.92±0.06a
	DTA-6	3.47±0.10b	4.93±0.07a	2.88±0.15b	1.41±0.12b	0.38±0.05c
	S3307	4.54±0.16a	4.83±0.08a	1.48±0.05c	0.81±0.08a	0.65±0.06b
合丰 50	CK	3.55±0.04b	1.93±0.06b	0.65±0.03a	0.30±0.10b	—
	DTA-6	4.30±0.09a	2.41±0.04a	1.28±0.86a	0.31±0.06b	—
	S3307	2.71±0.12c	1.78±0.05c	0.73±0.07a	3.72±0.02a	—

5.5.2 DTA-6 和 S3307 对大豆荚同源器官蔗糖转化酶活性的调控

蕾、花和荚都是花的同源器官，在大豆生殖生长时期都是作为库的器官，转化酶的变化程度，某种意义上反映库的活性。

如表 5-6 所示，DTA-6 和 S3307 对绥农 28、垦丰 16 和合丰 50 的调控结果和变化趋势大体一致，喷后 7 d、14 d、21 d，CK 花和蕾的转化酶呈快速下降的趋势，喷后

28 d 转化酶开始稳定在较低范围内。DTA-6 和 S3307 处理花蕾幼荚转化酶接近或低于 CK，在喷后 21 d 达到差异显著，喷施 DTA-6 和 S3307 降低了花蕾幼荚的转化酶活性，蔗糖的分解能力降低，有利于运输到蕾、花、幼荚，其中 S3307 调控效果更优。

表 5–6　DTA-6 和 S3307 对大豆花和幼荚转化酶的调控

单位：mg·g^{-1}FW

品种	处理	7 d （花、蕾）	14 d （花、蕾）	21 d （花、蕾、荚）	28 d （花、蕾、荚）
绥农 28	CK	5.70±0.06a	4.70±0.03a	2.41±0.03a	2.35±0.08a
	DTA-6	5.77±0.12a	4.75±0.17a	2.11±0.04b	1.92±0.07b
	S3307	5.30±0.21a	4.14±0.06b	2.12±0.02b	2.16±0.07a
垦丰 16	CK	–	5.27±0.03a	2.55±0.09a	2.25±0.09c
	DTA-6	–	5.20±0.07a	2.14±0.07b	3.58±0.08a
	S3307	–	3.75±0.10b	2.28±0.04b	3.24±0.09b
合丰 50	CK	–	6.27±0.20a	2.97±0.05a	0.63±0.03c
	DTA-6	–	6.41±0.66a	2.56±0.08b	2.96±0.04a
	S3307	–	4.42±0.05b	2.31±0.03c	1.74±0.04b

5.5.3　DTA-6 和 S3307 对大豆荚皮转化酶活性的调控

荚是大豆生殖生长阶段养分供应的中心，绿色荚皮能够进行光合作用合成同化产物。因此荚皮既是库又是源。荚皮转化酶活性的变化直接影响蔗糖的再分配，对大豆籽粒和产量形成尤为重要。如表 5–7 所示，3 个品种大豆荚皮中的转化酶活性整体呈先高后低的趋势。与 CK 相比，绥农 28 在 DTA-6 处理后 42 d 和 63 d 荚皮转化酶活性降低，S3307 处理后 49 d 和 63 d 转化酶活性降低；垦丰 16 在 DTA-6 处理后 35 d、49 d 和 63 d 转化酶活性降低，S3307 处理后 49 d、56 d 和 63 d 转化酶活性降低；合丰 50 DTA-6 处理后 35 d、49 d 和 56 d 荚皮转化酶活性降低，S3307 处理在喷后 35 d、56 d 转化酶活性略有降低。分析可知，DTA-6 和 S3307 对 3 个品种荚皮转化酶活性的调控，在整个荚发育过程中时高时低，个别处理与 CK 达到差异显著水平。各品种的共同特点是在荚发育最后时期，两调节剂处理的转化酶活性均低于 CK，对荚皮同化物向籽粒中转移具有积极的意义。

表 5–7　DTA-6 和 S3307 对大豆荚皮转化酶活性的调控

单位：$mg \cdot g^{-1}FW$

品种	处理	35 d	42 d	49 d	56 d	63 d
绥农 28	CK	1.22±0.06c	1.50±0.07b	0.44±0.02b	0.19±0.02c	0.28±0.01a
	DTA-6	2.09±0.06b	1.31±0.02c	0.81±0.04a	0.42±0.02a	0.13±0.01a
	S3307	2.26±0.04a	1.83±0.07b	0.19±0.01c	0.35±0.02b	0.14±0.01a
垦丰 16	CK	1.76±0.05b	1.46±0.05b	1.77±0.06a	0.31±0.01b	0.20±0.01a
	DTA-6	1.58±0.03b	2.27±0.10a	1.57±0.10a	0.41±0.02a	0.08±0.02a
	S3307	1.90±0.06a	1.47±0.04b	1.61±0.08a	0.19±0.01c	0.07±0.01a
合丰 50	CK	1.24±0.02a	0.32±0.01c	0.28±0.02b	0.10±0.00a	—
	DTA-6	0.54±0.04c	0.40±0.02b	0.08±0.01c	0.04±0.00a	—
	S3307	0.85±0.03b	0.83±0.07a	0.49±0.02a	0.03±0.00a	—

5.5.4　DTA-6 和 S3307 对大豆籽粒转化酶活性的调控

如表 5–8 所示，随着生育期推进，不同处理大豆籽粒中转化酶活性在 3 个品种中的变化规律存在差异。绥农 28 CK 处理在喷清水后 35 d 和 42 d（这两个时间点对应鼓粒早期）籽粒中蔗糖转化酶活性较低，至喷后 49 d（鼓粒中期）出现峰值，之后迅速下降。分析可知，鼓粒始期转化酶活性较低，籽粒中运输来的蔗糖以贮存为主，在鼓粒中期籽粒中蔗糖转化酶的活性骤增可以表明蔗糖分解增加，此期间正值大豆籽粒蛋白质和脂肪合成代谢旺盛时期，这种转变利于大豆籽粒蛋白和脂肪的合成与积累。绥农 28CK 处理在喷清水后 56 d 和 63d（这两个时间点对应鼓粒后期）籽粒中蔗糖转化酶活性均较低，表明籽粒中贮藏物质积累转化速率随着减慢。与 CK 相比，喷施 DTA-6 和 S3307 后，籽粒转化酶活性最大值出现的时间均为喷后 56 d，较 CK 推迟 1 周，至喷后 63 d 两调节剂处理的籽粒转化酶活性显著高于 CK，可见喷施 DTA-6 和 S3307 增强了籽粒中蔗糖的分解与转化，利于籽粒贮藏物质的积累。

垦丰 16 CK 籽粒中转化酶活性的趋势大体表现为鼓粒前期高，中期低，后期达到最高值。DTA-6 和 S3307 处理喷后 35 d 籽粒中转化酶活性显著低于 CK，喷后 42 d 显著高于 CK，喷后 56 d 高于 CK，至喷后 63 d 与 CK 接近，均达到较高值，但喷施 DTA-6 和 S3307 与 CK 相比差异不显著。分析可知，垦丰 16 喷施 DTA-6 对籽粒中蔗糖转化酶的影响在鼓粒早期调控效果较好，垦丰 16 喷施 S3307 对籽粒中蔗糖转化酶的影响在鼓粒早期和后期均有较好的调控效果。

合丰 50 CK 籽粒中转化酶活性的变化呈鼓粒前期低、中后期高的变化趋势，其中在喷清水后 49 d 达到最大值。DTA-6 处理在喷后 35 d 籽粒中转化酶活性显著低于 CK，喷后 42 d 高于 CK，喷后 56 d 显著高于 CK，S3307 处理在喷后 56 d 达到较高值且显著高于 CK，喷施 DTA-6 和 S3307 相比对籽粒中转化酶活性的调控差异不显著。分析可知，合丰 50 喷施 DTA-6 和 S3307 对籽粒转化酶活性在鼓粒后期均有较好的调控效果。

表 5-8　DTA-6 和 S3307 对大豆籽粒转化酶活性的调控

单位：mg·g^{-1}FW

品种	处理	35 d	42 d	49 d	56 d	63 d
绥农 28	CK	0.17±0.05a	0.10±0.02b	0.83±0.61a	0.15±0.06a	0.11±0.03b
	DTA-6	0.21±0.06a	0.11±0.05b	0.07±0.08a	0.67±0.36a	0.54±0.10a
	S3307	0.08±0.02a	0.35±0.02a	0.20±0.23a	2.30±1.42a	0.44±0.06a
垦丰 16	CK	0.37±0.04a	0.08±0.03b	0.08±0.10a	0.23±0.13a	0.56±0.03a
	DTA-6	0.14±0.04b	0.29±0.09a	0.07±0.02a	0.27±0.11a	0.46±0.10a
	S3307	0.11±0.03b	0.36±0.05a	0.06±0.07a	0.59±0.29a	0.49±0.05a
合丰 50	CK	0.09±0.02a	0.10±0.06a	0.30±0.22a	0.17±0.03b	－
	DTA-6	0.03±0.01b	0.18±0.04a	0.14±0.38a	0.53±0.18a	－
	S3307	0.04±0.02ab	0.06±0.02a	0.24±0.15a	0.58±0.09a	－

5.6　化控技术减少大豆花荚脱落的抗氧化代谢机理

5.6.1　DTA-6 和 S3307 对大豆存留荚 MDA 含量的调控

如图 5-28 所示，CK 从喷后 35 d（R5 期）天开始，大豆荚 MDA 大体呈先降低再升高的趋势。DTA-6 和 S3307 处理存留荚皮中 MDA 值与对照相比，喷后 35 ～ 42 d（R5 期）高于或接近 CK，显著提高了 MDA 值；喷后 49 ～ 56 d（R6 期）低于或接近 CK，降低 MDA 效果显著。在 3 个品种中，DTA-6 在大豆 R5 期增强存留荚中膜质过氧化效果显著高于 S3307，在 R6 期降低存留荚中膜质过氧化作用效果显著优于 S3307。在 R6 期两调节剂降低膜质过氧化作用在 3 个品种上的调控效果分别为：垦丰 16 品种 DTA-6 优于 S3307，绥农 28 和合丰 50 品种 S3307 优于 DTA-6。因此，2 种调节剂的调控荚 MDA 含量在不同的时期和品种上存在差异。

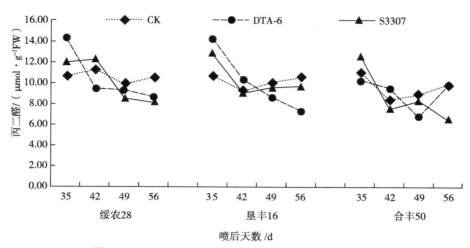

图 5-28　DTA-6 和 S3307 对存留荚 MDA 含量的调控

5.6.2　DTA-6 和 S3307 对大豆存留荚 SOD 活性的调控

如图 5-29 所示，喷后 35 ～ 56 d，3 个品种的 CK 荚 SOD 活性的变化整体呈下降趋势。DTA-6 和 S3307 处理的存留荚中 SOD 活性表现出先升高再降低的趋势，DTA-6 峰值出现在喷后 42 ～ 49 d，S3307 峰值出现在喷后 42 d。DTA-6 处理在喷后 35 d 存留荚 SOD 活性接近或显著低于 CK，在喷后 49 ～ 56 d 高于 CK。S3307 存留荚 SOD 活性始终高于 CK，两调节剂对 3 个品种存留荚 SOD 活性的调控效果存在差异，其中绥农 28 和垦丰 16 品种上表现为 S3307 优于 DTA-6，合丰 50 品种上表现为 DTA-6 优于 S3307。

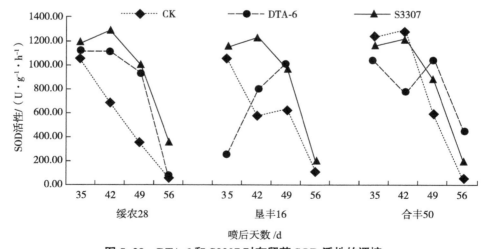

图 5-29　DTA-6 和 S3307 对存留荚 SOD 活性的调控

5.6.3 DTA-6 和 S3307 对大豆存留荚 POD 活性的调控

如图 5–30 所示，绥农 28CK 存留荚呈先升后降的趋势，垦丰 28 和合丰 50 CK 存留荚 POD 活性大体上呈先降低后升高再降低的趋势。与 CK 相比，绥农 28 DTA-6 处理仅在喷后 35 d 显著高于 CK，其余时间均低于 CK，S3307 处理在喷后 42 d 高于 CK；垦丰 16 DTA-6 处理在喷后 42 d 显著高于 CK，喷后 56 d 高于 CK，其余时间低于 CK，S3307 处理在喷后 42 d、49 d 和 56 d 高于 CK；合丰 50 DTA-6 处理仅在喷后 42 d 显著高于 CK，其余时间均低于 CK，S3307 处理除喷后 56 d 外其余时间均高于 CK。可见，DTA-6 和 S3307 在改善存留荚的 POD 活性的效果上，S3307 效果优于 DTA-6，在品种间存在差异。

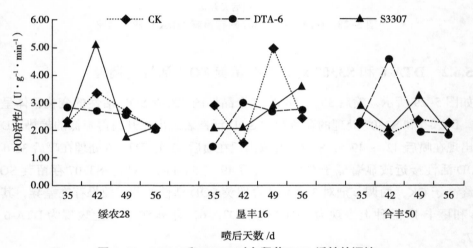

图 5–30　DTA-6 和 S3307 对存留荚 POD 活性的调控

5.7　化控技术减少大豆花荚脱落的内源激素调控机理

5.7.1　DTA-6 和 S3307 对大豆内源激素 ABA 含量的调控

5.7.1.1　DTA-6 和 S3307 对大豆叶片内源激素 ABA 含量的调控

如图 5–31 所示，叶片中 ABA 含量的趋势大体上呈 2 个阶段，数值维持在一定范围，从喷后 32 d（R5 期）开始，此前数值平缓维持在一个较高的水平，此后，ABA 含量急剧下降，维持在一个稳定的水平。喷后 32 ～ 39 d 大豆从 R4 期进入 R5 期籽粒开始生长。

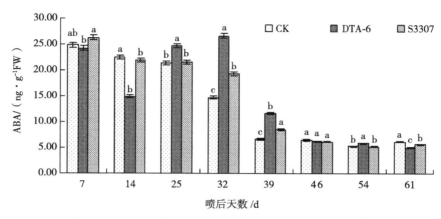

图 5-31　DTA-6 和 S3307 对 KF16 叶片 ABA 含量的调控

与 CK 相比，DTA-6 对 ABA 含量的调控在多个测定时间均达到显著差异。在大豆喷后 7 ~ 14 d（R2 至 R3 期），显著低于 CK，从喷后 25 ~ 39 d（R4 至 R5 期）显著高于 CK，在喷后 46 d（R6 期）低于 CK，喷药后 54 d 显著高于 CK，喷后 61 d 显著低于 CK。DTA-6 显著调控大豆 R2 至 R6 期叶片中 ABA 的变化，在 R2 至 R3 期能够显著地降低 ABA 含量，在 R4 至 R5 期能够增加 ABA 含量，从 R6 期开始显著地降低 ABA 含量。

S3307 对叶片 ABA 含量的调控与 CK 比较，喷后 7 d 增加了 ABA 含量，喷后 14 d 显著降低 ABA 含量，喷后 32 ~ 39 d 叶片 ABA 含量显著高于 CK，在喷后 46 ~ 61 d ABA 含量与 CK 相接近，在喷后 61 d 显著低于 CK。

对 DTA-6、S3307、CK 的叶片 ABA 含量进行比较，发现 DTA-6 能够阶段性（R2 至 R3 期）降低叶片 ABA，S3307 在喷后 14 d 显著降低叶片 ABA 含量，而在喷后 25 ~ 39 d（R4 至 R5 期），大豆正处于盛荚期到鼓粒期，此期 DTA-6 和 S3307 两个调节剂均提高了叶片 ABA 含量，有利于叶片内含物质向荚和籽粒中进行运输，更有利于籽粒内含物的充实和积累。

5.7.1.2　DTA-6 和 S3307 对荚皮内源激素 ABA 含量的调控

如图 5-32 所示，荚皮中 ABA 含量的趋势大体上呈先降低后升高再降低的趋势，最高值出现在喷后 32 d（R5 期），最低值出现在喷后 39 d（R5 期）。

DTA-6 处理的荚皮 ABA 含量显著低于 CK，花期叶喷 DTA-6 显著降低了荚皮中 ABA 的含量，脱落酸含量的降低有利于减少花荚脱落。S3307 对荚皮 ABA 含量的影响表现为喷后 32 d ABA 含量显著低于 CK，喷后 39 ~ 54 d ABA 含量显著高于 CK，在喷后 61 d 显著低于 CK。总体上叶喷 S3307 增加了盛荚期荚皮中 ABA 含量。

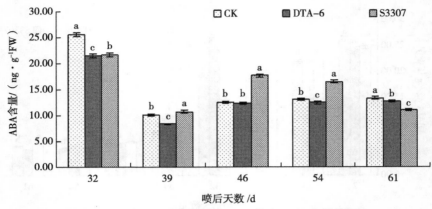

图 5-32　DTA-6 和 S3307 对 KF16 荚皮 ABA 含量的调控

　　DTA-6、S3307 荚皮 ABA 与 CK 进行比较，大部分取样时期均达到显著差异。DTA-6 作用表现为降低荚皮中 ABA 含量，而 S3307 仅在喷后 32 d 和 61 d 降低了荚皮中 ABA 含量，两类调节剂在生殖生长阶段的前期对荚皮 ABA 含量的调控效果存在差异，可能与调节剂类型有关，至生殖生长后期，即喷后 61d，DTA-6 和 S3307 处理的荚皮 ABA 含量均显著低于 CK，推断两调节剂可能对提高后期荚皮的生理活性、进而促进荚皮同化物向籽粒中转移有着积极的作用。

5.7.1.3　DTA-6 和 S3307 对籽粒内源激素 ABA 含量的调控

　　如图 5-33 所示，籽粒中 ABA 含量的趋势，大体上呈先降低后升高再降低的趋势。垦丰 16 籽粒 ABA 含量比荚皮和叶片中的含量要高多倍，并且一直维持在一个较高的水平直至 R6 后期。DTA-6 籽粒 ABA 含量显著高于或接近 CK，花期叶喷 DTA-6 显著增加了籽粒中 ABA 含量。S3307 对籽粒 ABA 含量的调控呈先降低后升高再降低的变化，仅在喷后 39 d 和 61 d 与 CK 差异不显著，其他均显著。综合分析发现，DTA-6 和 S3307 籽粒中 ABA 含量与 CK 进行比较，在多个时间达到了差异显著。在喷后 46 ~ 54 d，籽粒发育的物质积累关键期，DTA-6 和 S3307 整体上提高了籽粒 ABA 含量，促进籽粒的生长和物质积累。

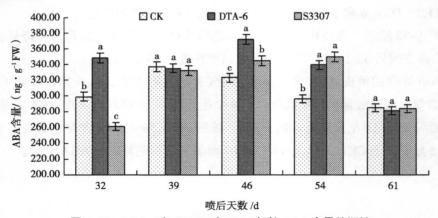

图 5-33　DTA-6 和 S3307 对 KF16 籽粒 ABA 含量的调控

5.7.2 DTA-6 和 S3307 对大豆内源激素 GA₃ 含量的调控

5.7.2.1 DTA-6 和 S3307 对大豆叶片内源激素 GA₃ 含量的调控

如图 5–34 所示，CK 叶片中 GA_3 变化曲线有 2 个峰值，1 个出现在喷清水后 14 d（R3 期），1 个出现在喷清水后 54 d（R6 期），而最低点出现在喷清水后 32 d（R5 期）。

与 CK 相比，DTA-6 叶片 GA_3 含量总体上达到差异显著水平，且含量呈现一定波动。在喷施后 7 d（R2 期）显著高于 CK，从 14 d（R3 期）开始显著低于 CK，32 d 开始高于 CK，54 d 低于 CK，61 d 高于 CK。

与 DTA-6 相比，S3307 对叶片 GA_3 含量的调控程度存在差异，喷后 7 d，叶片 GA_3 含量迅速升高，说明植株对外源激素的刺激反应效果显著，14～25 d GA_3 含量降低，32～46 d 叶片 GA_3 含量显著提高，效果 S3307 > DTA-6 > CK。

DTA-6 和 S3307 叶片 GA_3 含量在取样前期较高、后期较低，两处理时而高于对照、时而低于对照，DTA-6、S3307 和 CK 在各取样时间点普遍达到差异显著水平。两类调节对叶片 GA_3 含量的调控效果一致，只是含量存在差别。

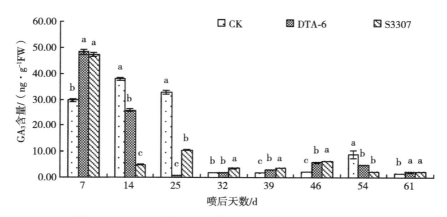

图 5–34　DTA-6 和 S3307 对 KF16 叶片 GA₃ 含量的调控

5.7.2.2 DTA-6 和 S3307 对大豆荚皮内源激素 GA₃ 含量的调控

如图 5–35 所示，CK 荚皮中 GA_3 含量的趋势，大体上呈先降低后升高再降低的趋势，最高点出现在喷清水后 54 d（R6 期），最低点出现在喷清水后 39 d（R5 期）。

DTA-6 和 S3307 对荚皮 GA_3 含量的影响与 CK 比较差异显著。叶喷 DTA-6 和 S3307 能够调控叶片中 GA_3 的含量，两类调节剂对叶片 GA_3 含量的调控变化趋势基本一致，在籽粒灌浆后期（R6 期）显著增加了荚皮 GA_3 含量，并维持在较高水平，有利于荚皮同化物向籽粒中运输。

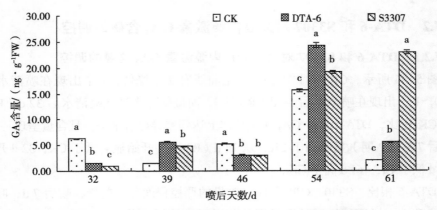

图 5–35　DTA-6 和 S3307 对 KF16 荚皮 GA₃ 含量的调控

5.7.2.3　DTA-6 和 S3307 对大豆籽粒内源激素 GA₃ 含量的调控

如图 5–36 所示，CK 籽粒中 GA_3 的变化趋势，大体上呈先升高再降低的趋势，最高点出现在喷后 54 d（R6 期）。

DTA-6 籽粒 GA_3 含量均高于 CK，花期叶喷 DTA-6 显著增加籽粒中 GA_3 含量。叶喷 DTA-6 籽粒 GA_3 含量的变化呈先降低再不断升高的趋势，最低点出现在喷后 39 d，最高点出现在喷后 61 d。

S3307 对籽粒 GA_3 含量的调控表现为先升高后降低再升高的趋势，在 32d、39d 和 54d 喷施 S3307 处理的 GA_3 含量显著高于 CK，最高点出现在喷后 32 d，最低点出现在喷后 46 d。

综合分析可知，CK 在整个取样时间内普遍含量较低，两个调节剂在鼓粒期显著增加了籽粒中 GA_3 含量，DTA-6 突出表现在喷后 54d 籽粒 GA_3 含量维持在较高的水平，S3307 突出表现在喷后 54 d 和 61 d 籽粒 GA_3 含量一直维持在高水平。可见，两类调节剂通过调控 GA_3 含量有效调控了籽粒建成，但对籽粒建成的调控时间存在差异。

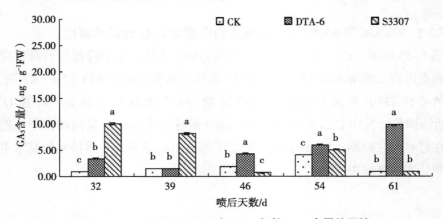

图 5–36　DTA-6 和 S3307 对 KF16 籽粒 GA₃ 含量的调控

5.7.3　DTA-6 和 S3307 对大豆内源激素 GA₃/ABA 比值的调控

5.7.3.1　DTA-6 和 S3307 对叶片内源激素 GA₃/ABA 的调控

如图 5–37 所示，CK 叶片中 GA_3/ABA 的趋势，大体上呈双峰曲线变化，最高点出现在喷清水后 14 d（R3 期），两峰之间最低点出现在喷清水后 32 d（R5 期），第二个峰值略低出现在喷清水后 54 d（R6 期）。

DTA-6 对叶片中 GA_3/ABA 的调控表现为，在大豆喷后 7 ~ 14 d 显著高于 CK，在喷后 25 ~ 39 d 显著低于 CK，此后叶片中 GA_3/ABA 比值经历了从低到高再降低的变化过程，DTA-6 处理比 CK 上升得缓慢，峰值提前 7 d，在籽粒建成后期（R6 期）即喷施调节剂 54 ~ 61d，GA_3/ABA 下降的幅度比 CK 平缓。

与 CK 比较，S3307 对叶片中 GA_3/ABA 的影响总体上差异显著，整个取样时间内，S3307 处理的叶片中 GA_3/ABA 变化较 CK 平缓。达到最大值的时间比 CK 早 7d，在喷施 S3307 后 14d 迅速下降至较低值，下降的幅度比 CK 大，下降时间比 CK 早。

DTA-6、S3307 和 CK 的叶片中 GA_3/ABA 进行比较，处理间普遍达到差异显著水平，叶面喷施 DTA-6 和 S3307 调控大豆叶片中激素比例的平衡，主要表现为喷后 7 d 显著增加了 GA_3/ABA 值，喷后 14 d 开始下降，直到喷后 39 d 维持在较低的水平。在喷施 DTA-6 和 S3307 后 7d、46d 及 61d，分别处于 R2 期、R6 初期、R6 后期，在盛花期和鼓粒期的关键时间点，两类调节剂均显著提升叶片生理活性，这对于大豆花荚发育及籽粒内同化物积累均具有重要的意义。

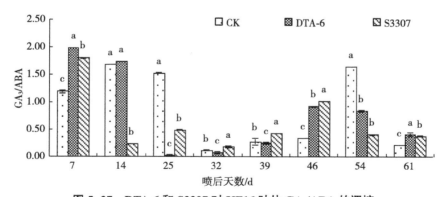

图 5–37　DTA-6 和 S3307 对 KF16 叶片 GA₃/ABA 的调控

5.7.3.2　DTA-6 和 S3307 对荚皮内源激素 GA₃/ABA 的调控

如图 5–38 所示，CK 荚皮中 GA_3/ABA 的趋势大体呈单峰变化。

DTA-6 荚皮中 GA_3/ABA 变化曲线大体呈双峰变化，最高点出现在喷后 54 d（R6 期），除喷施后 32 d 及 46 d，荚皮内 GA_3/ABA 比值均显著高于 CK。DTA-6 荚皮 GA_3/ABA 与 CK 比较，总体上变化趋势基本相同，但降低和升高的幅度都达到差异显著。

S3307 荚皮中 GA_3/ABA 变化曲线总体呈持续上升趋势，最大值出现在喷后 61 d

（R6 期）。与 CK 比较，S3307 荚皮 GA$_3$/ABA 在喷后 39 d、61 d 显著高于 CK，32 d 和 46 d 显著低于 CK。可见，叶喷 S3307 能够在鼓粒始期和鼓粒后期均能够提高 GA$_3$/ABA 值，促进荚的生理活性，更有利于荚中同化物向籽粒中运输。

DTA-6、S3307、CK 处理的荚皮中 GA$_3$/ABA，三者大体上都达到了差异显著，叶面喷施 DTA-6 和 S3307 能够调控大豆荚皮中激素比例的平衡，主要表现为叶喷后 32 d 和 46 d 显著低于 CK，39 d 和 61 d 显著高于 CK。总体上，DTA-6 比 S3307 荚皮中 GA$_3$/ABA 最大值出现的时间提前，促进型调节剂 DTA-6 在喷施后 54d 达到最大值，而延缓型调节剂 S3307 喷施后 61 d 才达到最大值，可见延缓型调节剂的最大作用时间表现延迟。两类调节剂出现最大值的时间恰好在鼓粒期（R6 期），荚皮在此时生理活性的提高，有利于暂存源器官荚皮向籽粒中输送同化物质。

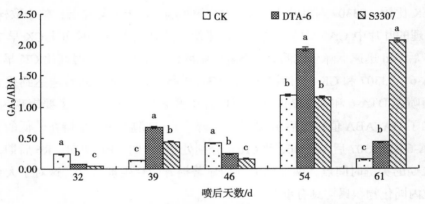

图 5-38 　DTA-6 和 S3307 对 KF16 荚皮 GA$_3$/ABA 的调控

5.7.3.3　DTA-6 和 S3307 对籽粒内源激素 GA$_3$/ABA 的调控

如图 5-39 所示，CK 籽粒 GA$_3$/ABA 的变化趋势，大体上呈单峰曲线变化，最高点出现在喷清水后 54 d。

DTA-6 籽粒 GA$_3$/ABA 变化趋势呈整体持续递增的变化趋势，从喷后 32 d 开始整体上显著高于 CK，最高点出现在喷后 61 d。

S3307 籽粒 GA$_3$/ABA 变化在初期达到最大值，在喷后 46d 降低到最小值，在喷后 54 d 小幅回升后再降低。喷后 32 ～ 39 d，S3307 籽粒 GA$_3$/ABA 比值显著高于 CK，此时大豆正处于盛荚期至鼓粒始期，可见 S3307 的调节籽粒建成的启动较早。

比较 DTA-6 与 S3307 籽粒 GA$_3$/ABA 可知，在喷后 32 ～ 39 d，DTA-6 显著低于 S3307，DTA-6 高于或接近 CK；之后 DTA-6 显著高于 S3307，S3307 低于或接近 CK。可知，DTA-6 能在籽粒发育晚期显著提高 GA$_3$/ABA 值；S3307 在籽粒发育早期能够有效提高 GA$_3$/ABA 值。结合前面籽粒 ABA、GA$_3$ 的值，发现总体上籽粒中的 ABA、GA$_3$ 均有所提高，GA$_3$/ABA 值的变化趋势和 GA$_3$ 含量变化趋势一致，因此推断，DTA-6 和 S3307 提高籽粒 GA$_3$/ABA 值，主要是 GA$_3$ 增加起关键作用，促进了籽粒物质积累。

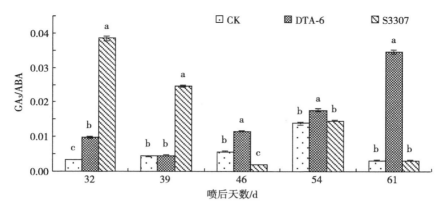

图 5-39　DTA-6 和 S3307 对 KF16 籽粒 GA$_3$/ABA 的调控

5.8　化控技术处理与对照叶片中脱落纤维素酶基因（*GmAC*）的表达差异

DTA-6 对大豆脱落纤维素酶基因相对表达的调控如图 5-40 所示，在喷后 5 d 绥农 28 DTA-6 处理花荚离区 *GmAC* 基因相对表达量比 CK 降低 51 %，垦丰 16 DTA-6 处理比 CK 降低 42 %。因此，R1 期叶面喷施 DTA-6 在 2 个大豆品种中，均降低了大豆花荚离区 *GmAC* 基因相对表达量。

从图 5-40 可知，在喷后 5 d，S3307 能够降低大豆花荚离区 *GmAC* 基因相对表达量，绥农 28 S3307 处理的值比绥农 28 CK 降低 22.52 %，垦丰 16 S3307 处理的值比垦丰 16 CK 降低 47.34 %。同品种 S3307 处理和 CK 相比差异显著。

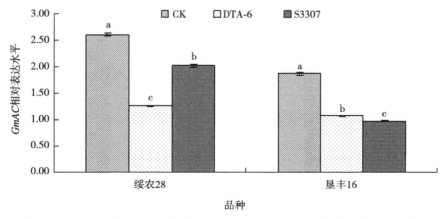

图 5-40　DTA-6 和 S3307 对大豆花荚离区 *GmAC* 基因相对表达水平的调控

DTA-6 和 S3307 处理的大豆花荚离区 *GmAC* 基因相对表达量均显著低于 CK，2 类调节剂在 2 个品种上均达到差异显著水平，在绥农 28 上 DTA-6 降低的幅度显著高于

S3307，在垦丰 16 上 S3307 降低的幅度显著高于 DTA-6，在 2 个品种上降低的幅度存在显著差异，这与不同品种对同一调节剂的敏感性存在差异有关。两类调节剂的调控作用效果均表明了应用化控技术可以降低花荚脱落率。

5.9 化控技术对亚有限结荚习性大豆产量和品质的调控

5.9.1 DTA-6 和 S3307 对大豆产量构成因素及产量的调控

表 5-9 所示为不同年份、不同植物生长调节剂对大豆产量性状及产量的调控效果不同。2012—2013 年大田试验中，除了 2013 年绥农 28 单株荚数没有达到差异显著，DTA-6 和 S3307 均增加了 3 个品种大豆单株荚数。综合两年试验看，S3307 处理对这 3 个大豆品种的单株荚数促进效果较好。DTA-6 和 S3307 对荚粒数的影响，整体上 S3307 降低了大豆荚粒数，DTA-6 增加了荚粒数，2013 年垦丰 16 表现为显著增加，其他时间和品种上均不显著。与 CK 比较，DTA-6 和 S3307 对 3 个品种大豆百粒重的调控，2 年表现均为不显著。

从产量上看，2012 年整体上 DTA-6 > S3307 > CK，2013 年 S3307 > DTA-6 > CK。DTA-6 和 S3307 处理的 3 个品种产量均高于 CK，除了绥农 28 其他 2 个品种 2 年产量均显著高于 CK。2 年的产量结果均表明 DTA-6 对大豆有增产效果。2012—2013 年两类调节剂在 3 个品种上平均增产效果分别体现为：DTA-6 增产 20.01%，S3307 增产 18.98%。

表 5-9 植物生长调节剂对大豆产量构成因素和产量的调控

年份	品种	处理	单株荚数 / 个	荚粒数 / 个	百粒重 /g	产量 / （kg·hm⁻²）
2012	绥农 28	S3307	25.32±2.35ab	2.14±0.05a	15.40±0.60a	2 350.89±399.45a
		DTA-6	26.99±1.46a	2.23±0.01a	15.49±0.91a	2 710.10±290.91a
		CK	22.58±1.46b	2.18±0.09a	14.90±1.67a	1 868.75±232.91b
	垦丰 16	S3307	36.39±3.83a	2.15±0.04a	14.05±0.25a	2 770.07±132.20a
		DTA-6	31.13±2.15ab	2.18±0.04a	13.80±0.29a	2 553.91±176.95ab
		CK	27.64±2.15b	2.18±0.06a	14.06±0.40a	2 395.04±144.67b
	合丰 50	S3307	25.88±3.10a	2.41±0.05a	16.87±0.41a	2 056.38±262.74ab
		DTA-6	25.38±2.68ab	2.49±0.07a	16.96±0.40a	2 241.66±178.64a
		CK	21.15±2.68b	2.59±0.06a	16.69±0.34a	1 715.71±197.96b

续表

年份	品种	处理	单株荚数 / 个	荚粒数 / 个	百粒重 /g	产量 / (kg·hm^{-2})
2013	绥农 28	S3307	93.5±10.05a	2.30±0.07a	18.34±0.36a	3 019.32±139.12a
		DTA-6	85.48±7.35a	2.20±0.03a	19.48±0.33a	2 867.45±107.35a
		CK	77.83±2.24a	2.29±0.02a	18.74±0.11a	2 489.75±225.34b
	垦丰 16	S3307	36.53±0.73b	2.11±0.02ab	15.73±0.40a	3 521.01±256.72a
		DTA-6	39.00±0.45a	2.15±0.02a	16.24±0.22a	3 294.41±263.23a
		CK	32.88±0.59c	2.08±0.02b	16.24±0.32a	3 001.46±247.22b
	合丰 50	S3307	35.68±0.85a	2.46±0.03a	19.11±0.18a	3 510.95±226.20a
		DTA-6	33.70±0.28b	2.45±0.01a	19.93±0.83a	3 476.28±296.40ab
		CK	32.43±0.42c	2.49±0.02a	19.46±0.51a	3 080.52±105.42b

5.9.2　DTA-6 和 S3307 对大豆品质的调控

如表 5–10 所示，DTA-6 处理对 3 个品种蛋白质含量调控，除 2013 年垦丰 16 和合丰 50 增加蛋白质含量外，其余均表现为降低了蛋白质含量，仅在 2012 年绥农 28 上表现为差异显著。S3307 处理对 3 个品种蛋白质含量的调控 2 年的结果整体表现为，除 2012 年绥农 28 和 2013 年合丰 50 的蛋白质含量略有增加外，其余均降低了蛋白质含量，两个年份的处理和对照间均没有达到差异显著水平。综合分析可以看出，DTA-6 和 S3307 对大豆蛋白质含量的影响具有品种特性和年际差异。

DTA-6 处理对 3 个品种脂肪含量的调控，整体上表现为增加了脂肪含量，在 2012 年绥农 28 和 2013 年垦丰 16 上表现为显著增加。S3307 处理对 3 个品种脂肪含量的影响，2 年的结果整体表现为除了 2012 年绥农 28 和合丰 50 略有降低外，其余脂肪含量均增加。其中 2012 年垦丰 16、2013 年绥农 28 和垦丰 16 应用 S3307 后大豆籽粒脂肪含量与对照 CK 间达到差异显著水平，其他时间和品种均未达到差异显著。可见，DTA-6 和 S3307 整体上对大豆品质的贡献表现为增加大豆脂肪，增加效果受年际和品种影响较大。综合蛋白质和脂肪的含量可以看出，2013 年 S3307 同步提高合丰 50 的籽粒蛋白质和脂肪含量，DTA-6 同步提高垦丰 16 和合丰 50 品种的籽粒蛋白质和脂肪含量。

表 5-10　植物生长调节剂对大豆籽粒品质的调控

年份	品种	处理	蛋白质 /%	脂肪 /%
2012	绥农 28	S3307	39.30±0.59a	16.90±0.35b
		DTA-6	38.00±0.16b	17.70±0.13a
		CK	38.93±0.40a	17.10±0.36b
	垦丰 16	S3307	37.43±0.64a	18.25±0.49a
		DTA-6	36.95±0.27b	17.60±0.13ab
		CK	37.45±0.50a	17.38±0.20b
	合丰 50	S3307	36.48±0.29a	18.33±0.14a
		DTA-6	36.00±0.51a	18.65±0.29a
		CK	36.50±0.37a	18.38±0.26a
2013	绥农 28	S3307	36.58±0.05a	17.73±0.09a
		DTA-6	36.68±0.21a	17.48±0.14b
		CK	36.78±0.25a	17.45±0.09b
	垦丰 16	S3307	36.25±0.31a	17.00±0.12a
		DTA-6	36.63±0.10a	17.03±0.13a
		CK	36.30±0.29a	16.88±0.16b
	合丰 50	S3307	35.05±0.33a	18.63±0.24a
		DTA-6	35.03±0.09a	18.60±0.15a
		CK	34.98±0.14a	18.55±0.13a

5.10　本章小结

不同浓度喷施 DTA-6 和 S3307 能够调控花荚脱落，增加大豆产量，R1 期应用适宜浓度 60 mg·L^{-1} DTA-6 和 50 mg·L^{-1} S3307 可以显著降低花荚脱落，实现增产。

DTA-6 和 S3307 处理的存留荚和脱落荚相关指标存在差异，表现为脱落荚比存留荚膜质过氧化作用增强，保护酶系统的平衡被破坏，可溶性物质增加，脱落酶活性降低。

DTA-6 和 S3307 处理通过增加大豆叶片荚皮籽粒 GA$_3$ 含量，降低了 ABA 含量，提高了叶片、荚皮和籽粒中 GA/ABA 比值；显著抑制脱落纤维素酶基因表达量；降低存留荚 MDA 含量、AC 和 PG 活性，提高存留荚 SOD 和 POD 活性；降低了叶片中蔗糖的分解速率，促进了蔗糖向花荚和籽粒的运输；增加了叶片同化物的合成能力，促进籽粒中同化物的积累，改善了源库关系。

DTA-6 和 S3307 能够调控花荚脱落，年际间各品种均表现为增产，并在一定程度上调控了蛋白质和脂肪含量，有利于改善品质。

参考文献

郝建军，康宗利，于洋，2007.植物生理学实验技术［M］.北京：化学工业出版社.

何钟佩，1993.农作物化学控制实验指导［M］.北京：北京农业大学出版社.

李忠光，李江鸿，杜朝昆，等，2002.在单一提取系统中同时测定五种植物抗氧化酶［J］.云南师范大学学报：自然科学版，22（6）：44-48.

刘祖祺，张石诚，1994.植物抗性生理学［M］.北京：中国农业出版社.

柳青松，吴颂如，陈婉芬，1993.植物生理学实验指导书［M］.北京：中央广播电视大学出版社.

宋莉萍，2011.不同时期叶施 PGRs 对大豆花荚的调控效应［D］.大庆：黑龙江八一农垦大学.

张飞，岳田利，费坚，等，2004.果胶酶活力的测定方法研究［J］.西北农业学报，13（4）：134-137.

张志良，2003.植物生理学实验指导［M］.北京：高等教育出版社.

SHAHRI W，TAHIR I，2014. Flower senescence：some molecular aspects［J］. Planta An International Journal of Plant Biology.239(2):277-297.

6 大豆不同冠层同化物积累代谢及产量品质形成的化学调控

目前，国产大豆需求量大幅度上升，大豆自给率持续走低，加之大量低价转基因大豆涌入中国市场，导致国产大豆种植面积呈现出下降趋势（张振华等，2009）。但我国大豆产业还有很大的发展空间和增产潜力，提高大豆单产是弥补我国大豆供应不足的重要措施。因此，从源库流三者之间的协调关系分析，研究大豆不同冠层同化物积累和生理代谢，对获得大豆高产、稳产具有重要意义。

大豆是全冠层结荚作物，不同冠层对产量的贡献不一，大豆源库之间同化物的积累、运转和分配对最终产量的获得起着重要的作用（Board J E，2004；傅金民等，1998；董志新等，2001）。源的供应能力、库的接纳能力和流（输导组织）的畅通这三者之间的协同作用，为大豆不同冠层同化物积累和生理代谢奠定了基础。大豆各个节位的叶片和豆荚构成一个相对独立的源库单位，因此，本试验将大豆植株分为上、中和下三个冠层，研究了 S3307 和 DTA-6 对大豆不同冠层同化物积累和生理代谢的影响，为进一步研究植物生长调节剂对大豆不同冠层产量贡献率及不同冠层籽粒品质的影响奠定了基础。

近年来，化控技术被广泛应用于农业生产中，在水稻、玉米、小麦和大豆等作物上均有应用，对作物产量的提高起到了明显的促进作用（李慧敏，2008）。植物生长调节剂对作物的碳代谢过程有着重要的作用，促进了源库代谢过程中碳的同化、合成和运输（郑旭，2013；赵黎明等，2008）。本研究应用的 2 种调节剂分别为促进型调节剂 DTA-6 和延缓型调节剂 S3307，已在生产中得到广泛应用。研究表明，DTA-6 在低浓度下（$1 \sim 40~\text{mg} \cdot \text{kg}^{-1}$）可以促进作物的物质积累和碳水化合物代谢，显著提高产量，改善作物品质（Brown et al.，1973）。关于 S3307 的应用效果也多有报道，喷施 S3307 可有效改善大豆植株性状，控制节间生长，且效果非常显著（王浩等，2014）。杨文钰等（2004）研究发现 S3307 干拌种显著提高了小麦的产量。

前人关于植物生长调节剂对大豆不同冠层产量上的影响做了一定研究，并取得了一定成果。本书著者的研究团队已得出，调节剂对大豆产量构成的空间分布具有一定的调控作用，R1 期喷施 DTA-6 对大豆植株上中层的产量作用较大。因此，本试验进一步研究延缓型调节剂 S3307 和促进型调节剂 DTA-6 对大豆不同冠层同化物积累和生理代谢的影响，从源库理论的角度挖掘调节剂增产的作用机理，为生产中调节剂的应用提供理论依据。

6.1 试验设计方案

6.1.1 试验地基本条件

试验于 2013—2015 年在黑龙江省大庆市林甸县宏伟乡吉祥村开展，试验地土壤类型为草甸黑钙土，地势平坦、肥力均匀、0 ~ 20 cm 耕层土壤基本养分状况如表 6-1 所示。

表 6-1　0 ~ 20 cm 耕层土壤基本养分状况

项目	碱解氮 / （mg · kg^{-1}）	有效磷 / （mg · kg^{-1}）	速效钾 / （mg · kg^{-1}）	pH 值	有机质 / （g · kg^{-1}）
含量	136	13.82	205	7.90	33.0

6.1.2 供试材料

6.1.2.1 供试品种

选用亚有限结荚习性品种合丰 50（HF50）和垦丰 16（KF16）为试验材料。

6.1.2.2 供试植物生长调节剂

选用的 2 种植物生长调节剂分别是：延缓型植物生长调节剂 S3307 和促进型植物生长调节剂 DTA-6，以上 2 种调节剂由黑龙江八一农垦大学化控实验室提供。

6.1.3 试验设计

试验采用大田叶面喷施的方式。2012 年进行药剂浓度初筛试验，得出 DTA-6 最适浓度为 60 mg · L^{-1}，S3307 最适浓度为 50 mg · L^{-1}。以叶面喷施清水为对照（CK），用液量为 225 L · hm^{-2}。合丰 50 和垦丰 16 各处理分别表示为 H-CK、H-D、H-S 和 K-CK、K-D、K-S，始花期（R1 期）在晴天无风下午 4 时左右进行喷施。小区面积为 19.5 m^2，小区为 6 行区，行长 5 m，行距 0.65 m，区间过道宽 1 m。采用随机区组设计，4 次重复。

6.1.4　测定项目及方法

长度指标采用直尺测量，重量指标采用天平称量，叶面积采用打孔法进行测定。

喷施调节剂后 2 d、10 d、20 d、35 d 和 45 d，于上午 9 时用 LI–6400 光合作用分析仪测定上中下层叶片的光合速率、蒸腾速率和气孔导度。

可溶性糖含量的测定：参照张宪政（1992）方法。

蔗糖和果糖的提取及测定：参照张志良（2003）方法。

淀粉含量的测定：将以上提取蔗糖和果糖后残留物，采用高氯酸水解法测淀粉含量变化（张宪政，1992）。

转化酶、SPS 和 SS 活性的提取和测定：测定参照门福义等（1995）等方法。

产量：产量（kg·hm^{-2}）＝ 单株粒数 × 百粒重（g）× 公顷株数 ÷100 000。

品质：采用瑞典 foss 公司的近红外分析仪测定粗脂肪和粗蛋白质含量。

6.1.5　数据分析与绘图

试验采用 Excel 2003 软件进行原始数据的处理和图形的制作；采用软件 SPSS 19.0 进行方差分析。

6.2　化控技术对大豆不同冠层形态特征及同化物积累的调控

6.2.1　调节剂对大豆不同冠层形态特征的调控

6.2.1.1　调节剂对大豆不同节位节间长度的调控

如图 6–1 所示，喷施调节剂后 30 d，S3307 和 DTA-6 对垦丰 16 不同节位节间长度影响程度不同。K-S 第 1～13 节的节间长度均短于 K-CK，其中第 4～8 节的节间长度降低幅度较大；K-D 第 1～5 节的节间长度均短于 K-CK，最多比 K-CK 短 0.59 cm，而从第 11 节开始，K-D 节间长度比 K-CK 长，最多比 K-CK 长 0.77 cm。

如图 6–2 所示，喷施调节剂后 30 d，S3307 和 DTA-6 对合丰 50 不同节位节间长度影响程度也不同。H-S 和 H-D 第 1～5 节的节间长度均短于 H-CK，其中 H-S 最多比 H-CK 短 1.48 cm，H-D 最多比 H-CK 短 1.60 cm。H-D 从第 6 节开始，节间长度均比 H-CK 长。H-S 第 6、第 7 和第 8 节的节间长度比 H-CK 长，而从第 9 节开始，节间长度均比 H-CK 短。

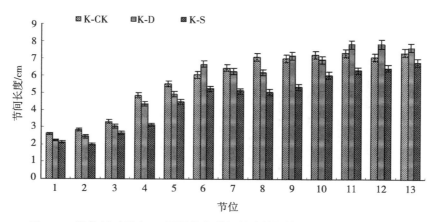

图 6–1　调节剂对垦丰 16 不同节位节间长度的调控（喷施调节剂后 30 d）

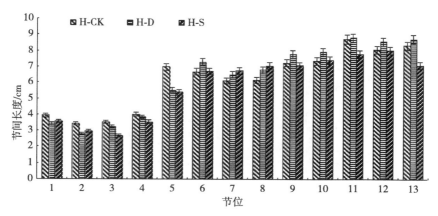

图 6–2　调节剂对合丰 50 不同节位节间长度的调控（喷施调节剂后 30 d）

6.2.1.2　调节剂对大豆不同节位节间密度的调控

如图 6–3 所示，喷施调节剂后 30 d，S3307 和 DTA-6 均有效调控了垦丰 16 的节间密度。K-S 处理的节间密度都高于 K-CK，K-D 第 1、第 3、第 4、第 5 和第 6 节的节间密度大于 K-CK，其余节位均小于 K-CK，这可能与 DTA-6 在应用前期更多促进节间长度伸长有关。

如图 6–4 所示，喷施调节剂后 30 d，同一节位 S3307 和 DTA-6 处理合丰 50 的节间密度都高于 CK。H-S 对下层（2～4 节）的节间密度调控作用较强，H-D 对中层（6～10 节）的节间密度调控作用较强。H-S 和 H-D 对上部（11～13 节）的节间密度调控效果接近，同时增加了上层的节间密度。

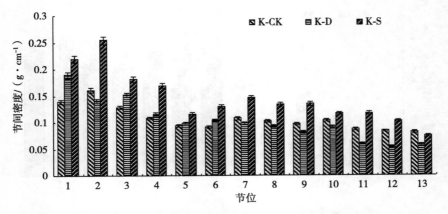

图 6-3 调节剂对垦丰 16 不同节位节间密度的调控（喷施调节剂后 30 d）

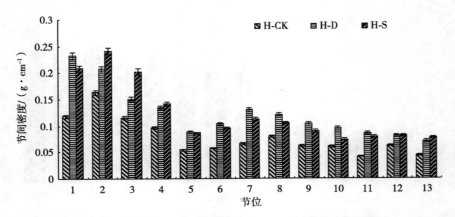

图 6-4 调节剂对合丰 50 不同节位节间密度的调控（喷施调节剂后 30 d）

6.2.1.3 调节剂对大豆不同冠层叶面积的调控

如图 6-5 所示，喷施调节剂后，垦丰 16 上、中层叶面积均呈先增加再减少的趋势。处理和对照不同冠层叶面积达到最大值的时间略有不同，K-S 和 K-D 在喷施调节剂后 50 d 上层叶面积达到最大值，K-S 在喷施调节剂后 35 d 中层叶面积达到最大值，K-D 和 K-CK 在喷施调节剂后 50 d 上中层叶面积达到最大值。

如图 6-6 所示，喷施调节剂后，合丰 50 上、中层的叶面积也呈先增加再下降的趋势。处理和对照上层叶面积达到最大值的时间不同，H-D 在喷施调节剂后 30 d 达到最大值，H-S 在喷施调节剂后 35 d 达到最大值，而 H-CK 在喷施调节剂后 40 d 达到最大值。处理和对照中层叶面积达到最大值的时间相同，均为喷施调节剂后 35 d。

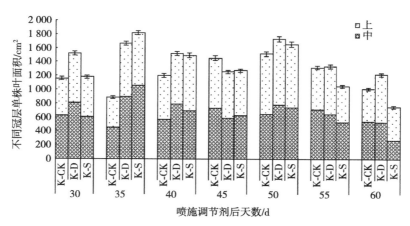

图 6-5 调节剂对垦丰 16 不同冠层叶面积的调控

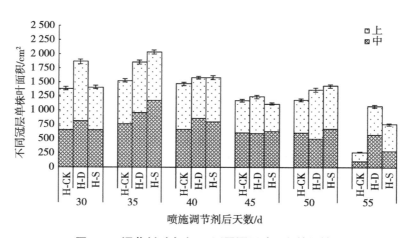

图 6-6 调节剂对合丰 50 不同冠层叶面积的调控

6.2.2 调节剂对大豆单株不同冠层干物质积累和分配的调控

6.2.2.1 调节剂对大豆单株上层干物质积累和分配的调控

如表 6-2 所示，喷施调节剂后，S3307 和 DTA-6 处理的单株上层总重、茎秆干重、叶片干重、叶柄干重、荚皮干重几乎都高于 CK。喷施调节剂后 30 d 和 35 d，K-S 处理的籽粒干重小于 K-CK；喷施调节剂后 30 d 和 40 d，H-S 处理的籽粒干重小于 H-CK，而 K-D 和 H-D 处理在各时期的籽粒干重均高于 CK，说明 DTA-6 较 S3307 有利于大豆上层籽粒的建成。

从植株上层干物质分配比例来看，喷施调节剂后，茎秆、叶片和叶柄干重的分配比例逐渐下降，三者中叶片所占的比例较大，有利于延长叶片物质积累时间。荚皮和籽粒干重的分配比例逐渐增加，至喷施调节剂后 45 d，籽粒干重比例大于荚皮干重。

喷施调节剂后 50 d，调节剂处理的籽粒干重所占比例均大于 CK，从而有利于成熟期大豆产量的获得。

6.2.2.2　调节剂对大豆单株中层干物质积累和分配的调控

如表 6-3 所示，喷施调节剂后 30 d 和 35 d，S3307 和 DTA-6 处理的单株中层总重、茎秆干重、叶片干重、叶柄干重几乎都高于 CK。喷施调节剂后 30 d 和 45 d，调节剂处理的垦丰 16 的荚皮干重小于 CK，而调节剂处理的合丰 50 的荚皮干重几乎均高于CK。喷施调节剂后 35 d，H-S 和 H-D 处理的籽粒干重小于 H-CK。喷施调节剂后 45 d，K-S 和 K-D 处理的籽粒干重也小于 K-CK。喷施调节剂后 50 d，调节剂处理的籽粒干重均大于 CK，说明调节剂有利于大豆鼓粒后期籽粒的建成。

从植株中层干物质分配比例来看，茎秆、叶片和叶柄干重的分配比例逐渐下降，三者中茎秆所占的比例较大，有利于延长物质运输时间。荚皮和籽粒干重的分配比例逐渐增加。至喷施调节剂后 40 d，籽粒干重比例大于荚皮干重，由此也可以看出，中层籽粒干重所占比例大于荚皮干重。喷施调节剂后 45 d 和 50 d，H-S 处理的籽粒干重所占比例均大于 H-CK，说明 S3307 处理对合丰 50 中层籽粒的建成作用效果较好。

6.2.2.3　调节剂对大豆单株不同冠层干物质总量积累与分配的调控

如表 6-4 所示，喷施调节剂后，调节剂处理的单株上层干物质总量几乎均大于CK；调节剂处理的单株下层干物质量小于 CK 偏多；喷施调节剂后 40 d，调节剂处理的合丰 50 单株中层干物质量小于 CK，喷施调节剂后 45 d，调节剂处理的垦丰 16 单株中层干物质量小于 CK。由此可以看出，调节剂处理有效控制了中、下层的干物质积累，促进了上层干物质的积累。

从植株冠层干物质总量分配比例来看，上层干物质分配比例呈逐渐增加的趋势，中层干物质分配比例呈先上升后下降的趋势，而下层干物质分配比例呈逐渐下降的趋势，与植株的后期脱落具有直接关系。鼓粒前期调节剂处理主要增加了上、中层的干物质分配比例，而在喷施调节剂后 45 d，调节剂处理增加了下层的分配比例，为下层产量分配奠定了基础，这也可能是调节剂增产的原因。

表6-2 调节剂对大豆单株上层干物质积累与分配的调控

喷施植物生长调节剂后天数/d	不同器官	K-CK 干物质质量/g	K-CK 所占上层比例/%	K-S 干物质质量/g	K-S 所占上层比例/%	K-D 干物质质量/g	K-D 所占上层比例/%	H-CK 干物质质量/g	H-CK 所占上层比例/%	H-S 干物质质量/g	H-S 所占上层比例/%	H-D 干物质质量/g	H-D 所占上层比例/%
30	总重	9.40	–	9.51	–	10.07	–	11.37	–	11.59	–	12.75	–
	茎秆	1.34	14.25	1.47	15.41	1.50	14.87	1.51	13.25	1.56	13.49	1.75	13.71
	叶片	3.75	39.87	3.74	39.36	3.79	37.60	3.73	32.83	3.92	33.83	3.93	30.78
	叶柄	1.63	17.32	1.64	17.20	1.71	16.95	2.17	19.10	2.12	18.28	2.41	18.90
	荚皮	2.11	22.45	2.16	22.69	2.48	24.66	2.57	22.61	2.73	23.54	2.94	23.07
	籽粒	0.58	6.11	0.51	5.34	0.60	5.92	1.39	12.21	1.26	10.85	1.73	13.54
35	总重	12.70	–	14.13	–	14.32	–	14.89	–	14.71	–	15.62	–
	茎秆	1.62	12.76	1.97	13.97	1.89	13.17	1.81	12.12	1.45	9.87	1.87	12.00
	叶片	4.28	33.68	4.79	33.88	4.48	31.27	4.68	31.45	4.74	32.20	4.58	29.32
	叶柄	1.81	14.25	2.12	15.03	1.82	12.73	2.63	17.67	2.39	16.21	2.41	15.42
	荚皮	3.15	24.78	3.74	26.45	3.92	27.37	3.13	21.02	3.21	21.79	3.44	22.02
	籽粒	1.85	14.53	1.51	10.67	2.22	15.47	2.64	17.75	2.93	19.93	3.32	21.23
40	总重	15.16	–	17.34	–	18.34	–	15.89	–	17.31	–	17.90	–
	茎秆	1.70	11.24	2.14	12.32	2.21	12.04	1.99	12.51	1.89	10.92	2.04	11.41
	叶片	4.00	26.38	5.08	29.28	4.81	26.20	4.58	28.82	4.97	28.72	4.54	25.34
	叶柄	1.73	11.39	2.23	12.85	2.10	11.43	1.53	9.66	2.84	16.40	2.55	14.23
	荚皮	4.06	26.76	4.15	23.91	4.69	25.58	3.89	24.50	3.81	21.98	3.71	20.75
	籽粒	3.67	24.23	3.75	21.65	4.54	24.76	3.89	24.50	3.81	21.98	5.06	28.27
45	总重	18.74	–	21.23	–	22.40	–	16.35	–	20.93	–	21.42	–
	茎秆	1.94	10.35	2.19	10.30	2.22	9.92	2.02	12.33	2.08	9.93	2.38	11.09
	叶片	4.39	23.42	5.30	24.95	4.81	21.48	4.33	26.48	4.81	22.96	4.63	21.59
	叶柄	2.23	11.90	2.18	10.26	2.09	9.31	1.42	8.66	2.62	12.49	2.77	12.91
	荚皮	3.61	19.26	4.99	23.48	5.41	24.14	2.02	12.33	4.12	19.69	4.17	19.45
	籽粒	6.57	35.06	7.31	31.01	7.49	35.15	5.76	40.21	6.58	34.93	7.87	34.95
50	总重	20.55	–	22.85	–	22.28	–	20.7	–	20.36	–	19.63	–
	茎秆	2.11	10.27	2.29	10.02	2.36	10.60	2.16	10.43	2.33	11.43	2.35	11.99
	叶片	4.04	19.66	4.03	17.63	4.65	20.86	2.50	12.07	2.46	12.08	2.63	13.38
	叶柄	1.57	7.64	1.99	8.71	2.04	9.15	2.40	11.59	2.42	11.87	2.46	12.54
	荚皮	4.65	22.62	5.05	22.10	4.19	18.81	4.27	20.62	4.31	21.18	4.52	23.05
	籽粒	8.18	39.80	9.49	41.53	9.04	40.58	9.37	45.26	10.48	51.47	9.59	48.86

表 6–3　调节剂对大豆单株中层干物质积累与分配的调控

喷施植物生长调节剂后天数/d	不同器官	处理和对照											
		K-CK		K-S		K-D		H-CK		H-S		H-D	
		干物质质量/g	所占中层比例/%	干物质质量/g	所占中层比例/%	干物质质量/g	所占中层比例/%	干物质质量/g	所占中层比例/%	干物质质量/g	所占中层比例/%	干物质质量/g	所占中层比例/%
30	总重	8.95	–	11.30	–	9.61	–	8.77	–	10.18	–	7.85	–
	茎秆	3.15	35.20	3.18	28.10	3.59	37.37	3.34	38.13	3.45	33.88	1.75	22.26
	叶片	2.67	29.80	3.36	29.70	2.79	29.03	2.02	23.08	2.39	23.52	2.20	27.97
	叶柄	1.41	15.75	1.54	13.64	1.47	15.28	1.28	14.61	1.83	18.01	1.59	20.31
	荚皮	1.24	13.83	1.07	9.48	1.23	12.81	1.14	12.99	1.36	13.38	1.25	15.91
	籽粒	0.48	5.41	0.50	4.44	0.53	5.51	0.98	11.19	1.14	11.21	1.06	13.54
35	总重	10.06	–	13.98	–	11.08	–	9.25	–	12.65	–	13.03	–
	茎秆	3.51	34.93	3.79	27.15	3.81	34.37	1.81	19.51	3.88	30.69	3.58	27.46
	叶片	2.63	26.13	3.40	24.32	2.99	27.02	1.85	19.97	2.39	18.85	2.41	18.48
	叶柄	1.33	13.19	1.46	10.42	1.42	12.80	1.21	13.04	1.45	11.48	1.57	12.04
	荚皮	1.48	14.75	1.59	11.38	1.64	14.81	1.26	13.67	3.21	25.34	3.44	26.39
	籽粒	1.11	11.00	3.74	26.74	1.22	11.01	3.13	33.82	1.73	13.64	2.04	15.62
40	总重	10.82	–	11.60	–	11.91	–	12.11	–	10.58	–	11.15	–
	茎秆	3.60	33.23	4.01	34.59	4.04	33.92	3.87	31.99	4.04	38.17	3.70	33.19
	叶片	2.57	23.74	2.72	23.44	2.77	23.21	1.53	12.67	1.77	16.75	2.01	18.06
	叶柄	1.29	11.93	1.33	11.49	1.37	11.48	1.53	12.67	1.26	11.90	1.37	12.32
	荚皮	1.56	14.45	1.65	14.21	1.77	14.86	1.28	10.53	1.48	14.02	1.55	13.86
	籽粒	1.80	16.65	1.89	16.28	1.97	16.53	3.89	32.15	2.03	19.15	2.51	22.56
45	总重	14.22	–	11.60	–	13.39	–	8.88	–	15.92	–	11.10	–
	茎秆	3.61	25.36	4.08	35.14	4.07	30.42	2.02	22.70	4.14	26.00	4.14	37.32
	叶片	2.23	15.69	2.24	19.34	2.73	20.41	1.42	15.95	0.92	5.76	1.08	9.69
	叶柄	1.17	8.22	1.14	9.83	1.31	9.75	1.42	15.95	2.62	16.43	1.14	10.23
	荚皮	3.61	25.36	1.67	14.41	1.91	14.28	2.02	22.70	4.12	25.90	1.62	14.59
	籽粒	3.61	25.36	2.47	21.27	3.37	25.14	2.02	22.70	4.12	25.90	3.13	28.18
50	总重	11.93	–	13.70	–	14.69	–	9.40	–	11.86	–	14.63	–
	茎秆	3.65	30.60	4.28	31.23	4.19	28.53	4.14	44.01	4.23	35.70	4.52	30.91
	叶片	1.07	8.95	0.67	4.92	1.59	10.80	0.16	1.68	0.67	5.67	1.08	7.35
	叶柄	0.83	6.97	0.68	4.95	0.94	6.39	0.16	1.68	0.69	5.83	0.43	2.90
	荚皮	3.65	30.60	5.05	36.85	4.19	28.53	1.49	15.89	1.70	14.31	4.52	30.91
	籽粒	2.73	22.89	3.02	22.05	3.78	25.75	3.45	36.74	4.57	38.50	4.09	27.92

表 6–4 调节剂对大豆单株不同冠层干物质总量积累与分配的调控

喷施植物生长调节剂后天数/d	冠层	处理和对照											
		K-CK		K-S		K-D		H-CK		H-S		H-D	
		干物质质量/g	所占比例/%	干物质质量/g	所占比例/%	干物质质量/g	所占比例/%	干物质质量/g	所占比例/%	干物质质量/g	所占比例/%	干物质质量/g	所占比例/%
30	上	9.40	43.73	9.51	44.26	10.07	45.14	11.37	49.09	11.59	45.95	12.75	57.05
	中	8.95	41.62	9.65	44.92	9.61	43.07	8.77	37.85	10.18	40.37	7.85	35.13
	下	3.15	14.65	2.32	10.82	2.63	11.79	3.02	13.05	3.45	13.68	1.75	7.82
35	上	12.70	48.34	14.13	44.80	14.32	49.03	14.89	54.62	14.71	48.53	15.62	48.46
	中	10.06	38.29	13.98	44.33	11.08	37.93	9.25	33.94	12.65	41.72	13.03	40.43
	下	3.51	13.37	3.43	10.87	3.81	13.04	3.12	11.44	2.96	9.75	3.58	11.10
40	上	15.16	53.44	17.34	54.41	18.34	55.33	15.89	50.91	17.31	55.90	17.90	54.66
	中	10.82	38.16	11.60	36.39	11.91	35.94	12.11	38.80	10.58	34.16	11.15	34.04
	下	2.38	8.40	2.93	9.20	2.89	8.72	3.21	10.29	3.08	9.94	3.70	11.30
45	上	17.94	51.55	21.23	59.44	22.40	57.39	16.35	60.01	20.93	51.07	21.42	60.46
	中	14.22	40.88	11.60	32.46	13.39	34.29	8.88	32.59	15.92	38.83	11.10	31.33
	下	2.63	7.57	2.89	8.10	3.25	8.32	2.02	7.40	4.14	10.10	2.91	8.21
50	上	20.55	59.10	22.84	58.54	22.28	56.00	21.70	63.40	22.00	59.52	21.55	55.25
	中	11.93	34.30	13.70	35.12	14.69	36.92	9.40	27.46	11.86	32.09	14.63	37.51
	下	2.30	6.60	2.47	6.34	2.82	7.08	3.13	9.13	3.10	8.39	2.83	7.25

6.3 化控技术对大豆不同冠层叶片光合特性的调控

6.3.1 调节剂对大豆不同冠层叶片叶绿素含量的调控

如图 6–7 所示，喷施调节剂后，合丰 50 和垦丰 16 不同冠层叶片叶绿素含量变化规律相同。上、下层均呈先增加再减少的趋势，中层呈逐渐增加的趋势。总体可以看出，鼓粒前期上、中层叶片叶绿素含量所占比例较大；鼓粒后期上、中和下层所占比例相当。

喷施调节剂后 2 d 和 35 d，H-S 处理的上层叶片叶绿素含量低于 H-CK，仅在喷施调节剂后 2 d，H-D 处理的上层叶片叶绿素含量低于 H-CK，其余时期均高于 CK；调节剂处理的合丰 50 中层叶片叶绿素含量普遍高于 CK；除喷施调节剂后 2 d 外，H-D 处理的下层叶片叶绿素含量均高于 H-CK，H-S 处理的下层叶片叶绿素含量普遍高于 H-CK。

除喷施调节剂后 10 d 和 35 d，K-S 处理的上层叶片叶绿素含量均高于 K-CK，而除喷施调节剂后 2 d 和 45 d，K-D 处理的上层叶片叶绿素含量均高于 K-CK；调节剂处理的垦丰 16 中层叶片叶绿素含量几乎都高于 CK；除喷施调节剂后 2 d 外，K-S 处理的下层叶片叶绿素含量均高于 K-CK，K-D 处理的下层叶片叶绿素含量普遍高于 H-CK。

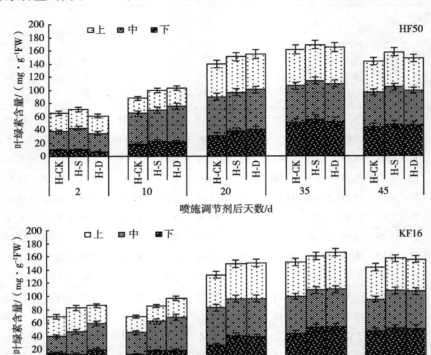

图 6–7　调节剂对大豆不同冠层叶片叶绿素含量的调控

6.3.2　调节剂对大豆不同冠层叶片光合速率的调控

如图 6–8 所示，喷施调节剂后，合丰 50 和垦丰 16 不同冠层叶片总光合速率的变化规律相同，均呈先减少再增加再减少的趋势。总体可以看出，上、中层叶片光合速率较强，下层叶片光合速率较弱。

H-S 和 H-D 处理的上、中层叶片光合速率几乎都高于 H-CK；除喷施调节剂后 2 d H-D 处理的下层叶片光合速率低于 H-CK，和喷施调节剂后 10 d H-S 处理的下层叶片光合速率低于 H-CK 外，其他时期调节剂处理的合丰 50 下层叶片光合速率均高于 CK。H-D 和 H-CK 上、中层叶片光合速率达到最大值的时间一致，H-S 处理的上、中层叶片光合速率出现高峰均较晚。H-S 和 H-D 上、中层叶片最高光合速率分别比同期 H-CK 叶片光合速率增加 62%、34% 和 31%、16%。喷施调节剂后 35 d，处理和对照下层叶片光合速率出现高峰。

除喷施调节剂后 2 d K-D 处理的上、下层叶片光合速率及喷施调节剂后 20 d K–S 处理的中层叶片光合速率低于 K-CK 外，K-S 和 K-D 处理的上、中和下层叶片光合速率均高于 K-CK。K-S 和 K-CK 上、中层叶片光合速率达到最大值的时间一致（喷施调节剂后 2 d），K-D 上、中层喷施调节剂后 20 d 达到高峰，K-S 和 K-D 上、中层叶片最高光合速率分别比同期 K-CK 光合速率增加 75%、22% 和 84%、38%；K-S 和 K-D 下层叶片光合速率达到最大值的时间较晚，在喷施调节剂后 35 d 达到高峰。

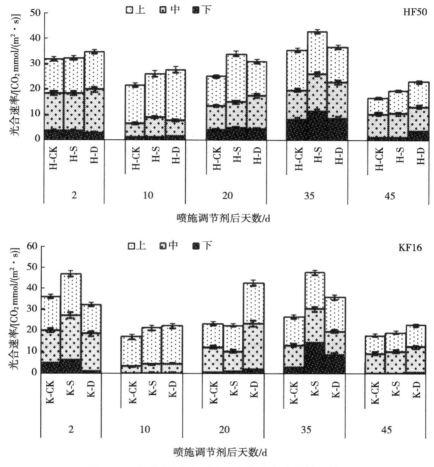

图 6-8　调节剂对大豆冠层叶片光合速率的调控

6.3.3　调节剂对大豆不同冠层叶片蒸腾速率的调控

如图 6-9 所示，喷施调节剂后，合丰 50 各处理上层叶片蒸腾速率呈上升 – 下降 – 上升的趋势，而垦丰 16K-CK 和 K-S 呈下降趋势；合丰 50 和垦丰 16 中、下层叶片蒸腾速率呈下降 – 上升 – 下降的趋势。总体可以看出，前期和后期上、中层叶片蒸腾速率较强，下层蒸腾速率较弱，中期三者蒸腾速率相近。

合丰 50 喷施调节剂后 2 d，H-S 处理的中、下层叶片和 H-D 处理的上、中层叶片蒸腾速率大于 H-CK；喷施调节剂后 10 d，H-S 和 H-D 处理的上、中层叶片蒸腾速率均大于 H-CK，而下层叶片蒸腾速率小于 H-CK；喷施调节剂后 35 d 和 45 d，调节剂处理的上、中和下层叶片蒸腾速率均大于 CK。H-CK 和 H-D 处理的上层叶片蒸腾速率最大值出现在喷施调节剂后 2 d，而 H-S 处理的上层叶片蒸腾速率最大值出现在喷施调节剂后 10 d，H-S 和 H-D 分别比同期 H-CK 叶片蒸腾速率增加 22% 和 32%；中层各处理叶片蒸腾速率最大值出现时间相同；H-CK 和 H-S 处理的下层叶片蒸腾速率最大值出现在喷施调节剂后 20 d，H-D 处理的下层叶片蒸腾速率最大值出现在喷施调节剂后 35 d。

垦丰 16 喷施调节剂后 10 d，K-D 处理的上、中和下层叶片蒸腾速率均大于 K-CK，K-S 处理的上、下层叶片蒸腾速率大于 K-CK；同样在喷施调节剂后 35 d 和 45 d，调节剂处理的上、中和下层叶片蒸腾速率均大于 CK。K-CK 和 K-S 处理的上层叶片蒸腾速率最大值出现在喷施调节剂后 2 d，而 K-D 处理的上层叶片蒸腾速率最大值出现在喷施调节剂后 35 d，K-S 和 K-D 分别比同期 K-CK 叶片蒸腾速率增加 13% 和 71%；中层各处理叶片蒸腾速率最大值出现时间相同；K-CK 处理的下层叶片蒸腾速率最大值出现在喷施调节剂后 20 d，而 K-S 和 K-D 处理的下层叶片蒸腾速率最大值出现在喷施调节剂后 35 d，K-S 和 K-D 分别比同期 K-CK 叶片蒸腾速率增加 87% 和 137%。

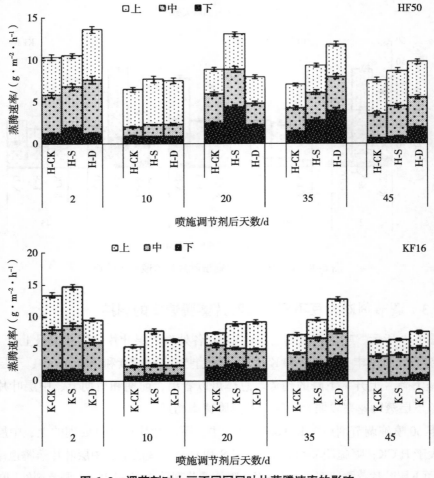

图 6-9　调节剂对大豆不同冠层叶片蒸腾速率的影响

6.3.4 调节剂对大豆不同冠层叶片气孔导度的调控

如图 6-10 所示，喷施调节剂后，合丰 50 和垦丰 16 不同冠层叶片气孔导度均呈下降 – 上升 – 下降的趋势。总体可以看出，喷施调节剂后 35 d，各处理不同冠层叶片气孔导度值均较高。上层叶片气孔导度值变化较小，中、下层变化较大，这与植株的冠层结构具有直接关系。

H-CK 和 H-S 的上、中层叶片气孔导度均是在喷施调节剂后 35 d 达到最大值，H-D 的上、中层叶片气孔导度均是在喷施调节剂后 2 d 达到最大值。调节剂处理提高了合丰 50 上层和中层的叶片气孔导度，促进了鼓粒期光合作用的进行，有利于产量提高。

垦丰 16 除喷施调节剂后 2 d，K-D 处理的各冠层叶片气孔导度低于 K-CK 外，其余处理的各冠层叶片气孔导度均高于 K-CK。K-CK 和 K-D 上层叶片气孔导度是在喷施调节剂后 35 d 达到最大值，K-S 在喷施调节剂后 2 d 达到最大值；K-CK 和 K-S 中层叶片气孔导度是在喷施调节剂后 2 d 达到最大值，K-D 中层叶片气孔导度是在喷施调节剂后 35 d 达到最大值。调节剂处理增加了垦丰 16 不同冠层叶片气孔导度，增强了叶片的蒸腾速率，有利于光合作用的进行。

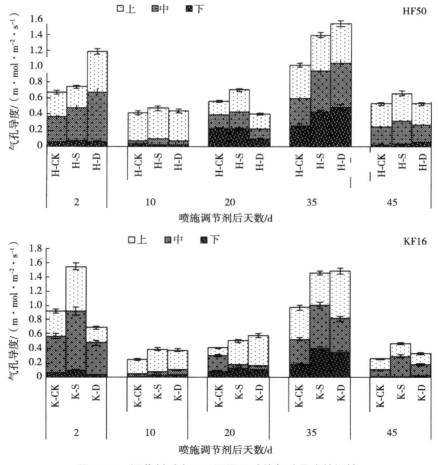

图 6-10　调节剂对大豆不同冠层叶片气孔导度的调控

6.4 化控技术对大豆不同冠层源库同化物生理代谢的调控

6.4.1 调节剂对大豆不同冠层叶片同化物生理代谢的调控

6.4.1.1 调节剂对大豆不同冠层叶片可溶性糖含量的调控

如图 6–11 所示，喷施调节剂后，合丰 50 和垦丰 16 不同冠层叶片可溶性糖含量呈逐渐上升趋势。总体可以看出，喷施调节剂后 60 d，各处理不同冠层叶片可溶性糖含量达到最大值。上、中和下层叶片可溶性糖含量所占比例几乎一致。

合丰 50 喷施调节剂后 35 d 和 45 d，H-S 和 H-D 上层叶片可溶性糖含量均高于 H-CK，而中层叶片可溶性糖含量在喷施调节剂后 45 d 和 55 d 高于 H-CK，H-S 和 H-D 下层叶片可溶性糖含量几乎都高于 H-CK，H-S 和 H-D 处理的上、中和下层叶片可溶性糖含量最大值分别比同期 CK 增加 13.51%、14.22%、12.26% 和 4.98%、0.85%、0.38%。由此可知，可溶性糖含量的增加有利于光合产物的输出，尤其多数时期内调节剂处理增加了下层叶片可溶性糖含量，更好地促进了下层籽粒的生长发育。

垦丰 16 喷施调节剂后 40 ～ 55 d，K-S 和 K-D 上层叶片可溶性糖含量均高于 K-CK，喷施调节剂后 35 d、40 d 和 55 d，K-S 和 K-D 中层叶片可溶性糖含量高于 K-CK，40 d、45 d 和 55 d，K-S 和 K-D 下层叶片可溶性糖含量高于 K-CK。可以看出喷施调节剂后 40 d 和 55 d，K-S 和 K-D 处理的各冠层叶片的可溶性糖含量都高于 K-CK，为鼓粒关键期籽粒的灌浆提供了充足的物质保障。

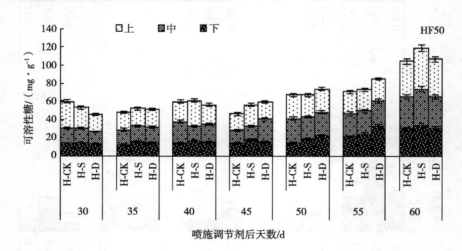

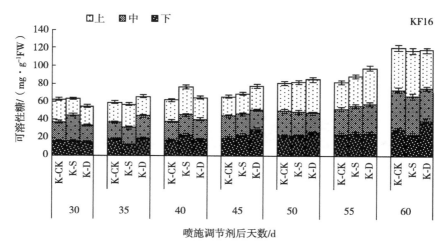

图6-11　调节剂对大豆不同冠层叶片可溶性糖含量的调控

6.4.1.2　调节剂对大豆不同冠层叶片果糖含量的调控

如图6-12所示，喷施调节剂后，合丰50和垦丰16不同冠层叶片果糖含量总体呈下降–上升–下降的趋势。可以看出，喷施调节剂后30 d，各处理不同冠层叶片果糖含量几乎都达到最大值。上、中和下层叶片果糖含量所占比例也基本一致。

合丰50喷施调节剂后40 d、45 d和60 d，H-S和H-D上、中层叶片果糖含量均低于H-CK；喷施调节剂后30 d、40 d和60 d，H-S和H-D下层叶片果糖含量也都低于H-CK，说明调节剂处理增加了果糖向蔗糖的转化，为蔗糖的合成提供了更多的底物。

垦丰16喷施调节剂后，K-S和K-D上层叶片果糖含量几乎均高于K-CK；除喷施调节剂后40 d和55 d，K-S和K-D中层叶片果糖含量都低于K-CK；50 d、55 d和60 d，K-S和K-D下层叶片果糖含量均低于K-CK。可以看出，调节剂更好地促进了垦丰16中、下层果糖向蔗糖的转化。

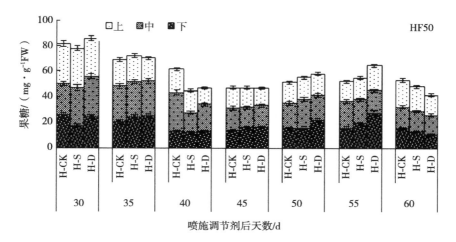

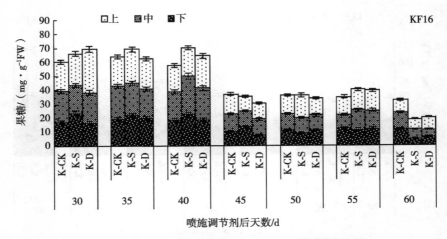

图 6-12　调节剂对大豆不同冠层叶片果糖含量的调控

6.4.1.3　调节剂对大豆不同冠层叶片蔗糖含量的调控

如图 6-13 所示，叶片中蔗糖是光合作用运输的主要产物，因此蔗糖含量处于不断变化中，不同调节剂处理不同部位叶片蔗糖含量达到最大值的时间也不同。喷施调节剂后，合丰 50 上层叶片蔗糖含量变化呈下降–上升–下降的趋势，中层呈上升–下降–上升–下降的趋势，下层呈上升–下降–上升–下降的趋势；垦丰 16 上、中层叶片蔗糖含量均呈上升–下降的趋势，而下层呈上升–下降–上升–下降的趋势。总体可以看出，上层叶片蔗糖含量所占比例普遍大于中层，中层普遍大于下层。

合丰 50 喷施调节剂后 30 ～ 35 d，H-S 和 H-D 处理加快了上层叶片蔗糖含量的降解，有利于更多蔗糖的输出，而 H-S 和 H-D 增加了下、中层叶片蔗糖的积累。喷施调节剂后 35 d、40 d 和 50 d，调节剂处理的各冠层叶片蔗糖含量普遍高于 CK；喷施调节剂后 60 d，调节剂 H-D 处理的各冠层叶片蔗糖含量均低于 CK，调节剂 H-S 处理的中、下冠层叶片蔗糖含量均高于 CK。可见，调节剂能够促进合丰 50 叶片蔗糖的代谢，为籽粒灌浆提供充分的物质保障。

垦丰 16 喷施调节剂后 35 ～ 55 d，K-S 和 K-D 处理的各冠层叶片蔗糖含量几乎都高于 K-CK。K-S 和 K-D 处理的上、中和下层叶片蔗糖含量均在喷施调节剂后 55 d 达到最大值，比此时期 K-CK 分别增加 32.52%、42.92%、134.35% 和 67.02%、47.95%、123.10%。可见，调节剂促进了垦丰 16 鼓粒后期叶片中蔗糖含量的增加，从而有利于更多的光合产物向库器官中运输。

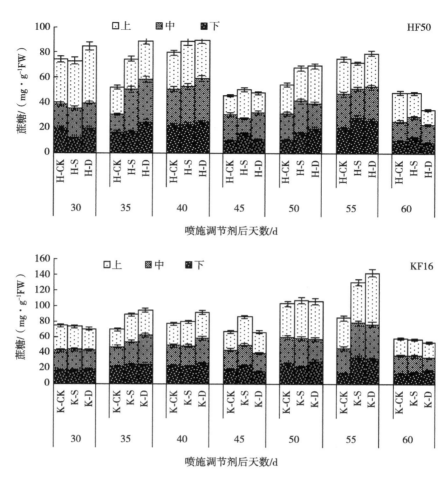

图6-13 调节剂对大豆不同冠层叶片蔗糖含量的调控

6.4.1.4 调节剂对大豆不同冠层叶片淀粉含量的调控

如图6-14所示，喷施调节剂后，合丰50各处理叶片的淀粉含量大体呈下降－上升－下降的趋势，而垦丰16叶片的淀粉含量变化大体呈上升趋势，这可能与品种特性有关。合丰50不同冠层叶片淀粉积累最高峰出现的时间有所不同，其中上层叶片在喷施调节剂后45～50 d，中层叶片在喷施调节剂后50 d，下层叶片在喷施调节剂后55 d。总体可以看出，上层叶片淀粉含量所占比例大于中层、中层大于下层，随着喷施调节剂的时间延长，上层叶片淀粉含量所占比例总体呈增大趋势。

合丰50喷施调节剂后35～50 d，各处理上层叶片淀粉含量一直处于积累阶段，H-S和H-D叶片淀粉积累量高于H-CK。喷施调节剂55 d和60 d，H-S和H-D叶片淀粉含量均高于H-CK。除喷施调节剂后40 d，调节剂处理的合丰50中层叶片淀粉含量均高于CK，有利于中层籽粒形成的需要。喷施调节剂55～60 d H-S处理和喷施调节剂后60 d H-D处理的下层叶片淀粉含量小于H-CK，利于后期子实形成。

垦丰 16 除喷施调节剂后 50 d，K-D 处理的上层叶片淀粉含量都高于 K-CK，而 K-S 处理下层叶片淀粉含量几乎都高于 K-CK。可以看出，不同调节剂作用的部位不同，但都达到了相同的作用效果，均提高了叶片淀粉的合成能力。喷施调节剂 55 d 和 60 d，K-S 和 K-D 处理的中、下层叶片淀粉含量均高于 K-CK，为此阶段淀粉的利用提供了充足的物质保障。

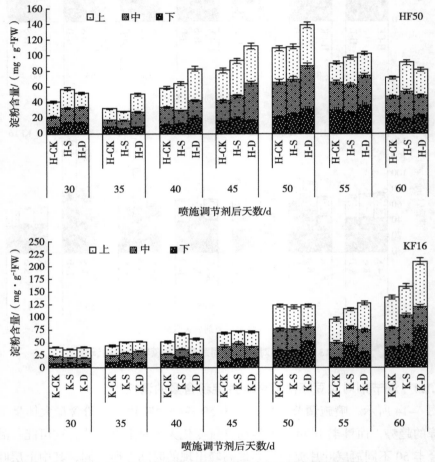

图 6-14　调节剂对大豆不同冠层叶片淀粉含量的调控

6.4.2　调节剂对大豆不同冠层叶片同化物代谢相关酶活性的调控

6.4.2.1　调节剂对大豆不同冠层叶片总转化酶活性的调控

如图 6-15 所示，喷施调节剂后，大豆上层叶片转化酶活性呈先高后低的变化趋势。喷施调节剂后 30 d、35 d 和 40 d，H-S 和 H-D 叶片转化酶活性均高于 H-CK，各处理均在喷施调节剂后 35 d 达到最大值，其中 H-S 和 H-D 比 H-CK 分别增加 40.56% 和 7.84%。喷施调节剂后 50 d、55 d 和 60 d，H-S 和 H-D 处理的叶片转化酶活性低于 H-CK，从而有利于蔗糖的积累。调节剂对垦丰 16 上层叶片转化酶活性的作用效果不同，K-S 和 K-CK 在喷施调节剂后 40 d 达到最大值，而 K-D 在喷施调节剂后 35 d 达到最大值，K-D 达到最大值时较 K-CK 增加 23.51%，说明 DTA-6 对大豆上层叶片发挥作用时间较早。

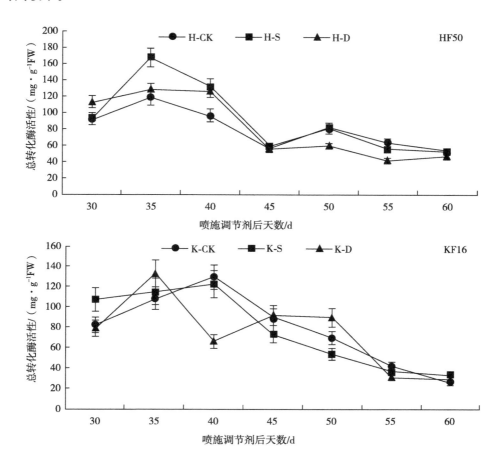

图 6-15 调节剂对大豆上层叶片总转化酶活性的调控

如图 6-16 所示，喷施调节剂后，大豆中层叶片转化酶活性也大致呈先高后低的变化趋势（除 35 d K-D 和 K-CK 处理外）。喷施调节剂后 30 d 和 35 d，H-S 和 H-D 处理的中层叶片转化酶活性均高于 H-CK。H-S 在喷施调节剂后 35 d 达到最大值，较 H-CK高 42.34%，H-CK 和 H-D 在喷施调节剂后 40 d 达到较高值，说明 S3307 对大豆中层叶片发挥作用时间较早。除喷施调节剂后 35 d，K-S 处理的中层叶片转化酶活性低于K-CK，说明 S3307 更有利于中层叶片蔗糖的积累。喷施调节剂后 50 ～ 60 d，S3307 和DTA-6 处理的 2 个品种中层叶片转化酶活性均低于 CK。

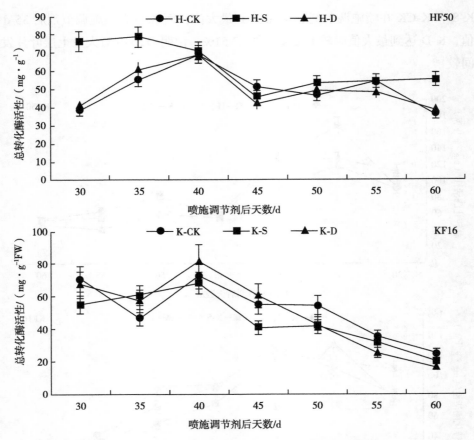

图 6-16　调节剂对大豆中层叶片总转化酶活性的调控

如图 6-17 所示，喷施调节剂后，合丰 50 下层叶片转化酶活性总体呈下降 - 上升 - 下降的趋势，而垦丰 16 下层叶片转化酶活性呈先高后低的变化趋势。喷施调节剂后 30 ～ 50 d，H-S 和 H-D 叶片转化酶活性均高于 H-CK，喷施调节剂后 55 d 和 60 d（生育后期），H-S 和 H-D 叶片转化酶活性均低于 H-CK。喷施调节剂后，垦丰 16 K-S 和 K-D 处理的下层叶片转化酶活性几乎都低于 K-CK。

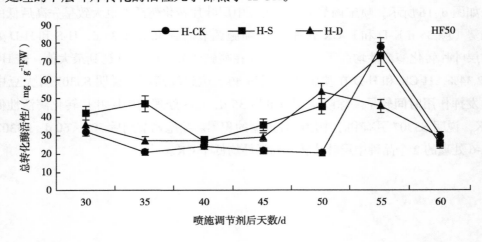

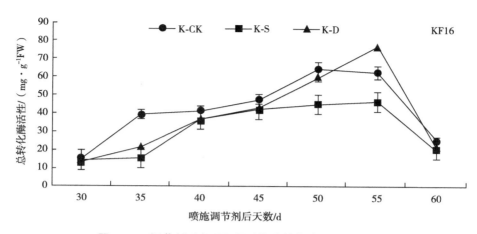

图 6-17 调节剂对大豆下层叶片总转化酶活性的调控

综合分析喷施调节剂后冠层叶片转化酶活性可知，不同冠层叶片转化酶活性为上层＞中层＞下层，由此说明上层叶片代谢更活跃。因品种特性不同，调节剂对不同品种的调控效果不同，多数时期内调节剂处理的垦丰 16 叶片的转化酶活性低于 CK。而合丰 50 调节剂处理后，前期转化酶活性较 CK 高，加快了其叶片中蔗糖分解速度，利于同化产物的运转和利用；同时，后期转化酶活性低于 CK，促进了生育后期叶片同化物的积累，延长了叶片作用时间。

6.4.2.2 调节剂对大豆不同冠层叶片蔗糖合酶活性的调控

如图 6-18 所示，喷施调节剂后，合丰 50 上层叶片的蔗糖合酶活性呈上升 – 下降 – 上升 – 下降的变化趋势，H-S 和 H-D 在喷施调节剂后 55 d 达到最大值，分别较 H-CK 增加 50.05% 和 14.01%，H-CK 在喷施调节剂后 60 d 达到最大值。在整个测定时期内，调节剂处理的合丰 50 上层叶片蔗糖合酶活性均高于 CK。两调节剂处理后，垦丰 16 上层叶片的蔗糖合酶活性呈上升 – 下降 – 上升 – 下降 – 上升的趋势，K-S 在喷施调节剂后 50 d，K-D 在喷施调节剂后 40 d 达到最大值，K-CK 在喷施调节剂后 60 d 才达到最大值。针对 2 个品种可以看出，调节剂发挥作用时间较早，利于上层叶片蔗糖的合成。

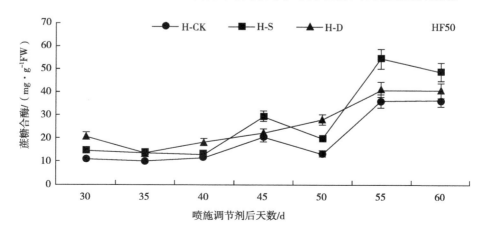

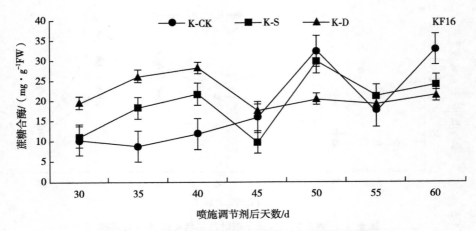

图 6-18　调节剂对大豆上层叶片蔗糖合酶活性的调控

　　如图 6-19 所示，喷施调节剂后，合丰 50 中层叶片的蔗糖合酶活性大体呈先升后降的变化趋势，H-S 和 H-D 在喷施调节剂后 55 d 达到最大值，此时分别较 H-CK 增加 115.50% 和 44.28%，H-CK 在喷施调节剂后 60 d 达到最大值。喷施调节剂后，垦丰 16 中层叶片的蔗糖合酶活性呈先降再升的变化趋势，K-S 在喷施调节剂后 30 d 即达到最大值，较 K-CK 增加 144.53%。在整个测定时期内，K-D 处理的中层叶片蔗糖合酶活性均高于 K-CK，除喷施调节剂后 45 d，K-S 处理的中层叶片蔗糖合酶活性也均高于 K-CK。

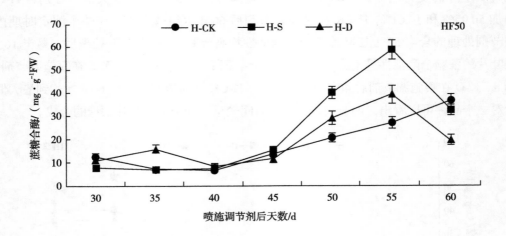

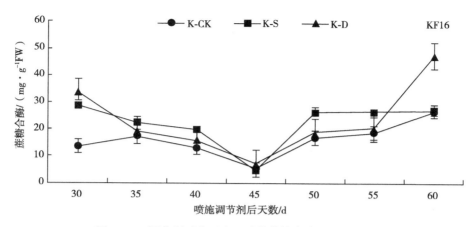

图 6-19　调节剂对大豆中层叶片蔗糖合酶活性的调控

如图 6-20 所示，喷施调节剂后，合丰 50 和垦丰 16 下层叶片的蔗糖合酶活性均大体呈先降后升的变化趋势。除喷施调节剂后 30 d 和 60 d，H-S 和 H-D 叶片蔗糖合酶活性均高于 H-CK，H-S 和 H-D 在喷施调节剂后 55 d 达到最大值。除喷施调节剂后 35 d、50 d 和 60 d，K-S 和 K-D 叶片蔗糖合酶活性均高于 K-CK。调节剂处理不同程度地增加了下层叶片蔗糖合酶活性，对下层物质的合成具有重要意义。

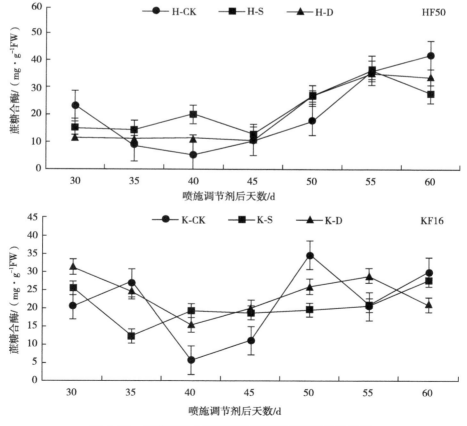

图 6-20　调节剂对大豆下层叶片蔗糖合酶活性的调控

6.4.2.3 调节剂对大豆不同冠层叶片蔗糖磷酸合酶活性的调控

如图 6-21 所示，喷施调节剂后，合丰 50 上层叶片蔗糖磷酸合酶活性大致呈先升后降的趋势。H-S 和 H-D 在喷施调节剂后 45 d，蔗糖磷酸合酶活性达到最大值，分别较 H-CK 增加 51.43% 和 21.35%，H-CK 在喷施调节剂后 40 d 达到最大值。多数测定时期内，调节剂处理的合丰 50 上层叶片蔗糖磷酸合酶活性均高于 CK。垦丰 16 上层叶片蔗糖磷酸合酶活性大致呈上升—下降交替变化的趋势。K-S 在喷施调节剂后 50 d，蔗糖磷酸合酶活性达到最大值，较 K-CK 增加 12.50%，K-D 和 K-CK 在喷施调节剂后 60 d 达到最大值。

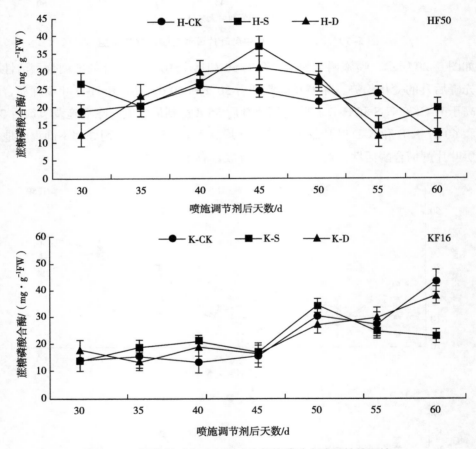

图 6-21 调节剂对大豆上层叶片蔗糖磷酸合酶活性的调控

如图 6-22 所示，喷施调节剂后，合丰 50 和垦丰 16 各处理中层叶片蔗糖磷酸合酶活性变化规律不一。喷施调节剂后 30 d 和 35 d，H-S 和 H-D 叶片蔗糖磷酸合酶活性均高于 H-CK，分别较 H-CK 增加 46.27%、0.79% 和 28.36%、19.25%，有利于前期更多蔗糖的合成。于喷施调节剂后 30 ～ 45 d（35 d K-S 处理例外），K-S 和 K-D 叶片蔗糖磷酸合酶活性均高于 K-CK，说明调节剂提高了鼓粒前期大豆叶片蔗糖磷酸合酶活性。

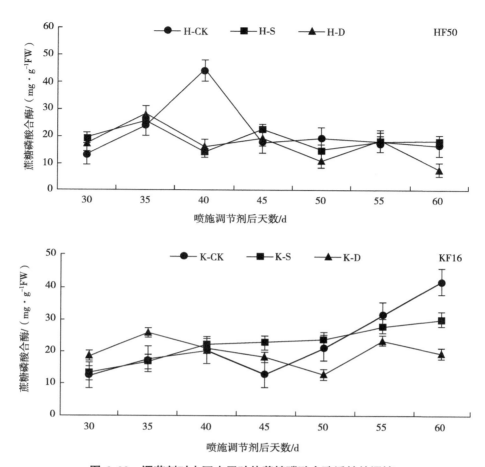

图6-22　调节剂对大豆中层叶片蔗糖磷酸合酶活性的调控

如图6-23所示，喷施调节剂后，合丰50和垦丰16各处理下层叶片蔗糖磷酸合酶活性变化规律不一。喷施调节剂后35 d、40 d和45 d，H-S和H-D叶片蔗糖磷酸合酶活性均高于H-CK，分别较H-CK增加70.37%、168.42%、34.12%和151.39%、128.95%、249.41%，可以看出H-D的作用效果较好。除喷施调节剂后40 d和55 d，K-S叶片蔗糖磷酸合酶活性均高于K-CK；除喷施调节剂后30 d及60 d，K-D叶片蔗糖磷酸合酶活性均高于K-CK。可以看出调节剂处理增加了鼓粒期的下层叶片蔗糖磷酸合酶活性，对下部籽粒的灌浆具有重要意义。

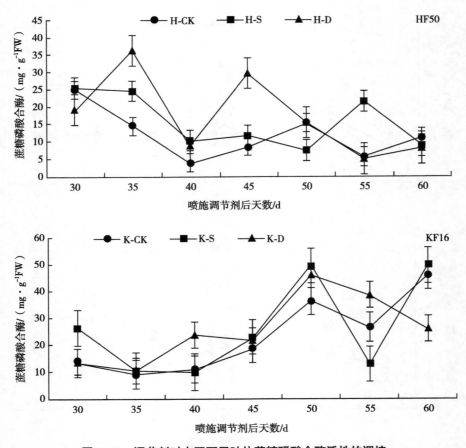

图 6–23　调节剂对大豆下层叶片蔗糖磷酸合酶活性的调控

6.4.3　调节剂对大豆不同冠层籽粒同化物生理代谢的调控

6.4.3.1　调节剂对大豆不同冠层籽粒可溶性糖含量的调控

如图 6–24 所示，喷施调节剂后，合丰 50 上层籽粒可溶性糖含量大体呈上升－下降－上升－下降的趋势，合丰 50 下层和垦丰 16 上、下层籽粒可溶性糖含量大体呈下降－上升－下降的趋势，合丰 50 中层籽粒可溶性糖含量呈下降－上升－下降的趋势，垦丰 16 中层呈先降后升的趋势。各处理上层和中层的籽粒可溶性糖含量明显高于下层。

喷施调节剂后，H-S 和 H-D 上层籽粒可溶性糖含量几乎都高于 H-CK。喷施调节剂后 50 d，H-S 和 H-D 达到最大值，此时比 H-CK 分别增加 31.64% 和 19.36%，H-CK 在喷施调节剂后 55 d 达到最大值。喷施调节剂后 30 d 和 40 d，H-D 处理的中层籽粒可溶性糖含量低于 H-CK，除此之外各处理的可溶性糖含量在测定时期内均高于 H-CK。喷施调节剂后 50 d，H-S、H-D 和 H-CK 中层籽粒可溶性糖含量均达到最大值，此时 H-S 和 H-D 分别较 H-CK 增加 7.98% 和 1.47%。

喷施调节剂后 30 d、35 d、40 d 和 60 d，K-S 和 K-D 处理的上层籽粒可溶性糖含量都高于 K-CK。喷施调节剂后 55 d，K-S 可溶性糖含量达到最大值，较此时 K-CK 减少 1.34%；喷施调节剂后 55 d，K-D 和 K-CK 达到最大值，K-D 较 K-CK 增加 26.11%。喷施调节剂 55 d，各处理下层籽粒可溶性糖含量呈上升趋势，此时 K-S 和 K-D 处理的可溶性糖积累量明显大于 K-CK，为下层籽粒产量的形成奠定了基础。

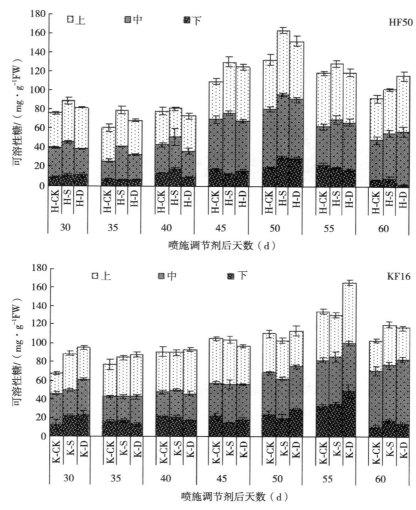

图 6–24 调节剂对大豆不同冠层籽粒可溶性糖含量的调控

6.4.3.2 调节剂对大豆不同冠层籽粒果糖含量的调控

如图 6–25 所示，喷施调节剂后，合丰 50 和垦丰 16 各处理的各冠层籽粒果糖含量变化不一，调节剂不同程度地调控了籽粒果糖含量的变化。可以看出，各处理下层籽粒果糖含量普遍较高。

喷施调节剂后 30 d 和 35 d，H-S 和 H-D 处理的上层籽粒果糖含量都高于 H-CK。喷施调节剂后 45 d，H-S 和 H-D 上层籽粒果糖含量达到最大值，较此时 H-CK 分别增加 139.57% 和 194.15%。喷施调节剂后 55 d 和 60 d，处理的中层籽粒果糖含量较高，说明调节剂对大豆各冠层籽粒果糖的合成作用时间不同。

喷施调节剂后，K-S 和 K-D 处理的上层籽粒果糖含量几乎都高于 K-CK，而中层籽粒果糖含量调节剂处理几乎都低于 CK，说明调节剂对垦丰 16 各冠层的调控效果不同。喷施调节剂后 35 d、40 d 和 45 d，K-S 和 K-D 处理的下层籽粒果糖含量都高于 K-CK。喷施调节剂后 55 d，K-D 下层籽粒果糖含量达到最大值，较 K-CK 增加 55.86%。

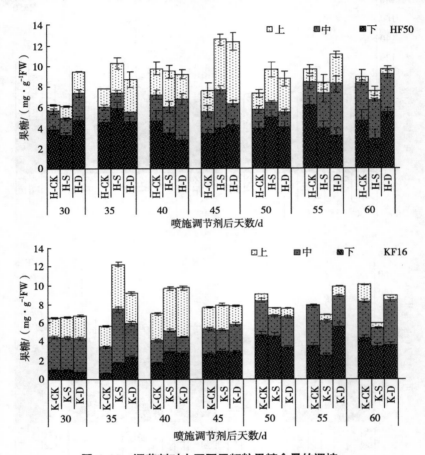

图 6-25 调节剂对大豆冠层籽粒果糖含量的调控

6.4.3.3 调节剂对大豆不同冠层籽粒蔗糖含量的调控

如图 6-26 所示，喷施调节剂后，合丰 50 上层和下层及垦丰 16 上层籽粒蔗糖含量呈先升后降的变化趋势，合丰 50 中层和垦丰 16 下层籽粒蔗糖含量均呈下降 – 上升 – 下降的趋势，垦丰 16 中层呈一直上升的趋势。合丰 50 和垦丰 16 分别在喷施调节剂后 30 ～ 40 d 和 35 ～ 45 d，各冠层籽粒蔗糖含量为上层＞中层＞下层，喷施调节剂后 45 ～ 60 d 和 50 ～ 60 d，合丰 50 和垦丰 16 各冠层籽粒蔗糖含量为中层＞上层＞下层。

除喷施调节剂后 35 d 和 40 d，H-S 和 H-D 处理的上层籽粒蔗糖含量均高于 H-CK。

H-D 和 H-S 分别在喷施调节剂后 45 d 和 50 d 达到最大值，分别较 H-CK 增加 16.62%
和 25.63%。喷施调节剂后 55 d 和 60 d，调节剂处理提高了鼓粒后期的中层籽粒蔗糖含
量，有利于鼓粒后期中层籽粒的形成。喷施调节剂后 45 ~ 60 d，H-S 和 H-D 处理的下
层籽粒蔗糖含量均高于 H-CK。由此进一步说明，调节剂为鼓粒后期各冠层子实器官的
物质积累奠定了基础。

除喷施调节剂后 55 d，K-S 和 K-D 处理的上层籽粒蔗糖含量均高于 K-CK，喷施
调节剂后 45 d，K-S 和 K-CK 上层籽粒蔗糖含量达到最大值，此时 K-S 较 K-CK 增加
23.19%。喷施调节剂后 30 d、35 d 和 55 d，K-S 或 K-D 处理的中层籽粒蔗糖含量低
于 K-CK，其他测定时期内，调节剂处理的中层籽粒蔗糖含量均高于 K-CK。喷施调节
剂后 50 d，K-S 和 K-D 处理的下层籽粒蔗糖含量达到最大值，此时分别较 K-CK 增加
43.33% 和 79.84%。

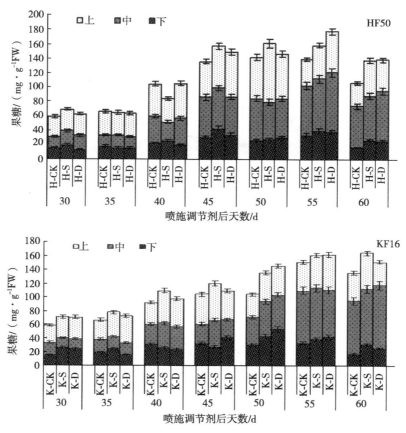

图 6-26 调节剂对大豆冠层籽粒蔗糖含量的调控

6.4.3.4 调节剂对大豆不同冠层籽粒淀粉含量的调控

如图 6-27 所示，喷施调节剂后，调节剂处理的合丰 50 和垦丰 16 籽粒淀粉含量的
变化趋势不同，对合丰 50 而言，调节剂处理的各冠层籽粒淀粉含量的变化趋势不同，

而调节剂处理的垦丰 16 各冠层籽粒淀粉含量变化大体呈上升－下降－上升的趋势。对籽粒淀粉含量来说，中层和下层淀粉含量高于上层。

喷施调节剂后，在多数测定时间内，H-S 处理的上层和中层籽粒淀粉含量均高于 H-CK，这对籽粒中的物质积累具有重要意义。喷施调节剂后 45 d，H-S 和 H-D 上层籽粒淀粉含量达到了最大值，较 CK 增加 70.72% 和 24.48%，而 H-CK 上层籽粒淀粉含量在喷施调节剂后 60 d 达到了最大值。对于中层籽粒淀粉来讲，处理和对照在同一时期即喷施调节剂 50 d 达到了最大值，此时期 H-S 和 H-D 比 H-CK 增加 11.09% 和 26.08%。

喷施调节剂后 50 d，K-CK 中层籽粒淀粉含量达到最大值，而 K-S 和 K-D 在喷施调节剂后 45 d 就达到了最大值，此时分别较 K-CK 增加 23.40% 和 43.96%。喷施调节剂后 50～55 d，处理和对照的下层籽粒淀粉含量均下降。综合分析可知，不同测定时间内，调节剂处理既可增加淀粉积累量，也可减少淀粉降解量。

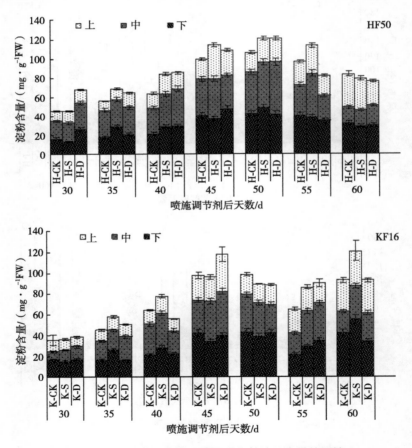

图 6-27　调节剂对大豆不同冠层籽粒淀粉含量的调控

6.4.4　调节剂对大豆不同冠层籽粒同化物生理代谢相关酶活性的调控

6.4.4.1　调节剂对大豆不同冠层籽粒总转化酶活性的调控

如图 6-28 所示，喷施调节剂后，合丰 50 大豆上层籽粒转化酶活性大致呈上升－下降－上升－下降－上升的趋势，垦丰 16 大豆大致呈上升－下降－上升的趋势。喷施调节剂后 30 ～ 35 d，H-S 和 H-D 籽粒转化酶活性升高，H-CK 籽粒转化酶活性降低，较高的籽粒转化酶活性有利于籽粒中的蔗糖分解为更多的果糖。喷施调节剂后 50 d 和 55 d，H-S、H-D 和 H-CK 的籽粒转化酶活性均偏低。喷施调节剂后 45 d，K-S、K-D 和 K-CK 上层籽粒转化酶活性偏低。K-S 和 K-D 上层籽粒转化酶活性均高于 K-CK（喷施调节剂后 30 d K-S 例外），加快了籽粒中物质的转运。

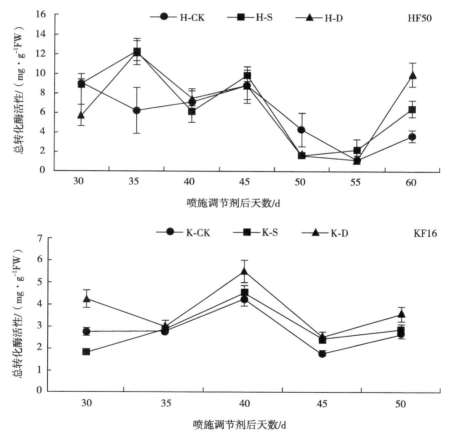

图 6-28　调节剂对大豆上层籽粒总转化酶活性的调控

如图 6-29 所示，喷施调节剂后，大豆中层籽粒转化酶活性大致呈上升－下降－上升的趋势。喷施调节剂后 35 d，H-S 和 H-D 籽粒转化酶活性达到最大值，较 H-CK 增加 21.79% 和 7.05%，喷施调节剂后 40 d，H-CK 达到最大值，调节剂发挥作用的时间较早。喷施调节剂后 45 d，K-S、K-D 和 K-CK 中层籽粒转化酶活性最低。喷施调节剂后 35 d，K-S 和 K-D 籽粒转化酶活性低于 K-CK，其余测定时期内均高于 K-CK。

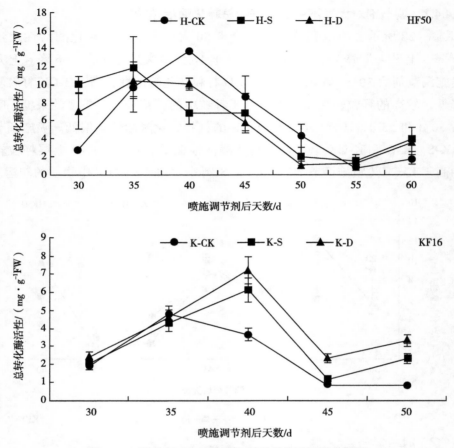

图 6-29　调节剂对大豆中层籽粒总转化酶活性的调控

如图 6-30 所示，喷施调节剂后，合丰 50 H-CK 和 H-S 处理下层籽粒转化酶活性大致呈上升 - 下降 - 上升的趋势，H-D 下层籽粒转化酶活性大致呈下降 - 上升 - 下降 - 上升 - 下降的趋势；垦丰 16 下层籽粒转化酶活性呈下降 - 上升 - 下降 - 上升的趋势。喷施调节剂后 50 ~ 60 d，H-S、H-D 和 H-CK 籽粒转化酶活性较低，喷施调节剂后 35 d、45 d 和 60 d，H-S 或 H-D 籽粒转化酶活性低于 H-CK，其余时期均高于 H-CK。喷施调节剂后 45 d，K-S、K-D 和 K-CK 籽粒转化酶活性最低。K-S 处理的籽粒转化酶活性均低于 K-CK、K-D，可见两个调节剂对籽粒转化酶活性的调控效果不同。

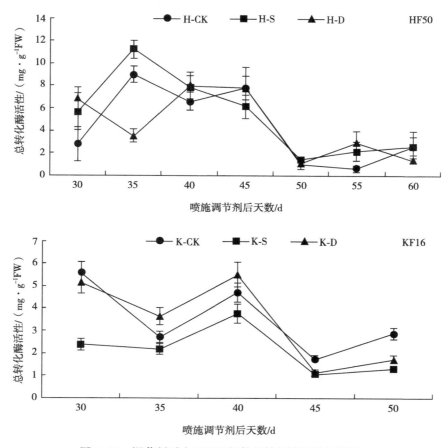

图 6-30　调节剂对大豆下层籽粒总转化酶活性的调控

6.5　化控技术对大豆不同冠层产量和品质的调控

6.5.1　调节剂对大豆产量空间分布的调控

6.5.1.1　调节剂对大豆不同节位籽粒数量的调控

如图 6-31 所示，喷施调节剂后，合丰 50 各处理不同节位籽粒数目变化趋势相似，变化曲线均为抛物线型。不同节位籽粒数目差别较大，均表现为下层节位籽粒数目少，中下层节位有所增加，中上层节位最多，而最上层节位较少，最下层节位最少。同时可以看出，H-CK 和 H-D 第 5 节位没有形成籽粒，H-S 第 18 和第 19 节位没有形成籽粒。除第 12 节位外，H-D 处理的籽粒数均高于 H-CK；除第 12 和第 17 节位外，H-S 处理的籽粒数均高于 H-CK。可以看出，就 H-CK 而言，中层各节位对产量作用较大；就 H-S 而言，上、中层节位对产量作用较大；就 H-D 而言，中、上层节位对产量作用较大。可见，植物生长调节剂调控了大豆产量构成的空间分布。

如图 6–32 所示，因品种不同，垦丰 16 与合丰 50 所产生籽粒的节位不同，但垦丰 16 不同节位籽粒数目变化趋势和合丰 50 类似，都变现为抛物线型变化。到第 21 节位 K-CK 没有此节位，而 K-S 和 K-D 均有此节位，并且均形成了一定的籽粒数。K-S 中、下层节位籽粒数明显高于 K-CK，K-D 上层节位籽粒数明显高于 K-CK，有利于大豆产量的形成。由此可以看出，针对不同的大豆品种，调节剂提高产量的作用效果相同。

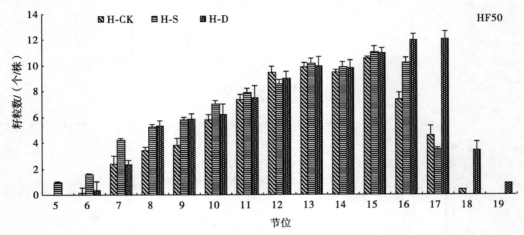

图 6–31　调节剂对合丰 50 单株籽粒数的空间分布

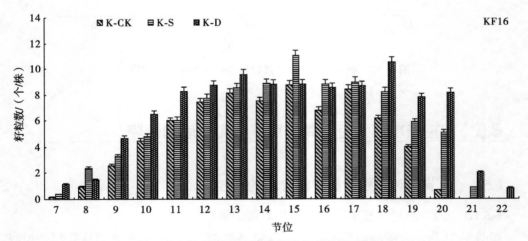

图 6–32　调节剂对垦丰 16 单株籽粒数的空间分布

6.5.1.2　调节剂对大豆不同节位籽粒重量的调控

如图 6–33 所示，喷施调节剂后，合丰 50 不同节位籽粒重量与籽粒数目的变化趋势类似，大都表现为"抛物线"形变化。中层节位籽粒重量与 H-CK 差别不大，H-S 和 H-D 处理的上层和下层节位籽粒重量明显高于 H-CK，同时，上层节位籽粒重量达到了最大值。

如图 6–34 所示，喷施调节剂后，垦丰 16 不同节位籽粒重量与籽粒数目的变化动态相似，大致呈抛物线型变化。K-S 处理的上层和下层和 K-D 处理的上层籽粒重量高于 K-CK。

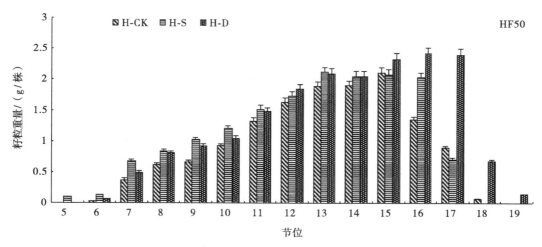

图 6-33 调节剂对合丰 50 单株籽粒重量的空间分布

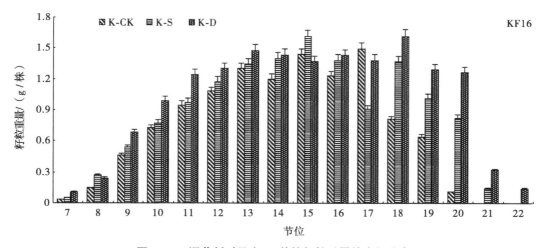

图 6-34 调节剂对垦丰 16 单株籽粒重量的空间分布

6.5.1.3 调节剂对大豆不同节位产量贡献率的调控

如图 6-35 所示，喷施调节剂后，H-S 的第 5 ～ 10 节各节位的产量对总产量的贡献率高于 H-CK；第 11 ～ 15 节 H-S 的各节位产量对总产量的贡献率一直低于 H-CK；第 16 节以上高于 CK。H-D 的第 6 节节位的产量对总产量的贡献率高于 H-CK；第 7 ～ 15 节 H-D 的各节位产量对总产量的贡献率一直低于 H-CK，第 16 ～ 19 节 H-D 的各节位产量对总产量的贡献率一直高于 H-CK。H-S 处理第 5 ～ 10 节产量贡献率总和比 H-CK 处理相应节位产量贡献率总和增加 22.32%，H-D 处理第 16 ～ 19 节产量贡献率总和比 H-CK 处理相应节位产量贡献率总和增加 79.71%。可见，调节剂 S3307 增加产量主要是调控了上层和下层节位产量的贡献率，DTA-6 增加产量主要是调控了上层节位产量的贡献率。

如图 6–36 所示，喷施调节剂后，K-S 的第 7 ~ 8 节各节位产量对总产量的贡献率高于 K-CK；第 9 ~ 17 节 K-S 的各节位产量对总产量的贡献率一直低于 K-CK；第 18 ~ 19 节高于 CK。K-D 的第 8 ~ 9 节的节位产量对总产量的贡献率高于 K-CK；第 10 ~ 17 节 K-D 的各节位产量对总产量的贡献率一直低于 K-CK，第 18 ~ 22 节 K-D 的各节位产量对总产量的贡献率均高于 K-CK。K-S 处理第 7 ~ 8 节和第 18 ~ 19 节位产量贡献率总和比 K-CK 处理相应节位产量贡献率总和增加 86.79% 和 38.64%，K-D 处理第 18 ~ 22 节产量贡献率总和比 K-CK 处理相应节位产量贡献率总和增加 111.82%。

总之，不同的大豆品种，S3307 是通过提高上、下层产量贡献率，DTA-6 是通过提高上层产量贡献率来实现最终的增产目的。

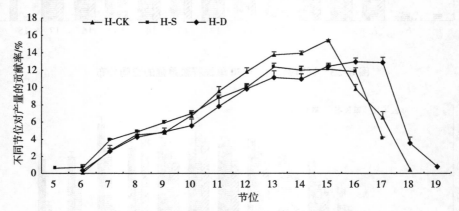

图 6–35　调节剂对合丰 50 各节位产量的调控

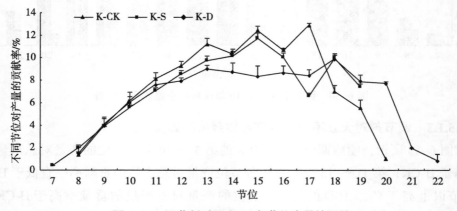

图 6–36　调节剂对垦丰 16 各节位产量的调控

6.5.2　调节剂对大豆产量构成因素及产量的调控

6.5.2.1　调节剂对大豆植株性状的调控

如表 6–5 所示，三年试验的研究结果表明，合丰 50 和垦丰 16 喷施调节剂后，

S3307 极显著降低了大豆的株高，增加了植株的抗倒伏性，而 DTA-6 极显著增加了大豆的株高，有利于增加大豆的单株荚数。同时可以看出，S3307 和 DTA-6 几乎都增加了合丰 50 和垦丰 16 的茎粗（第 5 节），有利于植株输导组织的物质运输。除 2014 年 K-D 处理外，S3307 和 DTA-6 显著降低了合丰 50 和垦丰 16 的底荚高度，从而有利于植株下部产量的形成。

表 6-5　调节剂对大豆植株性状的调控

年份	处理	株高 /cm	底荚高度 /cm	茎粗 /cm
2013 年	H-CK	102.67±0.42bB	26.84±0.46aA	0.79±0.01aA
	H-S	99.76±0.22cC	25.52±0.50bB	0.80±0.01aA
	H-D	108.53±0.35aA	22.09±0.56cC	0.80±0.02aA
	K-CK	94.61±1.44bB	25.52±0.31aA	0.71±0.01bB
	K-S	92.35±0.24cC	24.94±0.56abA	0.75±0.01aA
	K-D	96.63±0.36aA	24.78±0.15A	0.75±0.01aA
2014 年	H-CK	94.56±0.38bB	28.88±0.37aA	0.69±0.33aA
	H-S	92.56±0.47cC	27.46±0.43bB	0.70±0.12aA
	H-D	96.49±0.23aA	28.38±0.21aA	0.69±0.21aA
	K-CK	80.94±0.37bB	19.83±0.54bAB	0.70±0.12aA
	K-S	79.03±0.49cC	18.96±0.31bB	0.71±0.17aA
	K-D	82.84±0.61aA	20.61±0.28aA	0.73±0.41aA
2015 年	H-CK	74.86±0.49bB	25.11±0.64bA	0.63±0.07aA
	H-S	70.24±0.74cC	22.50±0.24cB	0.69±0.02aA
	H-D	88.22±0.31aA	24.30±0.45aA	0.67±0.09aA
	K-CK	84.37±0.37bB	27.84±0.55bA	0.67±0.02aA
	K-S	83.14±0.48cC	25.25±0.12cB	0.68±0.06aA
	K-D	96.23±0.42aA	27.08±0.38aA	0.77±0.06aA

6.5.2.2　调节剂对大豆产量性状和产量的调控

如表 6-6 所示，喷施调节剂后，S3307 和 DTA-6 对大豆产量性状和产量都有一定的调控作用，不同年份间，S3307 和 DTA-6 不同程度地增加了合丰 50 和垦丰 16 的单株荚数、单株粒数、百粒重和产量。部分产量性状和产量，处理与对照相比差异达到显著水平或极显著水平。

三年大田试验表明，S3307 和 DTA-6 显著增加了合丰 50 和垦丰 16 的单株荚数和单株粒数，这也是调节剂增产的主要原因。2013 年，S3307 和 DTA-6 增加了合丰 50 和垦丰 16 的百粒重，但与 CK 相比差异未达显著水平；2014 年，除 H-D 处理外，其余处理的百粒重均低于 CK；2015 年，除 H-S 处理外，其余处理的百粒重均高于 CK，但与 CK 相比差异未达显著水平。从公顷产量可以看出，DTA-6 处理的公顷产量均高于 CK 且差异达到极显著水平，S3307 处理的公顷产量均高于 CK 且差异达到显著水平。DTA-6 的增产作用效果较好，这与其较好地增加了大豆单株荚数、粒数具有直接关系。

表 6-6　调节剂对大豆产量性状和产量的调控

年份	处理	单株荚数 / 个	单株粒数 / 个	百粒重 /g	产量 / (kg·hm⁻²)
2013 年	H-CK	32.43±0.42cC	78.68±0.85cC	18.98±0.14aA	3 583.10±69.68bB
	H-S	35.68±0.85aA	90.25±0.25aA	19.11±0.67aA	4 139.28±80.78aA
	H-D	33.70±0.28bB	84.50±0.14bB	19.93±0.43aA	4 040.68±115.93aA
	K-CK	32.88±0.59cC	76.30±0.24cC	15.83±0.39aA	2 898.85±34.72cC
	K-S	36.53±0.73bB	81.88±0.34bB	15.95±0.35aA	3 133.17±121.83bB
	K-D	39.00±0.45aA	86.93±0.43aA	16.24±1.65aA	3 388.15±99.32aA
2014 年	H-CK	26.90±0.58bB	60.54±1.81bB	15.25±0.37aA	2 767.59±98.84bB
	H-S	30.60±0.65aA	67.90±1.02aA	13.77±0.26bB	2 806.09±61.34bB
	H-D	30.93±1.33aA	68.35±1.26aA	15.28±0.65aA	3 116.05±105.41aA
	K-CK	37.17±1.56cC	84.71±1.28cB	14.07±0.31aA	3 555.11±119.26bB
	K-S	39.80±1.15bB	87.70±1.70bB	13.64±0.23bA	3 589.49±65.62bB
	K-D	43.63±0.35aA	97.60±0.96aA	13.78±0.07abA	4 015.77±68.53aA
2015 年	H-CK	29.15±1.19cC	74.13±0.54cC	21.81±0.55aA	3 882.24±288.03cB
	H-S	33.98±0.71bB	86.08±1.09bB	21.69±0.33aA	4 481.66±291.67bAB
	H-D	36.45±0.97aA	94.96±0.52aA	22.24±0.70aA	5 071.42±260.40aA
	K-CK	29.13±0.50cC	71.68±3.34cC	17.51±0.54aA	3 008.81±64.50cC
	K-S	35.76±0.84bB	87.27±1.86bB	17.65±0.80aA	3 695.75±162.89bB
	K-D	38.20±1.11aA	96.40±1.01aA	18.41±0.38aA	4 259.34±99.12aA

6.5.3　调节剂对大豆不同冠层籽粒品质的调控

如表 6-7 所示，从冠层结构上来讲，大豆籽粒蛋白质含量为上层＞中层＞下层，上、中和下层脂肪含量相当。喷施调节剂后，S3307 和 DTA-6 均不同程度地提高了合丰 50 和垦丰 16 不同冠层籽粒蛋白质含量，降低了籽粒脂肪含量。可以看出，DTA-6 处理的 2 个品种上层和中层籽粒蛋白质均高于 CK 且达到差异显著水平，下层处理与对照差异不显著。S3307 处理的垦丰 16 上层和中层籽粒蛋白质均高于 CK 且差异达到显著水平，在合丰 50 上处理与对照差异不显著。调节剂处理的合丰 50 不同冠层籽粒脂肪与对照均差异不显著，垦丰 16 中层籽粒脂肪含量处理与对照相比差异达到显著水平。总体可以看出，调节剂处理更好地提高了大豆籽粒的蛋白质含量，对改善大豆品质具有重要意义。

表 6–7　调节剂对大豆冠层蛋白质和脂肪含量的调控

处理	蛋白质 /%			脂肪 /%		
	上层	中层	下层	上层	中层	下层
K-CK	37.31±0.13bB	36.22±0.08bB	35.41±0.18aA	18.53±0.29aA	18.32±0.29aA	18.40±0.29bAB
K-S	38.12±0.29aA	36.80±0.29aB	35.82±0.29aA	18.41±0.29aA	17.44±0.29bB	17.91±0.29bB
K-D	38.11±0.40aA	37.03±0.40aA	35.84±0.40aA	18.34±0.40aA	17.34±0.41bB	19.14±0.41aA
H-CK	37.40±0.44bA	37.01±0.37bA	36.10±0.93aA	16.41±0.22aA	16.70±0.47aA	16.81±0.56aA
H-S	37.44±0.29bA	37.54±0.22abA	38.04±0.50aA	16.22±0.45aA	15.90±0.45aA	15.62±0.26aA
H-D	38.31±0.31aA	37.93±0.48aA	37.63±0.87aA	15.93±1.32aA	15.63±0.98aA	15.80±1.76aA

6.6　本章小结

S3307 处理缩短大豆基部节间长度，DTA-6 有效调控下层节间伸长，增加上层节间长度，二者均增加了大豆不同节位的节间密度；且 S3307 和 DTA-6 处理的单株上层叶面积达到最大值时间较 CK 有所提前。

S3307 和 DTA-6 均增加单株上、中层总重和叶片、叶柄、籽粒、荚皮的干重。从植株冠层来看，鼓粒前期调节剂处理增加上、中层的干物质总量分配比例，鼓粒后期增加下层干物质总量分配比例。同时，S3307 和 DTA-6 处理不同程度地增加不同冠层叶片的叶绿素含量和光合速率；S3307 和 DTA-6 处理增加鼓粒后期不同冠层的叶片蒸腾速率和气孔导度。

S3307 和 DTA-6 处理的不同冠层叶片可溶性糖、蔗糖、淀粉含量大体高于 CK，叶片果糖含量低于 CK。喷施调节剂后，上、中和下层叶片可溶性糖和果糖含量所占比例几乎一致。上层和中层蔗糖和淀粉含量高于下层。多数时期内 S3307 和 DTA-6 处理的垦丰 16 不同冠层叶片转化酶活性低于 CK。合丰 50 不同冠层前期处理叶片转化酶活性较 CK 高，后期较 CK 低。S3307 和 DTA-6 提高不同冠层的叶片 SS 活性，和鼓粒前中期不同冠层叶片 SPS 活性，促进了叶片中蔗糖的合成。

S3307 和 DTA-6 不同程度地提高了不同冠层的籽粒可溶性糖、果糖、蔗糖和淀粉含量。上层和中层的籽粒可溶性糖含量明显高于下层；鼓粒前期不同冠层籽粒蔗糖含量为上层＞中层＞下层，后期为中层＞上层＞下层；对籽粒淀粉含量来说，中层和下层籽粒淀粉含量高于上层。测定前期 S3307 和 DTA-6 处理的合丰 50 上层转化酶活性高于 CK；S3307 和 DTA-6 处理的垦丰 16 转化酶活性一直高于 CK。S3307 和 DTA-6 处理对 2 个品种中、下层叶片转化酶活性作用效果不同。

S3307 和 DTA-6 增加了大豆单株不同节位的籽粒数和籽粒重量。S3307 提高了大豆单株上、下层节位籽粒数和籽粒重量；DTA-6 提高了大豆单株上、中层节位籽粒数和籽粒重量。S3307 主要增加了冠层上、下层节位的产量贡献率，DTA-6 主要增加了上层节位的产量贡献率。因此，S3307 处理通过提高上、下层产量贡献率和 DTA-6 处理提高上层产量贡献率来实现整株产量的增加。

S3307 和 DTA-6 通过增源和扩库，实现了产量和品质的协同表达。从冠层结构上来讲，大豆籽粒蛋白质含量为上层＞中层＞下层，上、中和下层脂肪含量相当。S3307 和 DTA-6 显著提高了上层和中层籽粒蛋白质含量，下层籽粒蛋白质含量处理与对照之间差异未达到显著水平；不同程度降低了脂肪含量，但处理与对照间差异未达到显著水平。DTA-6 较好地提高了籽粒的蛋白质含量，降低了脂肪含量。

参考文献

董志新，李绍长，张煜星，等，2001. 大豆源库间物质转化及同化物运输规律［J］. 新疆农业科学，（4）：174–176.

傅金民，张康灵，苏芳，等，1998. 大豆产量形成期光合速率和库源调节效应［J］. 中国油料作物学报（1）：54–59.

李慧敏，2008. 我国农作物化控技术研究进展［J］. 辽宁师专学报（自然科学版）（1）：101–103.

门福义，刘梦芸，1995. 马铃薯栽培生理［M］. 北京：中国农业出版社.

王浩，姜妍，李远明，等，2014. 不同化控处理对大豆植株形态及产量的影响［J］. 作物杂志（3）：63–66.

王惠聪，黄辉白，黄旭明，2003. 荔枝果实的糖积累与相关酶活性［J］. 园艺学报（1）：1–5.

杨文钰，于振文，余松烈，等，2004. 烯效唑干拌种对小麦的增产作用［J］. 作物学报（5）：502–506.

张振华，刘志民，2009. 我国大豆供需现状与未来十年预测分析［J］. 大豆科技（4）：16–21.

郑旭，2013. 不同浓度 6–BA 对大豆叶片碳代谢相关生理指标的影响［J］. 大豆科学，32（6）：858–861.

赵黎明，冯乃杰，郑殿峰，2008. 植物生长调节剂对大豆荚皮同化物代谢及糖分积累的影响［J］. 武汉植物学研究，（4）：407–411.

张宪政，1992. 作物生理研究法［M］. 北京：农业出版社.

张志良，2003. 植物生理学实验指导［M］. 北京：高等教育出版社.

BOARD J E, 2004. Soybean Cultivar Differences on Light Interception and Leaf Area Index during Seed

Filling [J]. Agron J, 96（1）: 305–310.

BROWN R H，ETHREDGE W J，KING J W，1973. Influence of Succinic Acid 2,2–Dimethylhydrazide on Yield and Morphological Characteristics of Starr Peanuts（Arachis hypogaea L.）[J]. Crop Science, 13 （5）: 507–510.

附录 1 著者发表的与本书内容相关的论文

崔洪秋，冯乃杰，孙福东，等，2016. DTA-6 对大豆花荚脱落纤维素酶和 *GmAC* 基因表达的调控 [J].
作物学报，42（1）：51-57.

杜吉到，李梅，韩毅强，等，2011. 半干旱地区品种、密度及叶面调控对大豆单株产量的影响 [J]. 黑
龙江八一农垦大学学报，23（5）：1-5.

杜吉到，张晓艳，韩毅强，等，2011. 半干旱地区品种、密度及叶面调控技术对大豆产量的影响 [J].
中国油料作物学报，33（3）：265-269.

杜吉到，张晓艳，李建英，等，2010. 密度对大豆群体冠层微气象特征及产量的影响 [J]. 中国油料作
物学报，32（2）：245-251.

杜吉到，郑殿峰，梁喜龙，等，2006. 不同栽培条件下大豆主要叶部性状与产量关系的研究 [J]. 中国
农学通报（8）：183-186.

杜吉到，郑殿峰，2005. 大豆复叶性状与产量形成关系的研究现状 [J]. 黑龙江八一农垦大学学报
（2）：23-27.

冯乃杰，郑殿峰，张玉先，等，2002. 化控种衣剂对大豆叶片叶绿素含量及产量的影响 [J]. 黑龙江
八一农垦大学学报（2）：5-8.

冯乃杰，郑殿峰，张玉先，等，2005. 化控种衣剂对大豆籽粒灌浆过程及产量形成的影响 [J]. 中国农
学通报（7）：334-337.

宫香伟，刘春娟，冯乃杰，等，2017. S3307 和 DTA-6 对大豆不同冠层叶片光合特性及产量的影响
[J]. 植物生理学报，53（10）：1867-1876.

郭泰，刘秀芝，郑殿峰，等，2015. 氮素后移施肥对大豆产量及品质的影响 [J]. 大豆科学，34（1）：
168-171.

韩毅强，石英，高亚梅，等，2018. 赤霉素及烯效唑对大豆形态、光合生理及产量的影响 [J]. 中国油
料作物学报，40（6）：820-827.

李冰，蔡光容，张洪鹏，等，2018. 新型植物生长调节剂 AP_2 和 CGR_3 对大豆光合特性及产量的影响

［J］.大豆科学，37（4）：563–569.

李冰，刘雅，蔡光容，等，2019.磷肥对大豆农艺性状、光合特性及产量的影响［J］.黑龙江农业科学（10）：22–27.

梁晓艳，刘春娟，冯乃杰，等，2019.两种生长调节剂对大豆叶片昼夜同化物生理代谢及产量的影响［J］.大豆科学，38（2）：244–250.

刘春娟，冯乃杰，郑殿峰，等，2016.S3307和DTA-6对大豆叶片生理活性及产量的影响［J］.植物营养与肥料学报，22（3）：626–633.

刘春娟，冯乃杰，郑殿峰，等，2016.植物生长调节剂S3307和DTA-6对大豆源库碳水化合物代谢及产量的影响［J］.中国农业科学，49（4）：657–666.

刘春娟，宋双伟，冯乃杰，等，2016.干旱胁迫及复水条件下烯效唑对大豆幼苗形态和生理特性的影响［J］.干旱地区农业研究，34（6）：222–227，256.

牟保民，刘雅，郑殿峰，等，2021.不同时期高氮施肥对大豆光合生理特性及产量的影响［J］.黑龙江八一农垦大学学报，33（6）：7–13.

宋柏权，冯乃杰，李建英，等，2006.新型调节剂对大豆生理生化及产量品质影响的研究［J］.黑龙江八一农垦大学学报（3）：25–28.

宋莉萍，刘金辉，郑殿峰，等，2011.不同时期叶喷植物生长调节剂对大豆花荚脱落率及多聚半乳糖醛酸酶活性的影响［J］.植物生理学报，47（4）：356–362.

宋莉萍，刘金辉，郑殿峰，等，2011.植物生长调节剂对大豆氮代谢相关指标及产量品质的调控［J］.干旱地区农业研究，29（5）：50–54.

孙福东，冯乃杰，郑殿峰，等，2015.不同生长调节剂对无限结荚习性大豆蔗糖积累及转化酶活性的影响［J］.大豆科学，34（2）：271–276.

孙福东，冯乃杰，郑殿峰，等，2016.植物生长调节剂S3307和DTA-6对大豆荚的生理代谢及 $GmAC$ 的影响［J］.中国农业科学，49（7）：1267–1276.

王宝生，孙福东，冯乃杰，等，2016.S3307和DTA-6对大豆碳代谢及产量的影响［J］.黑龙江八一农垦大学学报，28（1）：4–9，52.

王畅，赵海东，冯乃杰，等，2018.两个生态区大豆光热资源利用率和产量的差异及对化控剂的响应［J］.应用生态学报，29（11）：3615–3624.

王诗雅，冯乃杰，项洪涛，等，2020.水分胁迫对大豆生长与产量的影响及应对措施［J］.中国农学通报，36（27）：41–45.

王新欣，赵晶晶，冯乃杰，等，2020.低温胁迫对大豆花期不同冠层叶片生理活性及产量的影响［J］.大豆科学，39（2）：252–259.

王艳杰，杜吉到，郑殿峰，等，2007.大豆不同群体几种主要性状与产量关系的研究［J］.大豆科学（2）：185–189.

于洋，蔺秀荣，杜吉到，等，2008.超氧化物岐化酶模拟物（SOD$_M$）对大豆产量的影响［J］.黑龙江八一农垦大学学报（4）：27–30.

张洪鹏，张盼盼，李冰，等，2016. 烯效唑对淹水胁迫下大豆叶片光合特性及产量的影响 [J]. 中国油料作物学报，38（5）：611-618.

张晓艳，杜吉到，郑殿峰，等，2006. 大豆不同群体叶面积指数及干物质积累与产量的关系 [J]. 中国农学通报（11）：161-163.

张晓艳，郑殿峰，冯乃杰，等，2011. 密度对大豆群体碳氮代谢相关指标及产量、品质的影响 [J]. 干旱地区农业研究，29（3）：128-132.

张玉先，张瑞朋，郑殿峰，等，2005. 锌锰铜对大豆产量和品质的影响 [J]. 中国农学通报（9）：158-160，169.

赵晶晶，周浓，郑殿峰，2021. 低温胁迫对大豆花期叶片蔗糖代谢及产量的影响 [J]. 中国农学通报，37（9）：1-8.

赵玖香，郑殿峰，冯乃杰，等，2008. 氯化胆碱叶面喷施对大豆生理指标及产量品质的影响 [J]. 黑龙江八一农垦大学学报（4）：16-18.

赵黎明，李建英，张志刚，等，2009. 不同植物生长调节剂对大豆光合及产量特性的影响 [J]. 浙江农业学报，21（3）：255-258.

郑殿峰，宋春艳，2011. 植物生长调节剂对大豆氮代谢相关生理指标以及产量和品质的影响 [J]. 大豆科学，30（1）：109-112.

周行，龚岫，郑殿峰，等，2020. 黑龙江省不同大豆品种根系分布特征及与产量的关系 [J]. 大豆科学，39（1）：52-61.

AMOANIMAA-DEDE H, SU C, YEBOAH A, et al., 2022. Growth regulators promote soybean productivity: a review [J]. PeerJ, 10: e12556.

FENG N, YU M, LI Y, et al., 2021. Prohexadione-calcium alleviates saline-alkali stress in soybean seedlings by improving the photosynthesis and up-regulating antioxidant defense [J]. Ecotoxicology and Environmental Safety, 220: 112369.

FENG N, LIU C, ZHENG D, 2020. Effect of uniconazole treatment on the drought tolerance of soybean seedlings [J]. Pakistan Journal of Botany, 52 (5): 1515-1523.

HAN Y, GAO Y, SHI Y, et al., 2017. Genome-wide transcriptome profiling reveals the mechanism of the effects of uniconazole on root development in *Glycine Max* [J]. Journal of Plant Biology, 60 (4): 387-403.

HANG Z, ZHENG D, FENG N, 2020. Spatial and temporal distribution of mung bean (Vigna radiata) and soybean (*Glycine max*) roots [J]. Notulae Botanicae Horti Agrobotanici Cluj-Napoca, 48 (4): 2263-2278.

LIANG X, HOU X, LI J, et al., 2019. High-resolution DNA methylome reveals that demethylation enhances adaptability to continuous cropping comprehensive stress in soybean [J]. BMC plant biology, 19 (1): 1-17.

LIU C, FENG N, ZHENG D, et al., 2019. Uniconazole and diethyl aminoethyl hexanoate increase soybean pod setting and yield by regulating sucrose and starch content [J]. Journal of the Science of Food and Agriculture, 99 (2): 748–758.

QU S, ZHENG D F, LIN J X, 2019. Uniconazole application alleviates waterlogging stress during reproductive phases of *Glycine max*: from growth, photosynthesis and osmotic adjustment [J]. Fresenius Environmental Bulletin, 28 (12A): 10174–10180.

WANG C, ZHAO H D, FENG N J, et al., 2018. Differences in light and heat utilization efficiency and yield of soybean in two ecological zones and their response to chemical control regulators [J]. Ying Yong Sheng tai xue bao= The Journal of Applied Ecology, 29 (11): 3615–3624.

WANG S, ZHOU H, FENG N, et al., 2022. Physiological response of soybean leaves to uniconazole under waterlogging stress at R1 stage [J]. Journal of Plant Physiology, 268: 153579.

YU M, WU Q, ZHENG D, et al., 2021. Plant Growth Regulators Enhance Saline–Alkali Tolerance by Upregulating the Levels of Antioxidants and Osmolytes in Soybean Seedlings [J]. Journal of Plant Growth Regulation, 1–15.

ZHAO J J, FENG N F, WANG X X, et al., 2019. Uniconazole confers chilling stress tolerance in soybean (*Glycine max* L.) by modulating photosynthesis, photoinhibition, and activating oxygen metabolism system [J]. Photosynthetica, 57 (2): 446–457.

ZHOU H, LIANG X, FENG N, et al., 2021. Effect of uniconazole to soybean seed priming treatment under drought stress at VC stage [J]. Ecotoxicology and Environmental Safety, 224: 112619.

附录 2　计量单位

cm	厘米
cm²	平方厘米
d	天
g	克
h	小时
hm²	公顷
kg	千克
kPa	千帕
L	升
lx	勒克斯
m	米
m²	平方米
mg	毫克
min	分钟
mL	毫升
mm	毫米
mol	摩尔
MPa	兆帕
nm	纳米
μmol	微摩尔
℃	摄氏度

附录 3   缩略语

ABA	脱落酸
AC	脱落纤维素酶，也称纤维素酶
C/N	碳氮比
Ci	胞间二氧化碳浓度
CK	清水对照
CMC-Na	羧甲基纤维素钠
dH$_2$O	单蒸馏水
DTA-6	2-N,N- 二乙氨基乙基己酸酯
FBPase	果糖二磷酸酯酶
FW	鲜重
GA$_3$	赤霉素
GmAC	脱落纤维素酶基因
Gs	气孔导度
I-KI	碘 - 碘化钾
KNO$_3$	硝酸钾
LAI	叶面积指数
LAR	叶面积比率
MDA	丙二醛
mRNA	信使核糖核酸
NaOH	氢氧化钠
NR	硝酸还原酶
PG	多聚半乳糖醛酸酶
pH	酸碱度

Pn	光合速率
POD	过氧化物酶
PP333	多效唑
R1	始花期
R2	盛花期
R3	始荚期
R4	盛荚期
R5	鼓粒始期
R6	鼓粒盛期
R7	成熟始期
R8	成熟期
RNA	核糖核酸
rRNA	核糖体核糖核酸
S3307	烯效唑
SHK-6	80% 二乙氨基乙基己酸脂 # 甲哌鎓可湿性粉剂
SOD	超氧化物歧化酶
SPAD	叶绿素相对含量
SPS	蔗糖磷酸合成酶
SS	蔗糖合酶
Tr	蒸腾速率
V1	真叶展开期
V2	第一复叶展开期
V3	第三节龄期 / 第二复叶展开期
VC	子叶期
VE	出苗期
Vn	第 n 节复叶展开期